数字经济专业系列教材

大数据技术应用

陈　媛　主　编

谢美萍　副主编

電子工業出版社

Publishing House of Electronics Industry

北京·BEIJING

内容简介

随着信息技术的飞速发展，大数据已经成为驱动全球经济转型的关键因素。本书从大数据的基本概念入手，系统介绍了大数据架构、大数据预处理、大数据分析等核心技术，并深入探讨了这些技术在用户行为分析、金融与投资、消费领域及财税与贸易等领域的实际应用。本书内容不仅涵盖了技术层面的详细介绍，还分析展示了大数据在实践中的具体应用场景。

无论是希望理解大数据技术基础的学生，还是想在实际业务中应用大数据技术的从业者，本书都为其提供了系统且实用的指导，帮助读者掌握大数据在数字经济中的应用，为推动行业创新与发展提供有力支持。

图书在版编目（CIP）数据

大数据技术应用 / 陈媛主编. -- 北京 : 电子工业出版社, 2025. 2. --（数字经济专业系列教材）.
ISBN 978-7-121-49737-7

Ⅰ. TP274

中国国家版本馆 CIP 数据核字第 2025VW7769 号

责任编辑：张梦菲
印　　刷：三河市鑫金马印装有限公司
装　　订：三河市鑫金马印装有限公司
出版发行：电子工业出版社
　　　　　北京市海淀区万寿路 173 信箱　　邮编 100036
开　　本：787×1 092　1/16　印张：15.5　字数：347.2 千字
版　　次：2025 年 2 月第 1 版
印　　次：2025 年 2 月第 1 次印刷
定　　价：68.00 元

凡所购买电子工业出版社图书有缺损问题，请向购买书店调换。若书店售缺，请与本社发行部联系，联系及邮购电话：（010）88254888，88258888。

质量投诉请发邮件至 zlts@phei.com.cn，盗版侵权举报请发邮件至 dbqq@phei.com.cn。

本书咨询联系方式：88254750，zhangmf@phei.com。

前　言

在当今时代，数字经济已成为全球经济增长的主要驱动力。随着信息技术的飞速发展，尤其是大数据技术的广泛应用，数字经济正以前所未有的速度和规模重塑各行各业。大数据技术不仅改变了传统的数据处理和分析方式，还推动了社会经济活动和商业模式的深刻变革。

大数据技术的应用使得企业能够更加精准地了解市场需求、优化生产流程、提高运营效率。同时，大数据技术还在用户行为分析、金融与投资、消费领域及财贸税管理等领域发挥着重要作用，通过数据驱动决策，提高公共服务的质量和效率。数字经济的快速发展离不开大数据技术的支持，两者相辅相成，共同推动社会的全面进步。

本书旨在全面探讨大数据在数字经济各个领域中的应用，包括大数据概述、大数据架构、大数据预处理、大数据分析、大数据在用户行为分析中的应用、大数据在金融与投资中的应用、大数据在消费领域中的应用、大数据在财税与贸易中的应用等内容。本书系统且详细地介绍了大数据的核心概念、技术、应用场景及面临的挑战，为读者提供了深入理解和应用大数据技术的指导。

第 1 章介绍了大数据的时代背景、概念及特征，以及大数据应用的框架体系，包括大数据采集、存储、处理与分析、应用等层面，并探讨了大数据面临的个人隐私、数据安全等挑战。

第 2 章介绍了大数据处理架构 Hadoop 的相关内容，包括其生态系统、分布式文件系统 HDFS 和分布式计算框架 MapReduce 等。

第 3 章探讨了大数据预处理的各种方法，包括数据清洗、集成、约简和变换等。这些方法是大数据分析的基础，用以确保数据的完整性、一致性和准确性。

第 4 章探讨了大数据分析的主要模型和技术，如回归模型、分类模型、聚类模型等，并介绍了神经网络、知识图谱、图神经网络和生成对抗网络等前沿技术。

第 5 章关注大数据在用户行为分析中的应用，涵盖了电商、流媒体、游戏等领域，详细阐述了用户健康度分析、用户路径分析、用户漏斗分析、用户生命周期分析等方法。

第 6 章介绍了大数据在金融与投资中的应用，探讨了信贷风险管理、客户身份识别与反洗钱、区域链与数字货币、产品设计与定价、精准营销、智能理赔与保险反欺诈、量化投资、高频交易等内容。

第 7 章重点探讨了大数据在消费领域中的应用，包括传统消费与数字消费的转型、体验的多元化和形式的变革等，详细介绍了大数据在数字文化消费创新、数字消费体验升级及新业态中的应用。

第 8 章详细介绍了大数据在财税与贸易中的应用，涵盖了财务管理、税收管理、贸易等方面，探讨了税收精细化管理、税收风险识别、税收收入预测等内容。

本书的内容既注重技术，又强调应用。传统的大数据书籍往往侧重技术的讲解，而本书在技术讲解的基础上，深入探讨了大数据在实际应用中的操作。通过丰富的案例分析，本书展示了大数据技术在数字经济各个领域中的具体应用场景，帮助读者更好地理解和掌握大数据技术的实际操作。

希望通过本书的学习，读者能够深入理解大数据技术的核心理念，掌握其在各典型领域中的应用，并培养运用大数据思维解决问题的创新能力。

感谢房奕男、胡欣宇、路知锦、梁思佳等研究生做出的重要贡献，也感谢上海财经大学数字经济系的支持。

陈媛　谢美萍

2024 年 8 月

扫一扫查看本书彩图

目 录

第 1 章

大数据概述

1.1 大数据的时代背景

1.1.1 信息化浪潮

自 20 世纪 60 年代以来，信息技术的快速发展已经彻底改变了我们的生活方式、工作方式和社会结构。这种变革不仅对个人产生了深远影响，也给政府、商业和科学领域带来了巨大的机遇和挑战。美国经济学家、社会学家阿尔文·托夫勒（Alvin Toffler）将这种变革喻为信息化浪潮。之所以将信息化的革命比喻为浪潮，是因为它与自然界的浪潮一样不断地涌动、起伏，并且永不停息。每一次新的浪潮都会在前一次浪潮的基础上推动社会的发展，形成新的产业和商业模式。

迄今为止，人类社会经历了多次信息化浪潮。第一次信息化浪潮发生在 1980 年前后，那时个人计算机（PC）开始普及，计算机逐渐走入企业和千家万户，人们开始利用计算机和网络进行数据的存储、处理和信息传输，大大提高了社会生产力，联想、微软（Microsoft）、英特尔（Intel）、国际商业机器公司（IBM）等企业是这个时期的标志。在 1995 年前后，互联网时代到来，网络通信使得信息的传播更加迅速和便捷，每个人都可以通过互联网实时了解远在千里之外发生的事情，世界变成了一个“地球村”，由此，人类迎来了第二次信息化浪潮，这一时期催生了谷歌、百度、阿里巴巴、腾讯等一系列互联网巨头。而在当今的数字化时代，我们正处于一波前所未有的信息化浪潮中。在短短的十几年中，物联网、云计算、人工智能等颠覆性技术层出不穷，海量的数据正以人们不曾设想的速度不断生成、采集和存储。以大数据为主导的应用不仅影响了商业领域，也深刻地改变了传统社会的运作模式。也许你不曾了解过，电子商务平台凭借用户的历史购买行为和浏览记录进行个性化商品推荐，促成了 2023 年“双十一”大促销期间 11386 亿元的销售规模；或许你未曾经历过，大数据监控系统可以收集和整合各类数据，进行实时监测和分析，识别潜在的漏洞与风险，让金融、财税、贸易甚至游戏等各个领域的异常行为无所遁形。

在未阅读本书前，你可能会觉得大数据技术对自己而言遥不可及，但事实是它早已渗透我们生活的方方面面。在这个数字化时代，掌握和运用大数据分析将成为一项重要的能力。本书将带领你深入了解大数据的基本概念、原理和应用，并指导你运用大数据技术进行用户行为分析，共同推动金融与投资、消费、财税与贸易等领域的发展。让我们一同踏上信息化浪潮的浩荡航程，探索无限可能！

1.1.2　大数据及相关技术的发展历程

大数据从来都不是横空出世、突然降临的，大数据时代的到来是技术发展的必然结果。具体可以归结于两个方面：一是硬件设备的升级，作为大数据应用的物理基础，升级后的硬件设备提供了更大的数据存储容量、更快的数据传输速率和更高效的计算处理能力，使得大数据分析及应用成为可能；二是大数据算法架构的发展，大数据框架和核心算法相关理论研究取得突破性进展，这些理论中包含的并行计算和分布式处理的核心思想，使得大数据任务调度、数据处理能够以高效、迅速且精准的方式进行。下面将从这两个方面简单介绍大数据及相关技术的发展历程。

1）硬件设备的升级

（1）更大的数据存储容量。

数据一般被存储于磁带、磁盘、光盘、硬盘等各种类型的存储设备中，作为数据的存储媒介，存储设备的实际物理存储空间决定了数据量级的上限。随着技术的革新和进步，存储设备的工艺制造水平不断提升，物理容量不断拓展，存储成本也不断下降，这无疑为大数据存储提供了有利的条件。

传统存储设备的出现可以追溯到20世纪50年代，IBM推出了第一代磁带存储设备。这种设备基于电磁感应原理，使用覆盖磁性涂层的塑料带来存储数据，并使用读写头来访问数据，这种物理设计也作为磁存储技术的代表被沿用至今。在计算机外存方面，软盘、机械硬盘等磁存储器都是重要的存储器件，软盘由于性能无法满足市场需求很快遭到淘汰，但机械硬盘凭借存储容量大、价格便宜等优势被保留下来并不断演进。如今不到几英寸[①]的机械硬盘的存储容量可以达到几十太字节。

传统存储设备的另一个分支——光学存储设备也在存储技术发展的历史洪流中有着举足轻重的作用。1965年，首个商用只读光盘存储器的诞生代表着光学存储技术登上了历史的舞台。光学存储技术利用激光照射介质，使介质的物理或化学性质发生改变，从而实现数据存储。我们常说的CD光盘、DVD光盘等均是光学存储设备的代表，主流CD光盘的

---

① 1英寸≈2.54厘米

存储容量为 700MB 左右，DVD 光盘的存储容量可达 4.7GB，而蓝光光盘具有性价比高、环境适应性强的特点，存储容量可达 25GB，最大数据传输速率达 54Mbit/s，是光学存储设备的重要发展方向。

与此同时，以闪存为代表的新型存储介质也开始得到大规模的普及和应用。1980 年，东芝最先推出了闪存技术，所谓闪存其实是一种新兴的半导体存储器，它具有断电非易失、体积小、质量轻、能耗低等特点。以闪存颗粒为基础制造的固态硬盘（SSD）具有存取速度快、稳定性好等优势，在计算机存储领域已经得到了广泛应用。主流的闪存颗粒包括 NAND 闪存（与非型闪存）和 NOR 闪存（或非型闪存），NAND 闪存较 NOR 闪存存储容量更大，读取速度更快。目前，NAND 闪存技术已发展到三维，存储单元在垂直方向层叠在一起，形成多个存储层。3D NAND 闪存芯片在密度、成本等方面较 2D NAND 闪存芯片具有更大优势，三星、海力士等行业知名的半导体厂商都在积极开拓 3D NAND 闪存芯片的市场，华为、EMC（易安信）及 IBM 等存储阵列厂商也在围绕固态硬盘及全闪存阵列开展相关研究。基于闪存的固态硬盘，有几万甚至更多的 IOPS（Input/Output Operations Per Second，每秒的读写次数），访问延迟只有几十微秒，相信在未来这一指标仍能有所突破。

（2）更快的数据传输速率。

我们通常使用网络带宽来表示数据在网络中传输的速率，以每秒传输的数据量来衡量，单位为比特每秒（bit/s）或兆比特每秒（Mbit/s）。数字信号的传输方式经历了三个发展阶段。

第一阶段为 1960 年至 1990 年的模拟调制解调器时期。在这个时期，数据主要通过电话线传输，调制解调器是最主要的网络接入设备，网络带宽的上限只有 56kbit/s。

第二阶段是 1990 年至 2000 年的数字调制解调器时期。在此时期内使用离散二进制数字信号在不同设备和网络间进行通信，相比模拟调制解调器，数字调制解调器有更好的容错性和更低的误码率，网络带宽也在这一时期得到了明显提升，可达到 10Mbit/s、100Mbit/s，甚至更高。

第三阶段是 2000 年至今的光纤时代。随着光纤通信技术的不断发展和普及，网络带宽得到了极大提升，可达到 10Gbit/s、40Gbit/s、100Gbit/s 等级别。同时，5G（第五代移动通信技术）的应用也为移动设备的网络带宽提供了更大的发展空间。在大数据时代，信息传输不会像网络发展初期那样受到数据传输大小的限制及数据传输效率的制约。

（3）更高效的计算处理能力。

英特尔的创始人之一戈登·摩尔（Gordon Moore）提出了关于计算机核心处理硬件设备发展的著名经验法则，被后来人称为“摩尔定律”。他提出，集成电路上可以容纳的晶体管数目每经过 18 到 24 个月便会增加一倍，同时价格下降为之前的一半，换言之，处理器的性能大约每两年提升一倍。近年来，集成电路中的晶体管已经突破了纳米级别，而晶体管的尺寸也逐渐接近原子尺度的物理限制。摩尔定律也因为集成电路难以继续增加晶体管的数量而受到挑战。尽管这一在过去几十年中都被证明是正确的经验法则在当前的技术水平下遭到了质疑，但技术领域依然在探索和寻找新的解决方案，以延续摩尔定律的趋势。例如，三维集成电路、量子计算和其他新兴技术都被视为具有潜力的技术发展方向。

虽然摩尔定律的绝对适用性可能会减弱，但计算机处理能力的发展却不会停滞不前。在过去的 30 多年里，得益于制程技术的进步与多核处理器的普及和发展，计算机 CPU（Central Processing Unit，中央处理器）的处理速度已经从 10MHz 提高到超过 5GHz，计算处理效率得到了大幅提升。除此之外，拥有更强并行计算能力、更大内存带宽的 GPU（Graphics Processing Unit，图形处理器）也获得了广泛关注，无论是在图形渲染还是科学计算等方面，GPU 都有着绝对的优势，推动了近年来人工智能与深度学习领域的发展。随着云服务的推广和普及，越来越多的人可以接触到海量的计算资源，大大降低了大数据分析和处理的门槛。

2）大数据算法架构的发展

从 2003 年起，谷歌（Google）陆续发表了引爆大数据时代的三篇论文："The Google File System""MapReduce: Simplified Data Processing on Large Clusters""Bigtable: A Distributed Storage System for Structured Data"，主题分别为可扩展分布式文件系统、大数据分布式计算方式及分布式数据存储系统，这三篇论文影响了当今的大数据生态，也作为大数据架构设计的"三驾马车"，奠定了大数据全球化发展的基础。

2006 年，Apache 软件基金会 Nutch 引擎项目组的 Doug Cutting 等人受到谷歌 MapReduce 计算方式的启发，并将它与 NDFS（Nutch Distributed File System）结合，用来支持 Nutch 引擎的主要算法，Hadoop（分布式系统基础架构）由此诞生，后续会在第 2 章对其进行详细的介绍。与此同时，Hadoop 的一些问题逐渐暴露出来，由于 MapReduce 编程模型的编写较为复杂，Yahoo 内部开发了一门名为"Pig"的脚本语言，提供类 SQL（结构化查询语言）的语法，开发者可以用 Pig 脚本描述要对数据集进行的编译操作，数据集经过编译后会生成 MapReduce 程序，然后在集群中运行。

2007 年，Facebook 基于使用 Pig 脚本语言对 MapReduce 模型进行转换编译的思想开发了 Hive 数据仓库工具，支持使用 SQL 语言进行大数据计算，极大地简化了编写 MapReduce 分布式程序的过程。此外，Hadoop 社区引入了 YARN 作为通用分布式资源管理系统和调度平台，解决了原始 MapReduce 模型只适用于批处理任务、无法进行实时计算和交互式查询等问题。至此，Hadoop 生态环境基本建立。

2012 年前后，UC 伯克利 AMP 实验室开发的 Spark（大数据并行计算框架）逐渐在大数据应用与实践领域崭露头角。Spark 使用弹性分布式数据集和内存计算模型，大大提升了数据并行处理速度，再加上 Spark SQL、Spark MLlib、Spark GraphX 等组件的开发，使得 Spark 拥有了更加强大的生态系统，逐步取代了 MapReduce 在企业应用中的地位。

随着大数据技术的快速发展，除了上述大数据框架，还涌现了许多其他的大数据算法框架和工具，如基于流式处理框架的 Flink、Storm、Kafka 等。这些框架和工具旨在解决大数据处理中的特定问题，并提供更高效、更灵活的解决方案。

从最初的 MapReduce 技术到 Hadoop 生态系统，再到更加灵活、高效的新算法框架和工具，大数据算法架构的发展向着更高的可扩展性、更快的处理效率及更细化的应用领域迈进。这些框架和工具的发展不断推动着大数据应用的创新，为大规模数据处理问题的解决提供了理论层面和方法层面的强大支持。

1.1.3　我国的大数据战略

早在 2012 年 5 月，联合国就发布了《大数据促发展：挑战与机遇》白皮书，讨论在未来人类可以利用哪些数据、该如何利用这些数据来推动全球发展。毫无疑问，全世界已迈入以信息产业为主导的新发展时期，以大数据为代表的新技术、新应用将在各行各业的发展中掀起波澜。我国作为人口大国和制造大国，数据生产潜力极为巨大，数据资源极为丰富，已然成为全球数据中心和在世界上名列前茅的数字化应用大国，实施国家层面的大数据发展战略是必然的结果。

2014 年 3 月，“大数据”一词被写入我国政府工作报告。2015 年 8 月，国务院出台《促进大数据发展行动纲要》，设立我国大数据发展的总体目标，确定三大重点任务，建立平稳、安全高效的数据发展行动体系，助力建设新时代的数据强国。同年 10 月，党的十八届五中全会正式提出“国家大数据战略”，标志着我国已将大数据视作战略资源并将发展大数据上升为国家战略。

“十三五”期间，我国组织实施了“云计算和大数据”重点专项，在云平台内存计算、协处理芯片和大数据分析方法等方面取得了关键进展，尤其在打破“信息孤岛”的数据交互算法和互联网大数据应用技术方面已处于国际领先水平。国务院也通过设立“3+X”的工作机制，由国家发展和改革委员会、工业和信息化部及中央网络安全和信息化领导小组办公室三个部门牵头，联合其他 40 多个政府部门和单位建立了促进大数据发展部际联席会议制度，大力扶持相关领域的研究与创新，批复贵州、上海、京津冀和珠江三角洲等 8 个大数据综合试验区，共建设了 11 个国家级大数据工程实验室，为大数据的产业结合和发展提供政策帮助和基础建设的设备支持。

“十四五”期间，我国大数据产业步入集成创新、快速发展、深度应用、结构优化的新阶段。2022 年 1 月，国务院正式发布《“十四五”数字经济发展规划》，指出“数字经济是继农业经济、工业经济之后的主要经济形态”，数字经济发展政策导向明显，规划至 2025 年数字经济核心产业增加值占 GDP（国内生产总值）的比重达到 10%。相比“十三五”规划，“十四五”规划更加注重数字经济的发展，算力基础设施从“一体化”走向“协同化、智能化、绿色化”。随着产业数字化转型的稳步推进，新业态、新模式竞相发展，数字经济国际合作也在不断深化。“丝路电商”合作成果丰硕，证明了我国数字经济领域平台企业的影响力和竞争力正在不断提升。

在未来，绿色数据智算中心、AI（人工智能）大模型及车联网、区块链的应用将成为新的数据要素，数据立法体系必将日益完善，数据经济建设必将稳步推进，数据平台与生态治理能力必将不断提升。数据技术集成创新，知识赋能产业升级，将持续推动经济社会的高速发展。

1.2　大数据的概念及特征

1.2.1　大数据的概念

在深入了解大数据及相关概念之前，首先得了解什么是数据。“数据”（data）在拉丁文里是“已知”的意思，也可以理解为“事实”。从广义上说，数据是指对客观事物的性质、状态及相互关系等方面进行记载的符号或符号组合。它可以是可识别的、具体的，也可以是模糊的、抽象的。它不仅指数字，也指具有一定意义的文字、数字符号的组合，图形，图像，视频，音频等，还是客观事物的属性、数量、位置及其相互关系的抽象表示。尽管人类所能观测到的一切事物均可以用数据来抽象表示，但为避免超出本书讨论的范围，从计算机科学的角度出发，我们将数据的定义局限为所有能输入计算机中并被计算机程序处理的符号的总称。

我们所熟知的电子计算机最初的设计目的便是快速准确地对数据进行处理，但可以被计算机识别的数据需要用二进制形式表达。对于数字，可以通过十进制和二进制的转换将其编码成二进制形式，例如，十进制数 10 在计算机中会被表示成 1010；对于文本数据，计算机会采用特定的编码形式将其编码成一个整数。第一套标准字符集编码为 ASCII（美国信息交换标准代码），以 7 位二进制数来表示 128 种字符，这套编码对于表示英文字符绰绰有余，如果要表示其他文字或特殊符号就稍显不足了，因此便有了如今常见的 UTF-8、GB2312 等 Unicode（统一码）编码形式。需要注意的是，不同文本数据在不同编码方式下映射的二进制数不同，若解码与编码使用的方式不同则会出现字符乱码的现象。有的时候会遇到除数字、文本外的更加复杂的数据，就需要用更加复杂的数据结构（如向量、矩阵等）来表示数据的复杂状态，例如，表示平面地图上的位置信息就需要用到二维坐标。

根据数据所表示实体的特征、数据刻画的过程及期望表达的结果，我们可以将数据划分为不同的类型。较为常见的划分方式是按照数据结构模式的强弱，将其划分为结构化数据、半结构化数据和非结构化数据。

1）结构化数据

结构化数据是指数据具有较强的结构模式和固定的数据类型。这类数据本质上先有结构，后有数据，因此涉及结构化数据的存储与处理时，第一步也是关键的一步就是设计数据结构。结构化数据通常可以用二维表来表示，如表 1-1 所示，该表使用结构化数据记录学生信息，每一行表征一个实体或记录（学生），每一列表征实体的某一具体属性或特征（学生各个维度的信息）。结构化数据是大数据时代来临之前使用最多、应用最广泛的数据类型，通常使用关系数据库进行存储。关于关系数据库的具体内容将在本书的第 3 章详细阐述。

表 1-1　结构化数据样例

学号	姓名	性别	年龄
1001	小明	男	16
1002	小红	女	15
1003	小张	男	16
…	…	…	…

2）半结构化数据

当数据的结构化形式没有那么严格时，它并不符合关系数据库的要求，但仍具有某种程度上的有序性，我们称这种类型的数据为半结构化数据。半结构化数据虽然没有严格定义的数据模式，但数据中的某些元素可以被标记或编码以便于处理和解析。相比于结构化数据，半结构化数据的格式和结构可以根据需要进行灵活调整和修改，而无须遵循固定的模式。半结构化数据通常具备特定的语法结构，能够使用解析器或特定的数据处理工具进行部分解析，以提取其中的关键信息，具有很大的应用潜力。半结构化数据广泛存在于互联网等领域，常见的 JSON（JavaScript 对象表示法）格式、XML（可扩展标记语言）格式的数据都属于半结构化数据的范畴。使用 XML 语言描述表 1-1 所示学生信息的代码如下。

```
<students>
    <student>
        <id>1001</id>
        <name>小明</name>
        <gender>男</gender>
        <age>16</age>
<student/>
    <student>
        <id>1002</id>
        <name>小红</name>
        <gender>女</gender>
        <age>15</age>
<student/>
    <student>
```

```
            <id>1003</id>
            <name>小张</name>
            <gender>男</gender>
            <age>16</age>
    <student/>
        …
</students>
```

3）非结构化数据

当数据没有固定的数据结构或难以发现统一的数据结构时，我们称这类数据为非结构化数据。人们在日常生活中接触并使用的绝大部分数据都属于非结构化数据，如自然语言文本、系统日志、图片、音频等，这些数据没有严格定义的结构和组织方式，形式多样，并且可以包含大量的细节、上下文信息和隐含意义，处理难度大，数据量级高，是大数据时代人们主攻的数据应用类型。随着近年来自然语言处理、图像处理、音频处理等技术的不断迭代更新，提取非结构化数据中的关键信息、发现数据内联模式和未来趋势并没有第二次信息化浪潮时人们所想的那么复杂和困难。非结构化数据的分析和挖掘对于信息检索、舆情分析、情报分析等具有重要的应用价值，已然成为当下和未来大数据分析和应用的基石。

1.2.2 大数据的核心特征

数据的概念并不很难理解，但为什么仅仅在数据前面加了一个形容词“大”，相关应用和技术发展直到近年来才有所突破？这个所谓的“大”，到底是多大，大数据和传统意义上的数据又有什么区别呢？

想要解答这些问题，就要引入数据量级的概念。在目前国际普遍采用的标准度量衡单位体系中，已有很多量的基本单位，就像长度的基本单位是米（m），数据也有用来衡量数据量大小的基本单位。在上一节中，我们提到数据需要被编码成计算机可以识别的二进制格式，而数据存储的基本单位字节（Byte，缩写为B），正好是由8个二进制位，即8比特（bit）组成的。因此，可以得到关于数据存储单位的换算关系，即1字节=8比特，而比特是数据存储的最小单位。为了日常使用的方便，我们一般会用一组前缀与基本单位组合形成的整数或小数单位来对世界上一切可以测量的物质进行量化计算。例如，在计算北京至上海的直线距离时，我们通常不用米而用千米做单位；在计算一颗苹果的重量时，我们通常不用千克而用克做单位。当数据规模很大时，用字节作为单位来描述数据量的大小就显得“力不从心”了。由于硬件设计的原因，计算机处理信息时通常使用2的整数倍作为进位边界，最接近1000的2的整数倍是2^{10}=1024，因此，不同于其他单位的换算逻辑，描述数据量级的单位会使用 1024 作为进位标准。在数据量的表示单位和对应换算关系描述表（见表1-2）中列举了一些数据量的表示单位及对应的换算关系描述。

表 1-2　数据量的表示单位和对应换算关系描述表

词头名称	单位名称	符号	换算关系
千 kilo	千字节	KB	1KB = 1024B
兆 mega	兆字节	MB	1MB = 1024KB
吉[咖] giga	吉字节	GB	1GB = 1024MB
太[拉] tera	太字节	TB	1TB = 1024GB
拍[塔] peta	拍字节	PB	1PB = 1024TB
艾[可萨] exa	艾字节	EB	1EB = 1024PB
泽[塔] zetta	泽字节	ZB	1ZB = 1024EB
尧[塔] yotta	尧字节	YB	1YB = 1024ZB
布[朗托] bronto	布字节	BB	1BB = 1024YB
诺[纳] nona	诺字节	NB	1NB = 1024BB

大数据之父维克托·迈尔-舍恩伯格曾提出，大数据是指使用全量数据。其并不单指数据量达到很高的阈值（如多少 PB 或多少 EB），只不过如今使用全量数据时数据量很容易达到 PB 量级或 EB 量级，这很容易造成读者对大数据量级的误解。大数据的真正意义不在“数据量大”，而在于通过数据分析、比对、挖掘等一系列操作，发现新知识、创造新价值、培养新能力。事实上，目前对于大数据仍未有一个统一的定义，维基百科给出的定义是：“大数据是指无法在可承受时间范围内用常规软件工具对其内容进行抓取、处理和管理的数据集合。”而如今大数据的概念显然已经不仅仅指数据本身，由其延伸而来的大数据存储、分析、处理技术也被人们称为广义上的“大数据”。

大数据的“4V”特征是其与传统数据相比的独特之处，即规模庞大（Volume）、种类繁多（Variety）、高速性（Velocity）及价值总量大但价值密度低（Value）。

1）规模庞大

数据规模庞大是针对现有计算和存储能力而言的。一开始人们认为 PB 量级的数据已经是“天文数字”了，而随着互联网用户生成的内容和传感器实时获取的数据的增加，数据规模在以惊人的速度膨胀。据国际数据公司的统计，预计到 2025 年，全球数据总量将达到 163ZB，而 2020 年的数据总量刚突破 64ZB。对比来看，数据量级正在以一种难以想象的速度增长。当数据量大到一定程度，必然会给数据的处理、存储和分析带来挑战。

2）种类繁多

数据种类繁多是针对大数据所面对的应用场景而言的。在不同应用场景中，一方面，需要处理的数据可能同时包含结构化、半结构化和非结构化数据；另一方面，同类型的数据中也可能包含具有不同数据范式和存储逻辑的数据子集。数据的异构性变相增加了数据处理的复杂性，这对数据处理的逻辑有了更高的要求。

3）高速性

一方面，高速性是指数据的处理速度快。数据的高速处理是数据量不断增长的必然结果，我们不可能无限制地等待计算机对我们输入的数据进行处理。如今很多数据均以流的形式进行处理，分布式系统也需要保证批处理结果的快速反馈，这促进了大数据处理算法的迭代升级。另一方面，高速性也指数据的变化速度快。大数据来源于对现实世界的持续观察，世界是在不断变化发展的，因此采样样本也是动态变化的。数据集应该具有持续获取和更新数据的能力，且必须考虑数据所刻画事物频繁、快速、持续的变化和数据的时效性。

4）价值总量大但价值密度低

大数据价值总量大但价值密度低是指大数据分析可以通过海量数据之间的相关性获得高价值的但非显而易见的隐含知识，从而挖掘出巨大的数据价值。但大数据的价值并不一定随着数据规模的增加而增加，在很多情况下值得分析处理的数据被淹没在大量的无用数据中，需要挖掘的数据仅占数据总体的一小部分。由于无法探明这部分有价值的数据在海量数据中的何处，只能像“大海捞针”那样在数据总体中寻觅，因此大数据有价值密度低的特征。也正是基于此，如何针对具体问题快速定位有价值的数据，并从中更加高效地挖掘出数据的价值，在当下仍是大数据领域的核心问题之一。

1.2.3 大数据的作用

大数据的“4V”特性从定性的角度刻画了大数据集区别于传统数据集的不同之处，这些数据本身的特点使得发现事实、揭示规律的传统理论和方法产生了根本性的改变，接下来将具体阐述大数据对当前环境的影响、作用和意义。

1）思维模式的转变

大数据时代带给人们最重要的影响便是不同于传统数据分析和处理的思维模式的改变。维克托在其著作《大数据时代》一书中将大数据的思维模式概括为全量而非抽样、繁杂而非精确、相关而非因果。本书基本沿用维克托的观点，并做出新视角、新形势下的补充。

（1）全量而非抽样。

在传统统计方法中，由于数据不容易获取，在过去的很长一段时间里，数据分析的主要方法是随机采样分析。生物学领域较为知名的“标记重捕法”正是这样的方法：在被调查种群的活动范围内捕获一部分个体，做上标记后再放回原来的环境，经过一段时间后进行重捕，根据重捕到的动物中标记个体数占总个体数的比例来估算种群密度。这种基于随机采样的数据分析方法自提出之日起一直沿用到了现在。

然而，近年来不断有学者提出质疑，要实现采样的绝对随机性事实上是一件非常困难的事情，在随机采样过程中出现任何偏差，都会使得分析结果产生偏离。一旦数据发生变化，就需要重新采样，这无疑增大了实现最优采样的难度和成本。随着大数据时代的来临，数据获取的门槛变低了，用最少的数据得到更多信息的随机采样方法的应用意义也大大削弱了，我们完全可以基于全部数据的完整信息，揭示全体样本的分布特征和规律，以减少异常样本对分析结论的影响，更好地捕捉数据的特征、趋势和关联。当然，并不是说小数据采样的思想在大数据时代失去了意义，它仍然是从大数据中挑选出一部分数据以窥探数据整体情况的最有效途径。正如在菜品出锅之前为了判断咸淡是否合适，厨师会选择“尝菜”一样，在进行全量样本分析前我们也可以随机选取部分数据进行小样本试验，以判断选择的分析方法和处理逻辑是否符合需求。

（2）繁杂而非精确。

对传统的数据分析而言，由于采样的样本数量较少，每一个含有冗余或误导信息的样本都会对分析结果产生影响，因此，样本数据应该尽量准确无误。精确性在小数据样本的分析中是首先需要考虑的问题，这是统计学中的描述性统计成为第一步骤的原因。

然而，对大数据来说，保证数据的精确性是几乎不可能的。由于大数据的来源各不相同，我们获取多源数据时会出现数据异构现象，并且使用全量数据很难避免部分数据某些字段的缺失、冗余和错误。虽然可以使用现有方法对大数据进行清洗，但这样的做法在时间和计算资源上的开销都太大了。在绞尽脑汁想着如何更快、更高效地提高大数据精确性之前，不妨从另一个视角看待这个问题——不精确就一定是一件坏事吗？当全量数据中存在脏数据时，脏数据本身就表征了它所代表的全量数据实体中的一部分属性。我们之前对数据的精确性提出要求，是因为希望这部分数据不要偏离整体太远，但只要能够得到一个事物更完整的概念，我们就能接受模糊性和不确定性的存在。就像素描作品一样，近看画中的每一笔都感觉是混乱的，但远看就会发现这是一幅伟大的作品，因为远看时能够通过线条的组合看出画作整体所要呈现的画面。

（3）相关而非因果。

因果关系分析和相关关系分析是数据分析的常用手段。因果关系指的是一个事件或变量的改变直接导致另一个事件或变量的改变，可以理解为因果链条中的原因和结果之间的关系。在因果关系中，原因事件是直接影响结果的因素，无须任何介入因素的中介影响，因果关系是一种需要满足非常严苛的前置条件才能说明的关系。相关关系是指两个或多个事件或变量之间存在某种统计意义上的关联性或相似性，它们的变化趋势或规律可能是同时出现的或相似的。相关关系强是指当一个数据值增加时，另一个数据值很有可能会随之增加。相反，相关关系弱就意味着当一个数据值增加时，另一个数据值几乎不会发生变化。

在传统数据时代，相关关系分析和因果关系分析都不容易，且成本耗费巨大，需要从建立假设开始选取样本，然后进行实验，再证实或推翻假设。而证明因果关系往往需要证明因变量和自变量之间没有其他因素的影响，与论证相关关系相比更为复杂。

在大数据时代，由于无须考虑样本选择的问题，采用相关关系分析可以比以前更容易、更快捷、更清楚地分析事物。相关关系通过识别有用的关联物来帮助我们分析某个现象，而不是揭示其内部的运作机制，因而可以在较短的时间内从数据中挖掘出富有价值的结论。但即使是很强的相关关系也不一定能够解释每一种情况，哪怕两个事物看上去极为相似，也很有可能是巧合。我们从海量数据中能够快速发掘的更多的是相关关系，大数据分析时对因果关系的判断与分析和传统数据分析时一样复杂，往往需要专业领域的专家参与才能完成，但不能因此否定探寻因果关系的重要性，当事物内在的因果关系被证明时，便可以理解事物之间的本质联系，从而更好地为决策提供依据和理论支持，促进学术知识的积累和科学理论的发展。

2）创新性的应用价值

大数据为人们带来思维模式转变的同时，也带来了巨大的技术创新与商业机遇。

光场相机正是大数据处理思想催生出的商业应用产品，与传统相机只能记录一束光不同，光场相机可以记录整个光场中所有的光，达1100万束之多，而具体生成什么样的照片则可以在拍摄之后根据需要决定。摄影师不必在拍照之前先确定好聚焦点并不断调整采光角度，因为该相机可以捕捉到所有的光学数据。整个光场的光束都被记录了，也就是收集了所有的数据。因此，与普通照片相比，用光场相机拍摄的照片更具有可循环利用性。

实时路况分析则基于“繁杂而非精确”的思维模式。无须依赖卫星实时拍摄的高清街景图片得出路况拥挤或畅通的结论，统计在相同时间段内相邻方位上同时使用导航的手机数量即可。虽然有部分因对道路熟悉而无须使用导航的驾驶员存在，但只要使用导航的手机数量足够大，这部分无须使用导航的车辆就可以忽略不计。

此外，网络邮箱中的垃圾邮件自动过滤功能也是建立在大数据思维基础上的。邮件助手可以帮助用户自动过滤不感兴趣的邮件，但事实上它不知道“发#票#销#售”是“发票销售”的一种变体，也不知道那些天花乱坠的辞藻是所谓的营销话术。它只是将那些被用户删除的邮件中出现的高频词语标识出来，以判断这封新收到的邮件是不是也容易被用户删除。自动过滤程序尽管并不理解这些词语及词语组合具体代表的意思，还是完成了过滤未读垃圾邮件的任务。

3）大数据对社会的影响

正如大数据对思维、应用方面的改造与创新，大数据也潜移默化地影响着当下社会。过去，各行各业除业务外并不会有过多的交流，行业壁垒难以打破，信息也相对闭塞。随着数据逐渐成为一种稀缺的资源，人们越来越注重行业间的信息交换和价值传递，越来越清晰地认识到“单一”注定会被时代淘汰，而“多元”才是未来的发展方向。大数据推动社会生产要素的网络化共享、集约化整合和协作化开发，改变了传统的生产方式和行业运行机制。通过开放、共享、收集、整合和分析多源数据，不同行业之间可以形成自己的数据生态圈。在通过交叉循环利用数据降低成本的同时，行业间的技术融合和业务合作得以增强。例如，金融科技（FinTech）结合了金融和科技行业，实现了更智能的风险评估和支付服务，类似的横向融合也出现在医疗健康、物流运输、城市规划等领域。若每个行业都能发挥自己的固有优势，便能实现“1+1>2”的效果，不断催生新业态，促进业务增长、创新增值，增强企业发展的核心驱动力。

大数据技术的迅速发展也对人才培养提出了新的要求。据统计，国内外信息技术企业对大数据人才的需求正在快速增长，大数据分析师、大数据架构师、大数据算法工程师等相关岗位的招聘占比增长显著。未来五至十年内业界需要大量掌握大数据处理技术和拥有大数据处理思维的从业者，需要培养在数据分析、统计建模和机器学习等方面具备基础知识和技能的复合型人才。大数据处理涉及多个学科领域，如计算机科学、数理统计、管理科学等，高校需要培养具备跨学科背景和综合能力的学生。只有和特定领域的应用结合起来大数据才能产生价值，只有将不同领域的知识和技能结合起来才能实现跨界创新。此外，大数据人才培养更应注重统计工具的使用及计算机编程的实践，许多数据价值来自挖掘的过程，我们必须亲自动手、独立思考才能在不断实践中洞察数据的规律并发现数据的价值。

1.3　大数据体系

大数据体系一般包括作为基底结构的大数据采集层、大数据存储层，中层的大数据处理与分析层和上层的大数据应用层。如图 1-1 所示，大数据采集层通过各种渠道获取海量数据，交由大数据存储层对采集到的数据进行持久化存储，大数据处理与分析层从大数据存储层获取数据并根据具体应用需要进行相应的处理和分析，并将结果呈现给大数据应用层。下面将简单介绍这四大环节所涉及的相关技术和基本概念，后续章节会对数据处理原理及方法给出更加详细的说明。

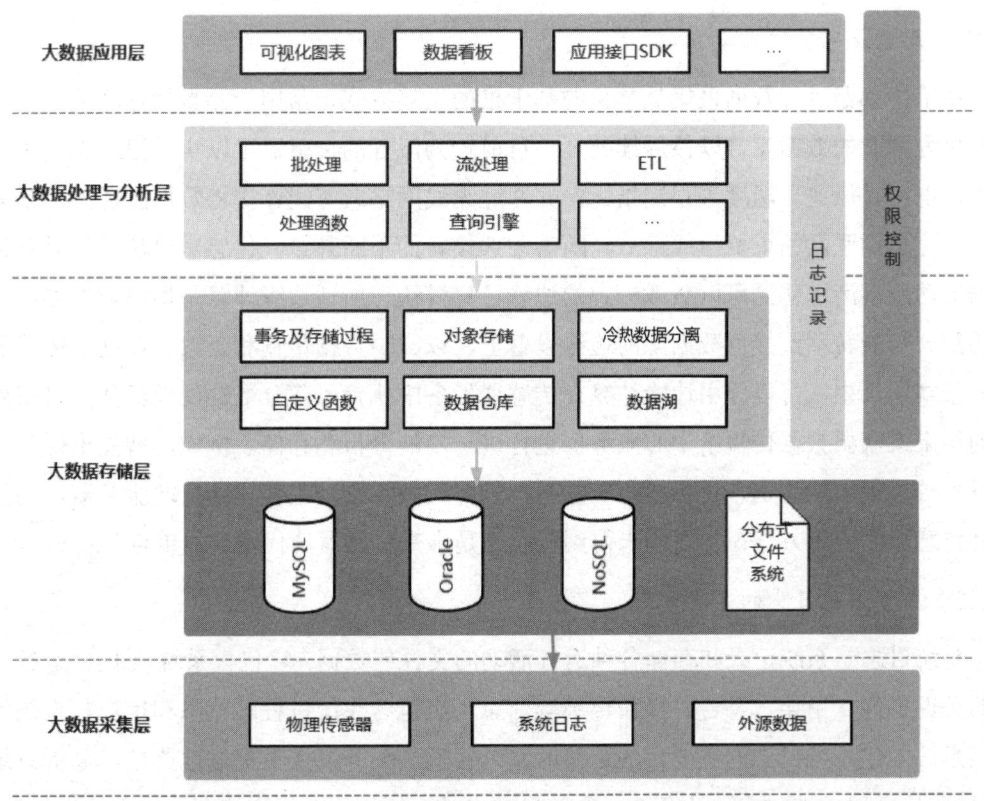

图 1-1　大数据体系示意图

1.3.1 大数据采集层

要想从数据中挖掘价值，首要问题便是获取足量数据。大数据采集层是大数据处理的前提和基础，是整个大数据体系和生态的地基。在大数据时代，数据的来源并不像以前那样单一，任何传感器、网络日志、社交媒体、移动设备等都可以成为获取数据的手段和途径。除此之外，大数据采集层的数据来源也可以是某些机构官方网站上的公开数据集，这些数据获取来源具有一定的代表性和认可度。需要注意的是，由于资源和技术的限制，数据采集过程不可能获取数据描述对象的全部信息。因此，需要精心设计数据的采集方式、筛选数据的获取来源，使采集到的数据与现实对象的偏差最小化，以更好地达到数据处理的目的。对于“数字孪生”等对采集数据的质量和时效性有较高要求的应用，更加需要设计合理的采集方式，持续、实时地获取高质量的数据。

根据数据采集方式的不同，数据采集可以被分为基于推（Based on Push）的方式和基于拉（Based on Pull）的方式。所谓基于推的数据采集方式，是指数据提供方在有新数据产生时，会主动通过定时任务等方式将数据发送给订阅或注册的数据采集者，通常适用于实时数据需要即时更新的情况。而基于拉的数据采集方式，是指数据采集者需要根据自己的需求和调度策略，向数据提供方发起请求，并从中获取所需的数据，适用于批量处理、不定期更新或按需获取数据的场景。下面将分别介绍常见的基于推和基于拉的数据采集方式。

1）基于传感器的采集方式

使用传感器进行数据采集是常见的基于推的采集方式，常用于测量物理环境变量并将其转化为可读的数据信号以待后续处理。目前较为流行的传感器可以实时记录光、压力、噪声、电流、风速、温度等观测指标，并通过无线网络或有线连接将数据发送给数据采集系统，这是物联网的重要组成部分。随着硬件设备的不断升级，传感器也从最初只有记录数据的功能逐渐进化到可以负载一定的边缘计算模块，所谓边缘计算是指将数据处理和分析的部分功能转移到接近数据源的边缘设备上，以减少数据传输和延迟。在基于传感器的数据采集场景中，可以使用边缘计算在传感器设备中执行一部分数据处理任务，只将处理后的结果或摘要数据传输给中心服务器进行进一步的分析和存储。例如，智能摄像头可以在设备端执行人脸识别、目标检测等任务，只将相关识别结果传输给云端服务器。当然，这种传感器的应用方法在当下尚未得到普及，是未来传感器迭代发展的重点。

2）基于系统日志的采集方式

系统日志是系统记录和存储各种运行活动的文件或数据，它包含系统软/硬件运行过程中的关键事件、错误、警告、操作记录等信息，也包含系统进程的状态和用户与系统的交互信息。创建系统日志的主要目的是帮助系统管理员和开发人员更好地监控、分析系统的运行情况，有效排除故障，近年来，系统日志也被广泛用于分析用户在系统中的操作行为。举例来说，Web 服务器通常要在访问日志文件中记录用户的点击、键盘输入、超链接访问等行为，根据这些行为数据可以更加有效地了解用户对网页元素的关注情况，从而推断用户的偏好，达到精准营销和优化页面布局的目的。一般来说，基于系统日志的数据采集需要特别配置日志记录参数，这些参数包括日志记录的级别、格式、存储路径、保留时间等。当这些参数配置完毕后，系统后台会以脚本程序的形式自动运行，按照指定参数筛选出所需的日志记录，并按照系统对应的存储路径保存。基于系统日志的数据采集方式普遍应用于已上线系统或大型公司的服务器内网，数据采集者必须熟悉各类操作系统语言及 shell 脚本程序的编写，并且由于系统日志的体量巨大，需要数据采集者在运行具体的取数脚本时明确数据粒度，以确保采集到的日志信息具有可用性和可读性，因而它是一种门槛相对较高的数据采集方式。

3）基于网络爬虫的采集方式

网络爬虫是一种计算机程序，用于自动抓取网络上的信息，也被称为网页爬虫、网络机器人、网络蜘蛛等。它可以按照预先设定的规则，自动地从互联网上抓取信息，并将抓取到的信息按需进行持久化存储。网络爬虫是目前流传最广、应用最多的数据采集方式。使用网络爬虫进行数据采集需要采集者根据具体应用的需求自主选择需要参考的网站来源，编写爬虫程序，向网络发起请求并获取数据，是最典型的基于拉的数据采集方式。相比上述提到的两种基于推的数据采集方式，因为无须高价购买相应的传感器，网络爬虫的成本更低，并且无须建立在已有系统的基础上，准入门槛更低，更像是一种充分利用已有互联网资源的“搭便车”式的数据获取方式。其难点在于数据采集者需要熟悉一些爬虫自动化的代码和浏览器页面渲染的原理，但随着基于 Python 语言编写的诸如 Request、Beautiful Soup、Lxml 等开源库的发展，以及 Scrapy、PySpider 等爬虫框架的出现，这一难点逐渐被攻克。这些库和框架都已在内部集成了丰富的功能和便捷的 API（应用程序编程接口），可能仅需几十行的代码，就可以在极短的时间内爬取到足量的数据。此外，爬虫软件也为不擅长使用代码的数据需求者提供了数据采集途径，这类软件提供了可视化的操作界面和丰富的选项配置与预设功能，用户无须编写过多的代码即可完成爬虫配置并运行，极大地简化了参数设置和数据提取的流程。国内较为知名的爬虫软件有“八爪鱼”“火车头”“神箭手”等。

4）基于众包的采集方式

“众包”（Crowdsourcing）这一概念由美国《连线》杂志的记者杰夫·豪在 2006 年 6 月提出，具体指公司或机构将过去由员工执行的工作任务，以自由自愿的形式外包给非特定的大众网络的做法。这些人不是专家，也不是正式的、有组织的群体，而是通过网络登录众包平台接受和完成任务的市场大众。在这一过程中，公司或机构只需要为贡献者支付少量报酬，甚至无须支付报酬。

基于众包的采集方式是另一种典型的基于拉的数据采集方式，用户只要将数据搜集任务上报互联网或众包平台，就可以通过大量的用户参与来获取恰当的数据。使用众包进行数据采集，通常能够吸引来自不同背景、地区和专业领域的参与者，因此可以获取多样化的数据，有助于全面了解问题或现象。由于参与者众多，且每项任务均能并行处理，众包可以大大缩短数据采集的时间，也能根据实际需求灵活调整任务的规模和要求，适应不同的数据采集场景，目前已被广泛应用于调查、标注、实体感知、图像识别等领域的数据采集工作。需要注意的是，在使用众包进行数据采集时，可能会面临数据质量控制、隐私保护、激励机制的设计等挑战，因此，合理设计任务流程和制定相应的管理策略是确保众包数据采集效果的关键。

以上介绍了几种较为常见的数据采集方式，但这并不意味着数据采集就必须循规蹈矩。数据采集的途径多种多样，重要的是根据应用的目的和数据本身的特征选择合适的数据采集方式，并综合考虑数据的可获得性、数据的质量、时间成本、经济成本等因素，灵活运用各类采集技术，以获得满足要求的数据资源。

1.3.2 大数据存储层

当数据采集完成后，需要对数据进行持久化存储。大数据存储层的功能就是确保数据在存储介质中长期存储，以及对来自各种数据源的数据进行汇总、转换和加载，使数据能够以一种合理的形式进行存储和管理，方便后续的数据处理和分析。传统的数据存储方式是将数据存放在关系数据库中，根据应用需要使用 SQL 从数据库中获取符合条件的数据。随着互联网、物联网、社交媒体和其他信息技术的快速发展，产生的数据量呈指数级增长，传统的数据处理和存储方式已无法满足大数据的需求，大数据存储的重要性日益凸显。在本节中，我们简要列举几种大数据存储层的常见技术，更多内容会在第 3 章中详细介绍。

1）分布式文件系统

由于诸如视频、音频、图像等非结构化数据无法通过传统关系数据库进行存储管理，目前可行的管理方式是采用文件系统存储原始数据并用数据库系统存储描述性数据索引的架构。文件型数据的体量巨大且数据增长迅速，单台主机所提供的存储性和拓展性显然无法满足文件系统的存储结构要求，而分布式文件系统将数据分散在多个节点上，在使用时统一进行资源调度、并行处理，解决了单一主机文件系统存储的弊端，得到了业界的青睐。常见的分布式文件系统包括 Hadoop 分布式文件系统（Hadoop Distributed File System，HDFS）和谷歌文件系统（Google File System，GFS），第 2 章会详细剖析其工作机制。

2）非关系数据库

非关系数据库的概念是相对关系数据库而言的，它摒弃了传统关系数据库严格规范的数据结构和范式约束，引入了更加灵活的数据模型，可以存储各种类型和格式的数据。近年来，非关系数据库系统得到了广泛应用，其采用横向拓展的方式和分布式存储的原则，通过数据复制、负载均衡、数据分片等技术来提高读写性能和容错能力，能够有效处理非结构化的大规模数据集，满足高并发访问的需求。常见的五类非关系数据库和相关数据库产品如表 1-3 所示。

表 1-3　常见的五类非关系数据库和相关数据库产品

类别	相关数据库产品	典型应用场景	优点
键值对数据库	Redis，Oracle BDB，Voldemort，Tokyo Cabinet/ Tyrant	会话存储，缓存	查找速度快，存储结构简单清晰
列族数据库	HBase，Cassandra，Riak，HyperTable	分布式文件系统	可扩展性强，兼容性高
文档数据库	MongoDB，CouchDB，RavenDB	各类 Web 应用，内容管理应用程序	表结构可变
图数据库	Neo4j，FlockDB，GraphDB，AllegroGrap	社交网络，推荐系统，知识图谱	可以高效使用图结构的相关算法
时序数据库	IoTDB，Open TSDB，InfluxDB	物联网，监控系统，销售系统	写入速度快，时间精度高

3）对象存储

对象存储，又称基于对象的存储，是用来描述、处理和解决离散单元的方法。它将数据保存为独立的对象，而不是像传统的文件系统那样将其保存在一个特定的层次结构中。在对象存储服务中，每一个对象会分配一个唯一的标识，我们可以通过这个唯一标识去访问对象。相比文件存储，对象存储的内涵更加丰富，程序运行中的所有数据都可以作为对象扁平化地进行存储，用户不需要像传统文件系统那样记住每个文件所在的文件夹、物理地址等信息，只需要通过分配的唯一标识访问即可。这种特性在应对海量数据时较有优势，因为它不存在文件系统中目录深度的问题，所以无论访问多久以前的数据，都能达到令人满意的效率。对象存储是随着大数据时代的到来而孕育出的新型存储思路。

传统的文件系统和关系数据库通常会有存储容量和文件数量的限制，无法支持大规模非结构化数据的存储和管理。此外，由于非结构化数据本身的异构特性，基于文件和目录层次结构的存储方式通常需要复杂的文件系统或数据库管理和检索技术，这使得非结构化数据的分类、检索和访问往往不够灵活和高效，无法提供满足高并发访问的总体性能和吞吐量。对象存储的出现从根本上改变了存储蓝图。它处理和解决了曾经被认为棘手的存储难题，并且由于索引方式简单，对象存储的维护和备份成本相较文件系统的更低。

尽管对象存储具有很多优势，但这并不意味着对象存储可以完全替代文件系统。首先，对象存储的写入和修改操作并不高效，只能根据索引将数据取出来完成修改，生成新索引再放回去。在数据写入后，数据的复制和同步也需要一定的时间，在某些情况下，可能会出现数据的不一致或冗余。其次，对象存储更适合存储大量级非结构化的数据，当数据量级较小时便完全没有任何优势，此外还需要一些额外的开发和管理工作，包括编写和管理访问对象的API、调整数据分区和复制策略等。因此，根据实际需求和应用场景，对象存储和文件存储系统可以相互补充。

4）冷热数据分离

冷热数据不是指数据有着物理学意义上的温度，而是依据数据的访问频率对数据进行划分，冷数据是指访问的频率相对较低的数据，如企业备份数据、业务与操作日志数据、话单与统计数据等，而与之相对的热数据是指近期经常被访问的数据，这部分数据可能具有较高的分析价值或较为频繁的更改诉求，对访问的响应时间要求很高。

冷热数据分离在传统数据分析时代并没有得到重视，而当数据量级提升后，对数据处理的响应时间、存储效率都有了更高的要求，若是将冷数据和热数据混合存储显然大大增加了数据的运维成本。通常的做法是依据具体业务需要确定冷热数据的分割标准，并分别为冷数据和热数据存储选型。针对热数据系统，需要重点考虑读写的性能问题，诸如MySQL、Elasticsearch等高性能数据库就会成为首选；而对于冷数据系统，则需要重点关注低成本存储问题，通常会选择存储在HDFS中或使用对象存储技术。现有冷热数据分离技术已相对成熟，很多开源大数据框架在体系中引入冷热数据分离技术，试图以透明、统一的方式来应对冷热分离，将存储成本降到相对较低的水平。随着技术的迭代升级，近年来也有AI自流畅引擎可以智能识别冷热数据，通过定向整理压缩和场景化清理来实现冷热数据分离，解决大数据存储碎片化的问题。相信在未来，新技术将持续为冷热数据的进一步研究赋能，冷热数据分离技术也将迸发出新的思潮与火花。

5）数据仓库与数据湖

数据仓库（Data Warehouse）是一个集成的、主题导向的、面向分析的数据存储系统，用于支持企业决策和业务分析。它通过对来自各个数据源的数据进行抽取、转换和加载处理，将数据整合到统一的、结构化的存储结构中，以支持复杂的查询和分析操作，最初由IBM的研究人员比尔·恩门在20世纪80年代提出，是联机分析处理和数据挖掘的基础。数据仓库是一种“仓库”而不是“工厂”，数据仓库并不“生产”任何数据，其数据来源于不同的外部系统，同时，数据仓库也不需要“消费”任何数据，其结果可供各个外部应用使用。在信息技术与数据智能飞速发展的大环境下，数据仓库在软/硬件领域、互联网及数据库方面提供了许多经济高效的计算资源，可以保存大量的数据以供分析使用，且允许使用多种数据访问技术，是极具代表性的数据存储结构。

数据湖（Data Lake）是一种存储和处理大规模、多样化数据的架构，可以容纳海量结构化、半结构化和非结构化的数据。数据湖的特点是以原生格式存储数据，保留了数据的原始性，不需要进行复杂的转换和处理。数据湖整体采用扁平的数据结构，通过分层存储和使用元数据来管理和组织数据，成本比传统数据仓库低。数据湖的提出与大数据技术和云计算的发展密切相关，其存储形式不仅保留了全量原始数据，可以更灵活地针对业务和应用的需要提供数据支持，还可以弹性扩展存储容量和计算资源，为数据处理的后续环节提供更高效的数据访问和分析服务，使得企业具备更多关于企业成长的洞察力，帮助企业达成其商业目标。

1.3.3　大数据处理与分析层

大数据处理与分析的主要任务是从看似杂乱无章的数据中找到隐含的规律和内在联系，发掘有用的知识以指导人们进行科学的决策，从而体现数据的价值。作为大数据体系的中间结构，大数据处理与分析层是整个体系的核心。一般而言，大数据处理与分析层涉及如下技术与方法。

1）批处理

批处理是指将一定量的数据收集起来，在一个批处理文件中对这些数据进行批量、并行处理。批处理的主要特点是将数据分成对应批次，这一过程通常是离线进行的，即先将数据按批存储下来，然后分别对各个批次的数据进行计算和分析，最终汇总成整个数据集的处理结果。批处理适合对历史数据进行全面的分析和处理，可以用它进行复杂的计算和模型训练。批处理的优势在于多个用户可以共享一个批处理系统，多任务并行开展，资源利用效率高，可以进行全局的数据分析和处理，适用于大规模数据的计算和统计任务。但是批处理的延迟较高，不能实时响应数据变化，且对计算资源的需求较高，需要预先分配足够的资源用于处理整个数据集。在实际应用中，计算资源的分配和并行任务优化算法的效率直接影响批处理系统的响应时间，而在这方面业界已有成熟的技术积累，常见的批处理框架有 Apache Hadoop 的 MapReduce、Spring Batch 等。

2）流处理

流处理是一种允许用户在接收到数据后的短时间内快速查询连续数据流和检测条件的技术，是针对实时产生的数据流进行有效处理和分析的方式。流处理的主要特点是即时性，它可以在数据生成的同时进行处理和响应；它也是连续的，计算会持续进行，计算结束后立即丢弃数据，不关注数据的存储；它更是乱序的，数据流记录的原始顺序和在处理节点上的处理顺序可能不一致，系统无法控制将要处理的新到达的数据元素的顺序。与批量计算慢慢积累数据的做法不同，流式计算将大量数据平摊到每个时间点上，连续地进行小批量传输，如同“水流”一样，数据持续不断地流动，在计算逻辑定义完毕后的运行期间无法进行作业计算逻辑的修正和更改。流式计算结束后，无须像批处理那样等待同任务不同批次的计算完成，每轮分支完成计算后，结果可以立刻投递到在线系统，并持续不断地对外写出。正是因为这些特点，流处理非常适合对实时性要求较高的场景，如监控系统、实时分析等。常见的流处理框架有 Kafka、Flink 的流处理模式等。

3）ETL

ETL（Extract Transform Load）是大数据处理中常用的技术，用于将数据从源系统中提取出来，经过转换操作后加载到目标系统中，是从大数据存储层到大数据处理与分析层，以及从大数据处理与分析层到大数据应用层必经的过程。

数据提取（Extract）是指从源系统中获取数据，源系统可以是关系数据库、文件系统、Web API 等。在数据提取阶段通常需要考虑如何根据源系统的特点和数据访问形式选择合适的提取方式（如全量提取、增量提取、时间窗口提取等），以及如何在提取数据的过程中确保数据的完整性和准确性，避免数据丢失或发生提取错误。

数据转换（Transform）是指对提取的数据进行清洗、整理和加工。在数据转换阶段，通常涉及数据清洗、数据标准化、数据归一化、数据降噪、数据聚合等操作，这些处理能有效提高数据的质量和准确性。

数据加载（Load）是指将经过转换的数据加载到目标系统中，即对经过清洗和整理的数据进行有效装填，使其能够被查询、分析和应用。目标系统可以是数据应用端接口连接的顶层应用系统，也可以是作为数据分析处理结果存储的数据仓库或数据湖。数据加载一般可以分为直接加载、分阶段加载及事务加载。直接加载没有额外的数据处理步骤，方法简单直接，能够快速将数据移动到目标系统，有效减少额外的工作量和时间，适用于数据量较小且不需要复杂转换的场景。分阶段加载将数据加载的过程分为多个阶段进行，每个阶段只加载增量数据或者特定的数据子集，其优点在于可以灵活调整数据处理的流程和顺序，显著降低系统负载，并提高数据处理的效率和可控性，适用于大型数据加载任务和实时更新数据加载任务。事务加载是指将数据加载过程包装在一个事务中进行，保证数据的原子性和一致性，确保数据在目标系统中具备高度完整性和准确性。事务加载还具有回滚的特性，当加载失败时可以撤销已完成的操作，避免数据在加载过程中造成损坏。但事务加载可能对系统的性能产生一定影响，并且需要更多的处理时间，适用于安全性高、时效不敏感的数据加载场景。

如今，云服务提供商（如亚马逊云服务）提供了强大、灵活且自动化的数据集成和转换功能，能够帮助企业快速处理海量数据，实现数据驱动决策。相比本地 ETL，云端 ETL 拥有更具弹性的计算和存储资源，也具备高度可靠的基础设施和数据保护机制，更能与其他云服务整合集成数字云生态，是未来 ETL 技术的发展方向。

4）*数据分析处理方法*

如果说数据是大数据处理与分析层的血肉，以上介绍的相关技术组成了大数据处理与分析层的骨架，那么各类数据分析处理的原理和方法则是大数据处理与分析层的灵魂。根据应用目标，数据分析可以进一步划分为侧重已发生事件总结的描述性分析、寻求已发生事件原因的诊断性分析、对过去事件形成的相关关系或因果关系进行判断继而预测未来事件结果的预测性分析，而这些分析往往需要结合合适的算法和工具来实现。采用传统机器学习算法搭建的各类监督式和非监督式模型可以基于数据自动构建解决问题的规则和方法。近年来，深度学习也在许多数据处理与应用领域取得了关键性突破，我们将在本书的第 5 章详细介绍各类数据分析方法及其适用范围。

1.3.4　大数据应用层

大数据应用层是大数据体系的上层结构，主要负责对接上游业务需求，实现用户交互。在大数据应用层中，数据被用于支持企业的各种业务决策和管理决策，如市场分析、产品定价、资源分配等。不同的大数据体系针对不同的数据需求有各自对应的大数据应用层规划设计，但大体上离不开以下两种核心指导思想。

- 用户需求驱动：大数据应用层的设计应该以用户需求为中心，根据不同用户的需求提供定制化的数据分析和应用方案，这需要架构设计者深入了解用户的需求和使用场景，从而提供更加精准和有针对性的数据服务和 API。
- 数据可视化：大数据应用层需要将数据转化为可视化的图形，有效地简化与凝练数据，使得用户可以快速了解数据趋势和异常情况，帮助用户更好地理解数据分析的结果。

由于用户需求因应用不同而存在差异，无法对其进行深入讲解，因此在此将对大数据应用层的介绍重点放在数据可视化技术上。虽然数据可视化只是将数据以图形化的形式进行表达，但千万不能轻视这一形式。事实上，数据可视化在大数据应用层起到了非常关键的作用，现存大数据系统的应用层除纯外调接口外，均配有数据可视化工具，不少大型数据处理平台也会将 BI（Business Intelligence，商业智能）看板作为顶层架构以辅助商业决策。人类对图表和图形的理解比文字更直接，而数据可视化技术能够将复杂的数据和概念通过视觉的方式传达给用户，便于用户理解。在大数据时代，数据可视化无疑成为从海量数据中提取关键信息这一过程必不可少的环节之一。

数据可视化的主要流程有两步，首先对数据进行视觉编码，即使用位置、尺寸、颜色等视觉通道映射需要展示的数据维度，其次在数据视觉编码的基础上实现图表的可视化。视觉编码的过程可被视为数据的可视化映射，视觉编码主要由视觉标记和视觉通道两部分组成。视觉标记是表现数据项或关系的视觉元素，映射数据项的视觉标记包括点、线、各类二维图形及不常使用的三维立体图形，映射关系的标记包括连接关系与包含关系。视觉通道又称视觉变量，通过数据的属性值控制视觉元素的外观，包括适合映射序数型或数值型数据的大小通道和适合映射类别型数据的身份通道。其中，前者包括位置、大小、角度、颜色亮度、饱和度、深度、曲率、体积等，后者包括区域、色调、运动、形状等。在实际应用中，分析师需要根据不同的数据类型决定数据内部的依存关系，并使用不同的可视化映射方法。

优秀的数据可视化设计和平庸的数据可视化设计将在应用中给使用者带来完全不同的体验，主要因为人类在识别可视化图形时具有认知负载（Cognitive Load），即解读数据和信息时需要付出的认知努力。在可视化设计时，需要尽可能准确、直观地描述数据，以减小使用者认知负载为前提进行图形化设计。下面总结了几项可视化设计的原则以供参考。

- 在可视化设计过程中尽量少使用三维图形进行展示，人们在理解三维或高维图形时所需要倾注的注意力远超二维图形，因此，如果数据可以用简单的二维图形解释，就尽量采用二维图形。
- 在可视化设计过程中需要遵循视觉认知的格式塔（Gestalt）原则，格式塔原则记录了人类在分析图形化数据时遵守的一系列认知规律，包括临近原则、相似原则、包围原则、闭合原则、连续原则、连接原则等，在进行可视化设计时不应违反格式塔原则所描述的一般认知规律。

不要在可视化设计时引入一些容易引起使用者误解的事项，不好的可视化设计容易在设计中引入噪声。如图 1-2 所示，在设计数据指标基线时不从零开始会过分夸大数据本身所具有的客观信息，从而降低可视化设计的可信度，这些额外噪声需要尽量避免，以呈现给使用者最为客观的数据信息。

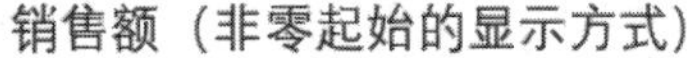

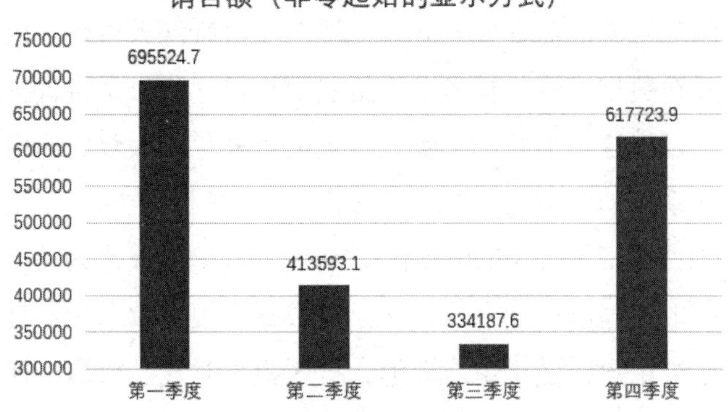

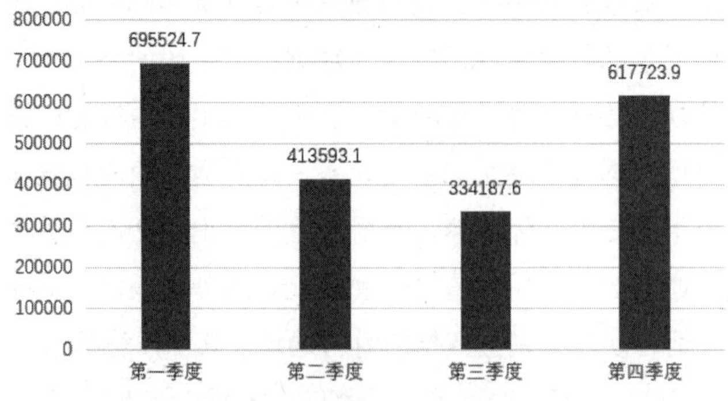

图 1-2　容易引起使用者误解的可视化设计示例（单位：元）

1.4　大数据面临的挑战

大数据能够驱动应用功能的创新并由此给社会带来益处，但任何东西都具有两面性，大数据也不例外。在享受大数据红利的同时，由大数据引发的信息安全及伦理问题不可忽视。本节将介绍大数据时代常见的几类问题，主要涉及个人隐私泄露问题、数据安全问题、信息茧房及大数据“杀熟”。我国政府已经开始采取行动，制定相关法律法规和标准，以应对新形势下的问题与纠纷。只要社会各方持续努力和通力合作，相信在不久的将来这些问题可以得到解决。

1.4.1　个人隐私泄露问题

由于大数据所涉及的数据种类很多、来源很广，个人身份信息、健康数据、社交媒体数据、金融数据等敏感信息非常容易被捕获，个人的隐私正面临着多方面的威胁。也许你并不认为自己每天在社交媒体平台的浏览记录泄露后能引起什么问题，认为那只不过是个体行为在“天”这个时间维度下的极小一部分，不能代表一个个体的整体特征。而事实并非如此，我们已经在 1.2.3 节中介绍了在海量数据中发掘数据相关性的内容。在大数据时代，我们完全可以通过多源数据的采集、提取、识别，用推理链路的形式将看似完全不相关的数据结合起来，形成有价值和特定规律的特征。即使多个数据集各自进行脱敏处理，数据集仍存在由关联关系造成的个人信息泄漏的风险。例如，如果将某人在网上的订单记录、聊天记录、上网浏览记录关联在一起，就可以分析出此人的消费偏好和习惯，并依此建立起个人画像，若能进一步获取此人的电子设备接入网络的信息和地理位置，就能勾画出此人近期的行为轨迹，届时此人的所作所为、所思所想都有可能被数据挖掘算法所识别。这些综合信息的曝光和泄露，很容易给个人带来安全威胁和风险。

在剑桥大学的一项研究中，就出现了个人信息泄露造成的“大数据歧视”现象：在 Facebook 上获取大约六万个用户的“喜欢”数据之后，该数据就能被用来预测用户的性别、种族和行为等，且结果非常准确。若这些数据被不法分子获取并加以利用，将使个人权利受到侵害。中国消费者协会组织开展的“App 个人信息泄露情况”问卷调查结果显示，有超八成受访者曾遭遇个人信息泄露问题，受访者普遍担心个人数据被用于从事诈骗活动或被贩卖给第三方组织。可见，保障个人隐私安全是大力发展大数据技术应用的必要条件，若不加强对个人隐私的保护，个人隐私泄露所引发的公众恐慌必将成为大数据发展的一大阻力。唯有加强对个人隐私的保护，才能使大数据技术及相关应用健康而长远地发展。

1.4.2 数据安全问题

海量数据的安全管理问题是对每一个大数据运营者的挑战。在开放的网络空间中，大数据资源显然是被网络黑客“瞄准”的一大目标。一方面，大数据集成化存储增加了数据泄露的风险，黑客的一次成功攻击就能获得比以往更多的数据量，降低了网络攻击的成本；另一方面，大数据包含着比传统结构化数据更加复杂、敏感、价值量大的数据，这些数据会引来更多的潜在攻击者。在管理海量数据时，数据运营者难以像过去那样对数据进行精细化的安全管理，导致整体安全管理的覆盖范围和力度不够，在防止数据丢失、盗取、滥用和破坏方面都需要新的技术突破。

在数据安全存储方面，由于数据往往采用分布式的方式进行存储，因此不仅主库需要建立起完善的安全认证机制，每个从库也要有严密的数据保护措施。在进行物理设计时应考虑到大量多源、异构、非结构化的数据在存储过程中的存储错位和管理混乱的问题，及时建立数据应急预案，对关键数据进行定期备份，并确保备份数据的完整性和可靠性。

在数据安全传输方面，由于在大数据时代数据的处理量和传输量都有显著提升，每分每秒都涉及海量数据的流动与交换，因此一旦数据在某一传输环节泄露或遭到攻击，将会带来严重的后果。对于敏感数据，在传输过程中可以采用加密技术来保护数据的安全，合理应用 SSL/TLS（安全套接层/传输层安全）等协议来加密数据传输通道，确保数据只能被获得授权的人访问。此外，网络黑客也能搭上大数据传输链路的便车，将篡改、伪造的脏数据或木马病毒传递给数据使用者，这需要数据安全管理员严格监管各个架构层级的数据交换过程，合理应用数字签名制度，确保数据应用层中数据的完整性和真实性。除存在数据泄漏、篡改等风险外，大数据传输链路还可能被数据流攻击者反向利用，攻击者有意制造大量无法完成的不完全请求来快速耗尽服务器的资源，使用大数据、大流量压垮网络节点和服务器。因此，在处理数据传输请求前也需要进行实时验证，过滤异常请求，阻止未经授权的数据调用。

数据的安全管理是一门深奥的学问，需要数据安全管理员从多个方面、多个环节进行考虑，综合运用各种技术手段建立起合理的机制和网络安全体系。只有当数据使用的安全性得到了保障，基于大数据的创新与应用才能走得更远。

1.4.3 信息茧房

“互联网曾给我们制造了一个信息海洋，但如今的算法却编织了一个个信息茧房。在自己的信息茧房中，每个人看自己想看的，听自己想听的，宛如回音壁一样不断地重复那些悦耳的声音。然而，这种舒适终将付出沉重的代价：偏见、撕裂与群氓。”这是来自关于《信息乌托邦》一书的文学评论。内容中所提及的信息茧房原指个人或群体在信息获取和交流过程中，由于特定偏好、信息来源的局限及社交圈子的限制，导致接触到的信息变得单一而缺乏多样性和广度，正如一只作茧自缚的春蚕，将自己的世界局限在了小小的茧中。

大数据时代的到来不可避免地加速了信息茧房的出现。基于大数据的推荐技术，能够通过分析用户的行为、兴趣和偏好等，为用户提供个性化的信息推荐和筛选服务。这本应是减少用户搜索成本的好事，但这种个性化服务往往会根据用户的兴趣和历史行为对信息进行过滤和排序，使用户更容易接触到与偏好相符的信息，导致用户接触到的信息变得越来越单一。现在我们在社交媒体平台上所看到的信息都是被算法筛选过的，在推荐算法的匹配机制影响下，毕业生将看到更多关于求职的内容，热恋中的男女将看到更多两性相关的话题，体育爱好者能看到铺天盖地的体育资讯，而用户基于推荐算法的反馈行为又会进一步增强算法对于用户的感知，使算法进一步精确群类划分粒度。高度发达的互联网给你我带来更多的可能，而个性化的喜好推送机制则可能加深你我对已知世界的偏见。

在铺天盖地的网络信息中，信息鉴别能力成为我们能够在数据潮流中保持独立人格和探索世界的初心的宝贵财富。我们不能否认大数据推荐技术给我们带来的便捷，但不能沉溺于这种可以信手拈来的便捷。在信息茧房面前，我们可以选择“作茧自缚”，也可以“破茧而出”。在信息茧房问题逐渐得到重视的当下，也有越来越多的从业者站出来呼吁优化市场层面的推荐算法，以提升内容推荐的多样性。

1.4.4 大数据“杀熟”

不妨假设这样一个场景：你与好友相约出游共度长假，为了确保计划万无一失，你在某机票购买平台上早早完成了一笔往返机票的订单，并提醒经常坐飞机的好友一起购买，在出行当日你询问了好友所购买的相同机舱的机票价格，却意外发现，自己所购买的机票价格比好友的价格低。在疑惑之余你试图思考其背后的原因，这并不是因为自己符合航空公司的购买优惠条件，而是因为好友可能遭遇了大数据“杀熟”。

大数据“杀熟”是指在大数据分析的基础上，企业根据用户的个人信息、消费习惯等数据特征，为不同用户提供不同的产品定价或服务质量。简单来说，就是针对不同用户差异化定价或提供服务。具体的实施方式有多种，其中一种常见的方式是针对某些用户提高价格或降低服务质量，以获取更高的利润。这种做法可能引发公众的不满，使公众感到不公平，因为同样的产品或服务，不同用户却面临不同的定价和待遇。在上述假设场景中，如果你的好友并不是在同一时间与你一起订购的机票，那么差异化的价格就有可能并不是真正意义上的“杀熟”，因为每日机票的价格是浮动的。航空公司根据用户的购票时间、航班需求等因素进行差异化定价，这可以帮助航空公司更好地管理座位资源和提供更好的服务。然而，如果企业滥用大数据技术“杀熟”，向用户提供不公平的定价或差异化服务，就可能引发消费者权益保护的问题。

为了解决大数据“杀熟”问题，一方面，需要健全相关的法律法规和监管机制，保障消费者的权益；另一方面，企业也应该注重道德和社会责任，确保在提供个性化定价和服务时不违背公平和公正原则。同时，加强对消费者的教育，提高信息透明度，让消费者更好地了解个人数据的价值和使用方式，也是解决大数据“杀熟”问题的重要途径。

案例：雄安新区——数智化“未来之城”

在雄安新区容东片区的道路上，一辆智能汽车完美地实现了自动跟车、变道，遇到行人自动避让，停靠车位相当精准；在碧波荡漾的白洋淀，智慧监测体系助力白洋淀生态环境持续改善，莺声燕语，一派自然祥和的景象；在无人超市，顾客仅需刷脸、挑选商品、结算三步即可完成购物，大大缩短了结账时间……这些看似会出现在科幻小说中富有“赛博朋克”元素的生活场景，却是在雄安新区真实存在的。2022 年底，有着雄安新区“城市大脑”之称的雄安城市计算（超算云）中心正式运营，其一期建设有 532 个机柜，提供 9 万核 VCPU（虚拟中央处理器）和 42PB 存储，终期规划建设 3600 个机柜，规模可达到 200 万核 VCPU 和 900PB 存储。该项目是雄安新区数智化运营服务系统的核心计算平台，承载的边缘计算、超级计算、云计算基础设施将为雄安整个数字化城市的区块链、物联网、AI、VR/AR（虚拟现实/增强现实）应用提供网络、计算、存储服务。

依托于该超算中心及先进的基础设施平台体系，雄安新区将作为全国首个数字化智能城市，积极谋划建设全数字道路、5G 网络连续覆盖、云上城市孪生等智能科技应用，预计新建区域每平方千米安装的公共传感器达到 20 万个，基础设施智慧化水平超过 90%。当你步行在雄安新区的街头，能随处看见配备摄像头、激光雷达、毫米波雷达等智能设备的多功能信息杆柱，这些信息杆柱将全天候实时采集、汇聚城市信息并上传至统一的云平台以供后台工作人员进行大数据分析。通过城市信息的汇总集成，雄安新区将实现“规划一张图、建设监管一张网、城市治理一盘棋”的全新格局，有望在 2030 年成为真正意义上的“未来之城”。

1. 你觉得雄安新区的超算中心架构是否适用于前文介绍的大数据体系框架，其采用了哪些大数据技术呢？

2. 除了案例中讨论的智能应用，你觉得依托于数字化城市，大数据还可以有哪些创新应用？

3. 试讨论利用大数据构建云上城市的优势与瓶颈。

参考文献

[1] 李建敦. 大数据技术与应用导论[M]. 北京：机械工业出版社，2021.

[2] 郑江宇，许晋雄. 大数据应用：成为大数据电子商务高手[M]. 杭州：浙江人民出版社，2020.

[3] 黄寿孟，尤新华，黄家琴. 大数据应用基础[M]. 西安：西北工业大学出版社，2021.

[4] 刘春燕，司晓梅. 大数据导论[M]. 武汉：华中科技大学出版社，2022.

[5] 林子雨. 大数据技术原理与应用：概念、存储、处理、分析与应用[M]. 3 版. 北京：人民邮电出版社，2021.

[6] MAYER-SCHNBERGER V. Big Data[M]. Amsterdam: CAMPUS-GRUPO ELSEVIER, 2013.

[7] TOFFLER A. The Third Wave[M]. New York: Morrow, 1980.

第2章

大数据架构

2.1 大数据处理架构 Hadoop

2.1.1 分布式系统

分布式系统是建立在网络之上的软件系统，正是因为具有软件的特性，所以分布式系统具有高度的内聚性和透明性。一个分布式系统由一组通过网络进行通信、为了完成共同的任务而协调工作的计算机节点组成，对终端的用户来说它就像一台计算机在工作一样。例如，假设使用三台机器将传统的数据库设计成分布式数据库，则需要实现在机器 1 上插入一条记录，在机器 1、2、3 上能够返回这条记录。因此，在分布式数据库系统中，用户感觉不到数据是分布的，用户也无须知道数据有无副本、数据存储于哪个站点及事务在哪个站点上执行等。

分布式系统最大的好处就是能够横向扩展系统。传统的数据库存储在一台机器的文件系统中，每当需要取出或插入信息时，用户直接和这台机器进行交互。随着数据量的增多，传统数据库能够处理更多流量的唯一方式就是升级运行数据库的硬件，也就是纵向扩展。而纵向扩展具有局限性，当数据库扩展到一定程度时，即使最好的硬件也不能满足当前流量的需求。这时候就可以采用横向扩展的方式，即通过增加更多的机器来提升整个系统的性能，而不是依靠升级单台机器的硬件来满足存储需求。横向扩展没有上限，每当性能下降的时候就增加一台机器，理论上这样可以支持无限大的工作负载，避免了纵向扩展的局限性。

除了在价格上相比纵向扩展更容易控制，横向扩展在容错性和低延迟上也有优势。与单机系统出错以后可能导致整个系统崩溃不同，分布式系统的某个节点出现错误以后，并不会导致整个系统的瘫痪；而低延迟是指分布式系统在不同的物理位置部署不同的机器，通过就近获取的原则减少访问的延迟时间。然而，分布式系统也存在着安全性不足、数据丢失、网络过载、节点同步延迟等问题。

当今互联网发展迅速，数据量激增，以 Hadoop 体系为代表的大数据分析平台逐渐表现出优异性，在业界得到了广泛的应用。很多企业推出了各种大数据的解决方案，基于大数据架构的数据平台可以从数据的存储和计算等方面解决传统数据仓库的瓶颈问题。

1）分布式存储

分布式存储即将数据拆分成多份，分散存储在多台独立的设备上，以提升存储的容量，其中涉及文件的复制、分片、管理等操作。与单机时代的直接存储相比，分布式存储具有以下特性。

- 可扩展性。分布式存储系统可以扩展到数百甚至数千台的集群规模，而且随着集群规模的增长，系统的整体性能呈线性提升。
- 高可用性。分布式存储系统通过数据的多副本和冗余技术，确保系统在故障时仍然能够保持数据的可用性和一致性。
- 低成本。分布式存储系统的自动容错和自动平衡负载功能允许其搭建在成本较低的服务器上。此外，其线性扩展的能力也使得增加、减少机器非常方便，可以实现自动运维，灵活控制成本。
- 弹性存储。分布式存储系统可以根据业务需要，灵活地增加或缩减数据存储池中的资源，而不需要中断系统运行。

2）分布式计算

简单来说，分布式计算就是将大量的数据分割成许多小块，由多台计算机分工计算，再将计算结果上传并统一汇总。整体思路是让多个节点并行计算，并且强调数据的本地性，尽可能减少数据的传输。例如，在 Hadoop 中，Spark 通过弹性分布式数据集（Resilient Distributed Dataset，RDD）的形式来表现数据的计算逻辑，通过在 RDD 上进行一系列优化可以减少数据的传输。通过使用 RDD，用户不必考虑底层数据的分布式特性，只需要将具体的应用逻辑表达为一系列转换处理就可以实现管道化，从而避免了中间结果的存储，大大降低了数据复制、磁盘 I/O（输入/输出）和数据序列化的开销。与其他算法相比，分布式计算具有以下几个优点。

- 资源共享。分布式计算允许多个计算节点共享资源，包括计算能力、存储和网络带宽等。这种资源共享使得系统更加灵活，能够适应不同类型的计算需求。
- 负载平衡。负载平衡是分布式计算中的关键问题，即通过有效分配任务和数据来充分利用各个节点的计算能力，从而提高整个系统的性能。负载平衡确保了各个计算节点的负载相对均衡，避免某些节点因负载过度而导致性能下降，这在大规模任务和大数据处理场景下尤为重要。

2.1.2 Hadoop 概述

Hadoop 是一个由 Apache 软件基金会开发的分布式系统基础架构，能够运行于分布式集群上。Hadoop 是基于 Java 语言开发的免费开源程序，允许用户使用简单的编程模型对海量数据进行跨机器集群的分布式计算处理。早在 2008 年年初，Hadoop 就已成为 Apache 的顶级项目，包括 Yahoo、Facebook、腾讯、华为等在内的众多互联网公司都在使用。

Hadoop 的两大核心分别为 Hadoop 分布式文件系统（Hadoop Distributed File System，HDFS）和 Hadoop MapReduce，分别负责存储和计算。HDFS 是针对谷歌文件系统（Google File System，GFS）的开源实现，适合部署在普通、低廉的硬件环境中，具有较好的容错性、较快的读写速度及较高的伸缩性，支持大规模数据的存储，其冗余数据的存储方式有效保证了数据的安全性。Hadoop MapReduce 是针对谷歌公司的 MapReduce 的开源实现，用户可以在不了解分布式底层细节的情况下开发分布式程序，充分利用集群的特点进行高速运算和存储。

1）Hadoop 的发展历史

Hadoop 这个名字源自项目创始人 Doug Cutting 的孩子给一头吃饱了的棕黄色大象取的名字。儿童是取名的高手，取的名字简短、易发音和拼写、没有太多的意义，并且不会被用于别处。之后 Hadoop 的很多子项目和模块的命名方式都沿用了这种风格，如 Pig 等。

Hadoop 的历史可以追溯到 2000 年，此时人们有着对海量数据进行存储和处理的迫切需求。2002 年 10 月，Doug Cutting 和 Mike Cafarella 创建了开源网页爬虫项目 Nutch，Nutch 的设计目标是构建一个大型的全网搜索引擎，包括网页抓取、索引、查询等功能，但随着抓取网页数量的增加，产生了严重的可扩展性问题——如何解决数十亿网页的存储和索引问题。在 2003 年 10 月，谷歌发表了有关谷歌文件系统的论文，文中介绍了解决大规模数据存储问题的方法。于是在 2004 年 7 月，Doug Cutting 和 Mike Cafarella 在 Nutch 项目中模仿谷歌文件系统搭建了类似的文件系统 NDFS（Nutch Distributed File System），也就是 HDFS 的前身。

2004 年 10 月，谷歌又发表了另一篇描述 MapReduce 分布式计算框架的论文。2005 年 2 月，Mike Cafarella 在 Nutch 项目中实现了 MapReduce 的最初版本。2005 年 12 月，开源搜索项目 Nutch 移植到新框架，能够使用 MapReduce 和 NDFS 在 20 个节点上稳定运行。2006 年，Doug Cutting 加入 Yahoo，Yahoo 提供了专门的团队和资源将 Hadoop 发展成一个可在网络上运行的系统。同年 2 月，Apache Hadoop 项目正式启动，用来支持 Hadoop MapReduce 和 HDFS 的独立发展。

2008 年 1 月，Hadoop 正式成为 Apache 的顶级项目。2008 年 4 月，Hadoop 实现了在 910 个节点上运行包含 1TB 数据的排序测试集，仅花费 209 秒，在当时用时最短。到 2009

年 5 月，Hadoop 成功将 1TB 数据的排序时间缩短到了 62 秒。Hadoop 从此名声大噪，迅速发展成为大数据时代最具影响力的开源分布式开发平台。

2）Hadoop 的特性

Hadoop 被公认为是行业大数据标准开源软件，具备在分布式环境中对海量数据进行处理的能力，兼具可靠、高效、可伸缩的优点。从整体来看，Hadoop 具有以下几个方面的特性。

- 高可靠性。Hadoop 采用冗余存储的方式，自动维护数据的多个副本，即使其中一个副本发生故障，其他副本也能维持整个系统的正常工作。
- 高可扩展性。Hadoop 可以高效稳定地运行在廉价的计算机集群上，可以动态地增加、替换存储与计算节点，因此可以扩展到数以千计的计算机节点。
- 高效性。Hadoop 采用分布式存储和分布式计算两大核心技术，能够在节点之间动态地移动数据，高效地处理 PB 级数据。
- 高容错性。Hadoop 采取数据冗余的方式自动存储数据的多个副本，并且能够自动重新分配失败的任务。
- 低成本。Hadoop 可以在廉价的计算机集群上运行，硬件成本比较低，普通用户也可以使用自己的机器搭建环境。此外，Hadoop 是开源软件，软件成本也比较低，社区活跃度高。
- 运行在 Linux 操作系统上。Hadoop 是基于 Java 语言开发的，可以很好地运行在 Linux 操作系统上。
- 支持多种编程语言。Hadoop 支持多种编程语言，如 Java、C++等。

3）Hadoop 的应用

Hadoop 凭借其突出的优势，在云计算、搜索引擎服务、海量数据处理和挖掘、科学计算等领域备受青睐。2007 年，Yahoo Sunnyvale 总部建立了一个包含 4000 个处理器和 1.5PB 容量的 Hadoop 集群系统。Yahoo 是 Hadoop 的最大支持者，目前拥有全球最大的 Hadoop 集群，主要用于支持广告系统、Web 搜索、个性化推荐、用户行为分析等。此外，全球知名的社交网站 Facebook 使用 Hadoop 存储内部日志与多维数据，主要用于日志处理、推荐系统和数据仓库等方面。IBM Blue Cloud 也利用 Hadoop 来构建云基础设施，使用 Hadoop 并行工作量调度技术，并发布了自己的 Hadoop 发行版本及大数据解决方案。

国内采用 Hadoop 的公司主要有百度、淘宝、腾讯、网易、华为、中国移动等。华为既是 Hadoop 的使用者，也是对 Hadoop 做出贡献的公司之一，其贡献排名在 Google 和 Cisco 之前。华为对 Hadoop 的 HA（高可用性）方案及 HBase 领域进行了深入研究，已经向业界推出了自己的基于 Hadoop 的大数据解决方案——华为 FusionInsight 大数据平台。腾讯基于 Hadoop、Hive 构建了 TDW（腾讯分布式数据仓库），打破了传统数据仓库不能线性扩展、可控性差的局限，并且根据数据量大、计算复杂等特定情况对其进行了大量优化和改造。TDW 的服务覆盖了腾讯绝大部分业务产品。

4）Hadoop 的版本

截至 2024 年，Apache Hadoop 主要有三个版本，分别为 Hadoop1.0、Hadoop2.0 和 Hadoop3.0。Hadoop1.0 和 Hadoop2.0 的架构对比如图 2-1 所示。Hadoop1.0 的核心组成是 HDFS 和 MapReduce（在不引起误解的情况下，本书将 Hadoop MapReduce 简称为 MapReduce）。其中，HDFS 负责数据的存储；MapReduce 负责数据的计算及集群资源（内存、CPU）的调度和管理。Hadoop2.0 在 Hadoop1.0 的基础上引入了新的框架 YARN（Yet Another Resource Negotiator），负责集群资源管理和统一调度，而 MapReduce 则运行于 YARN 上，功能仅限于数据的计算。

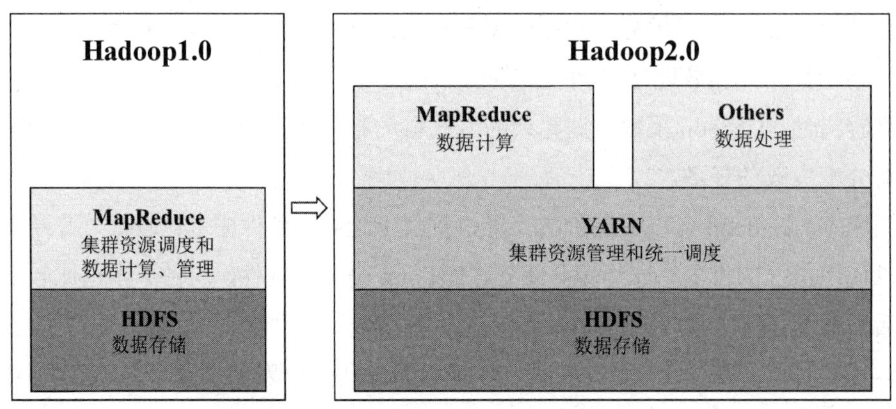

图 2-1　Hadoop1.0 和 Hadoop2.0 的架构对比

Hadoop3.0 与 Hadoop2.0 相比在架构上改动不大，改动的重点是提高系统的可扩展性和资源利用率。因此，Hadoop3.0 提供了更优越的性能、更强的容错能力及数据处理能力，部分功能得到显著优化，例如，引入异步线程池处理 I/O 操作以提高系统的并发性和吞吐量，引入任务级别的资源隔离以提高任务执行的可靠性和稳定性等。

除了免费开源的 Apache Hadoop，一些商业公司也推出了 Hadoop 的发行版本。2009 年，Cloudera 推出了第一个 Hadoop 发行版本，此后很多公司都加入了 Hadoop 产品化的行列，如 Hortonworks、MapR、华为等。这些版本都是由 Apache Hadoop 衍生而来的，但发行版本的易用性和性能更好，功能更强大，安全性有所增强。

2.1.3　Hadoop 生态系统

随着 Hadoop 生态系统的完善和成熟，出现了越来越多的新组件，如图 2-2 所示。除 Hadoop1.0 的核心组件 HDFS 和 MapReduce、Hadoop2.0 新增的核心组件 YARN 外，Hadoop 生态系统中还包含 ZooKeeper、Ambari、HBase、Hive、Mahout 等众多功能组件。下面将简单介绍部分重要组件，核心组件 HDFS、MapReduce、YARN 等分别在 2.2 节、2.3 节和 2.4

节进行详细介绍。

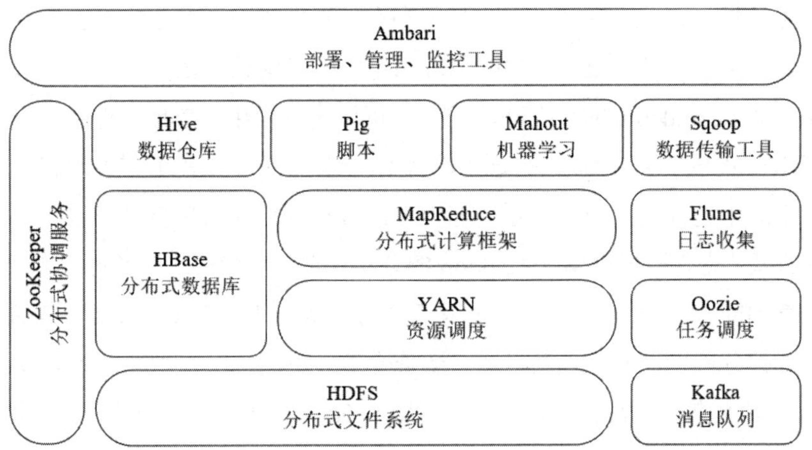

图 2-2　Hadoop 生态系统

- HDFS：分布式文件系统，专为存储和管理大规模数据而设计。它将数据分割为块并分布在 Hadoop 集群中的多个节点上，以提供高容错性和可扩展性。HDFS 是 Hadoop 处理大规模数据的基础，通过分布式存储和访问方式，实现了高吞吐量和可靠的数据存储。
- MapReduce：基于 YARN 的大数据并行处理程序，用于分布式处理庞大的数据集。通过将任务划分为小的可并行处理单元，MapReduce 实现了高性能的数据处理。其中，Map 阶段用于处理和过滤数据，Reduce 阶段则用于聚合和总结结果。MapReduce 被广泛应用于大规模数据的分析和批量计算。
- YARN：任务调度和集群资源管理的框架。它将处理引擎与资源管理解耦，允许不同的数据处理框架（如 MapReduce、Spark 等）同时运行，提高了 Hadoop 集群的灵活性和利用率。
- ZooKeeper：针对大型分布式系统的高效可靠的协同工作系统，旨在管理和同步分布式系统中的节点。它提供了简单而且功能强大的接口，用于统一命名服务、状态同步服务、集群管理、分布式应用配置项的管理等。ZooKeeper 确保了分布式节点之间的一致性和可靠性，是构建协调性强的分布式环境的基础组件。
- Ambari：基于 Web，用于配置、管理和监控 Hadoop 集群的开源平台。它提供了直观的 Web 用户界面，支持以图形化的方式查看 MapReduce、Pig 和 Hive 应用程序的运行情况，简化了 Hadoop 集群的部署、配置和监控。Ambari 使管理员能够轻松管理和维护 Hadoop 集群，提高了集群的可维护性。
- HBase：高可靠性、高性能、面向列、可伸缩的分布式存储系统，适合非结构化数据存储。利用 HBase 可在廉价计算机上搭建起大规模结构化存储集群。其数据模型类似于谷歌的 Bigtable，采用表格结构，通过行键来访问数据。它支持随机、实时的读写操作，并能存储海量的结构化数据。Hbase 适用于需要快速访问大量结构化数据的应用场景，如日志存储、实时分析和在线系统支持，其强大的扩展性、高吞吐量和灵活的设计，使其成为大数据生态系统中的关键组件之一。

- Hive：基于 Hadoop 的数据仓库工具，可以将结构化的数据文件映射为一张数据库表。Hive 提供了类似 SQL 的查询语言 HiveQL，使用户能够方便地在大规模分布式存储系统中进行数据分析，也为非专业的数据分析人员提供了一种更易用的大数据处理方式。它将数据存储在 Hadoop 的分布式文件系统中，并通过 HiveQL 查询转化为一系列的 MapReduce 任务来实现高效的数据处理。Hive 提供了更高层次的抽象，使得数据分析更加便捷，尤其适合数据仓库、日志分析、智能业务等场景。
- Pig：一种数据流语言和运行环境，适用于 Hadoop 和 MapReduce 平台来查询大型半结构化数据。它采用脚本语法，简化了大规模数据分析任务的开发过程，主要用于数据清洗、转换和分析等。
- Mahout：Apache 软件基金会旗下的一个开源项目，用于构建大规模机器学习模型的开源框架。它支持推荐系统、聚类、分类等任务，为大数据环境提供了机器学习算法的实现。
- Flume：Cloudera 提供的一个高可用的、高可靠的、分布式的海量日志采集、聚合和传输系统，适用于构建大规模的数据流水线。Flume 具有可配置的数据流体系结构，使用户能够轻松定义数据流的来源、通道和目的地。
- Sqoop：SQL-to-Hadoop 的缩写，主要用于在 Hadoop 和关系数据库之间进行数据的交换。Sqoop 支持从数据库导入数据到 Hadoop，或将 Hadoop 中的数据导出到数据库，实现了数据的双向传输。
- Kafka：一种高吞吐量的分布式订阅消息发布系统，用于构建实时数据管道。它支持高吞吐量、持久和可靠的消息传输，广泛用于构建实时数据处理系统。
- Oozie：Hadoop 的工作流管理系统，支持复杂的数据处理工作流，允许用户定义和执行多步骤的数据处理任务，用于协调多个 MapReduce 任务的执行。

2.2 分布式文件系统 HDFS

在 Hadoop 强大的架构中，HDFS 显得尤为重要。作为 Hadoop 生态系统的核心组件之一，HDFS 承担着大规模数据的存储任务，旨在满足海量数据存储对可靠性和可扩展性的需求。通过将大文件划分为固定大小的数据块，并将这些数据块分布式存储在集群中的各个节点上，HDFS 实现了高容错性、高可用性和可扩展性。这种独特的分布式存储方式不仅为 Hadoop 架构提供了稳定的数据基础，同时为分布式计算提供了可靠的输入源。接下来将深入探讨 HDFS 的工作机制，阐明它在大数据处理中不可替代的作用。

2.2.1　HDFS

HDFS 是 Hadoop 项目的核心子项目，在大数据生态圈的最底层提供分布式存储服务。Hadoop 支持流数据（持续不断、时序性强的数据流，通常以实时或近实时的方式产生、传输和处理）读取和超大规模文件的处理，可以运行在廉价的普通机器组成的集群上。

1）HDFS 的主要设计目标

在设计初期，HDFS 充分考虑了普通服务器硬件易出错这一常态情况，因此采用了多种机制保证即使在硬件出错的环境中也能确保数据的完整性。

- 硬件故障的快速修复。
- 流数据的读写。
- 大规模数据集。
- “一次写入、多次读取”的简单文件模型。
- 移动计算优先于移动数据。
- 跨平台的兼容性。

2）HDFS 的局限性

HDFS 设计的特殊性，也为其带来了一些应用上的局限性。

- 不适合低延迟的数据访问。
- 无法高效存储大量小文件。
- 不支持多用户写入和任意修改文件。

3）HDFS 的组件

HDFS 的高效运作离不开名称节点、数据节点等重要组件，下面将对 HDFS 的主要组件进行逐一介绍，讲解它们如何共同构建出强大而可靠的分布式文件系统。

（1）数据块（Data Block）。HDFS 将所有的文件全部抽象成块进行存储，方便系统对文件的管理。在 Hadoop1.0 中，数据块的大小为 64MB，也就是说，存储在 HDFS 中的文件都会被分割成 64MB 的数据块进行存储。当然，如果文件本身小于一个数据块的大小，则按实际大小存储，并不占用整个数据块的空间。在传统的文件系统中，文件系统块一般为几千字节，而磁盘块一般为 512 字节。HDFS 中的数据块比磁盘块大，目的是减小寻址开销。HDFS 的寻址开销包含磁盘寻道开销与数据块的定位开销，数据块数量越多，寻址数据块所消耗的时间就越多。当一个数据块足够大时，从磁盘转移数据的时间就会远远大于定位这个数据块开始端所需的时间。因此，传送一个由多个数据块组成的文件的时间就取决于磁盘的传输速率。当然，数据块也不能设置得过大，MapReduce 中的 Map 任务（在 2.3 节中会具体介绍）通常在一个时间段内操作一个数据块，因此，如果任务数过少，作业的并行处理速度就会降低。

（2）名称节点（Name Node）。在 HDFS 中，名称节点维护着整个文件系统树及这个树内所有的文件和文件夹的元数据信息，具体来说，包括文件系统的命名空间（Namespace）、存储文件的元数据信息（如文件名、文件路径、文件长度、文件块列表等），以及每个文件块所在的数据节点等信息。这些信息以两种核心数据结构的形式将文件永久保存在本地磁盘上，分别为 FsImage（命名空间镜像）和 EditLog（编辑日志）。其中，FsImage 文件用于保存文件系统树及文件系统树中所有的文件和文件夹的元数据，EditLog 文件记录所有文件的创建、删除、重命名等操作。名称节点会记录组成每个文件的每个数据块所在的数据节点的位置信息，但这些信息每次都会在系统启动时由数据节点重构，因此并不需要持久的存储。

名称节点启动后，系统会将 FsImage 文件中所有元数据信息的内容从底层磁盘加载到内存中，并执行 EditLog 文件中的各项操作，使得内存中的元数据保持最新。操作完成后，系统会创建一个新的 FsImage 文件和一个空的 EditLog 文件，并把旧的 FsImage 文件删除。名称节点启动成功并进入正常运行状态以后，HDFS 中的更新操作都会被写入 EditLog 文件，而不是直接写入 FsImage 文件。因为对分布式文件系统而言，FsImage 文件一般都很大（GB 级别的文件很常见），如果所有的更新操作都向 FsImage 文件中添加，会导致系统运行十分缓慢。而 EditLog 文件比 FsImage 文件小很多，将更新操作写入 EditLog 文件操作效率更高。每次在执行写操作之后，向客户端发送成功代码之前，EditLog 文件都需要同步更新。此处需要注意的是，名称节点在启动的过程中处于“安全模式”，只能对外提供读操作；启动结束后，则进入正常运行状态，对外提供读/写操作。

（3）数据节点（Data Node）。数据节点是 HDFS 的工作节点，负责数据的存储和读取，可根据客户端或名称节点的调度进行数据的存储和检索，并且向名称节点定期发送自己所存储的数据块的列表信息。每个数据节点中的数据最终会存储到各自的磁盘中，即保存到本地的 Linux 文件系统中。

名称节点与数据节点的对比如表 2-1 所示。

表 2-1　名称节点与数据节点的对比

名称节点	数据节点
存储元数据	存储文件内容
元数据保存在内存中	文件内容保存在磁盘中
保存文件、数据块、数据节点之间的映射关系	维护数据块到数据节点的映射关系

（4）第二名称节点（Secondary Name Node）。在名称节点运行期间，EditLog 文件由于更新操作的不断发生会逐渐变大。虽然对系统的性能不会产生显著的影响，但当名称节点重启时，需要通过 EditLog 文件中的记录完成 FsImage 文件的更新。如果 EditLog 文件过

大，会导致整个更新过程非常缓慢，名称节点在启动的过程中长期处于“安全模式”，影响用户使用。

为解决 EditLog 文件逐渐变大带来的问题，HDFS 设计了第二名称节点。第二名称节点是名称节点的辅助工具，用来保存名称节点中 HDFS 元数据信息的备份，并减少名称节点重启的时间。其具有以下两个方面的功能：首先，可以完成 EditLog 文件与 FsImage 文件的合并操作，缩减 EditLog 文件的大小，缩短名称节点的重启时间；其次，作为名称节点的“检查点”，保存名称节点中的元数据信息。第二名称节点一般单独运行在一台计算机上，减轻名称节点所在计算机的压力。具体来看，第二名称节点的工作流程如图 2-3 所示。

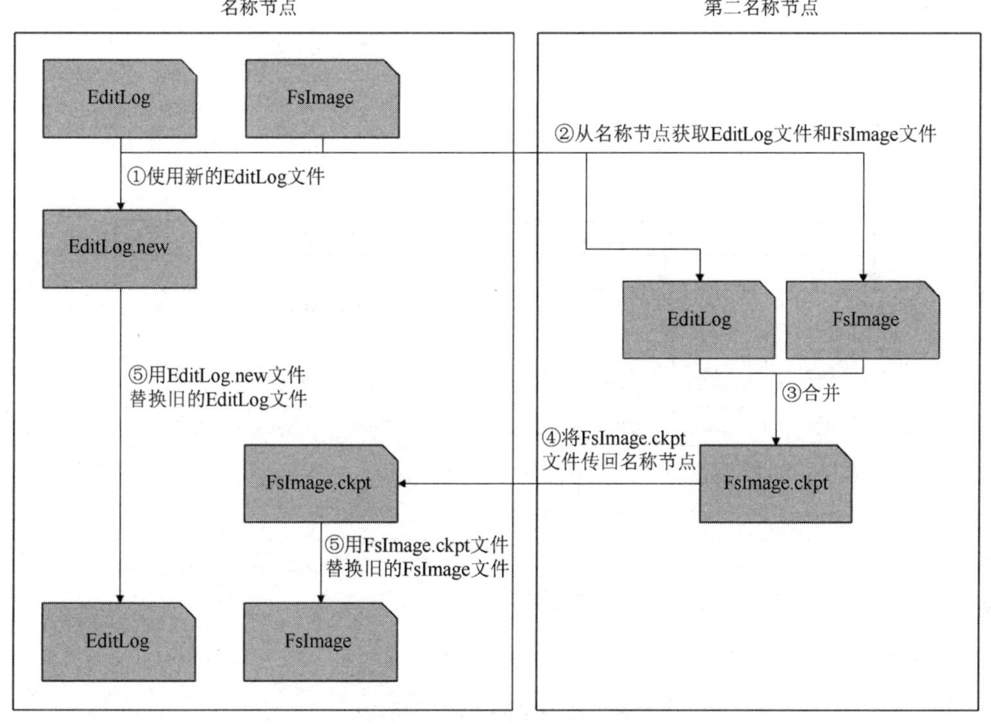

图 2-3　第二名称节点的工作流程

① 第二名称节点请求名称节点使用新的 EditLog 文件 EditLog.new。

② 第二名称节点从名称节点获取 EditLog 文件和 FsImage 文件。

③ 第二名称节点将 FsImage 文件载入内存并与 EditLog 文件合并，得到新的 FsImage 文件 FsImage.ckpt。

④ 第二名称节点将 FsImage.ckpt 文件传回名称节点。

⑤ 名称节点用 FsImag.ckpt 文件替换旧的 FsImage 文件，用 EditLog.new 文件替换旧的 EditLog 文件。注意，此处的 EditLog.new 文件包含在第二名称节点维护期间所有的更新后的数据信息。通过这种操作就可以实现不断增大的 EditLog 文件与 FsImage 文件的合并。

在上述过程中，第二名称节点相当于名称节点的“检查点”，周期性地备份名称节点中的元数据信息。当名称节点出现故障时，就可以使用第二名称节点中记录的元数据信息进行系统恢复。但需要注意的是，在第二名称节点中得到的 FsImag.ckpt 文件并不包含在合并期间产生的更新后的数据，因此，如果在合并期间发生故障，系统将会丢失部分元数据信息，并不能实现热备份。

2.2.2 HDFS 的体系结构

HDFS 遵循主从架构（Master/Slave），通常包括一个名称节点和多个数据节点，HDFS 的体系结构如图 2-4 所示。其中，名称节点作为主服务器，管理文件系统的命名空间和客户端对文件的访问操作；而集群中的数据节点负责管理存储的数据。

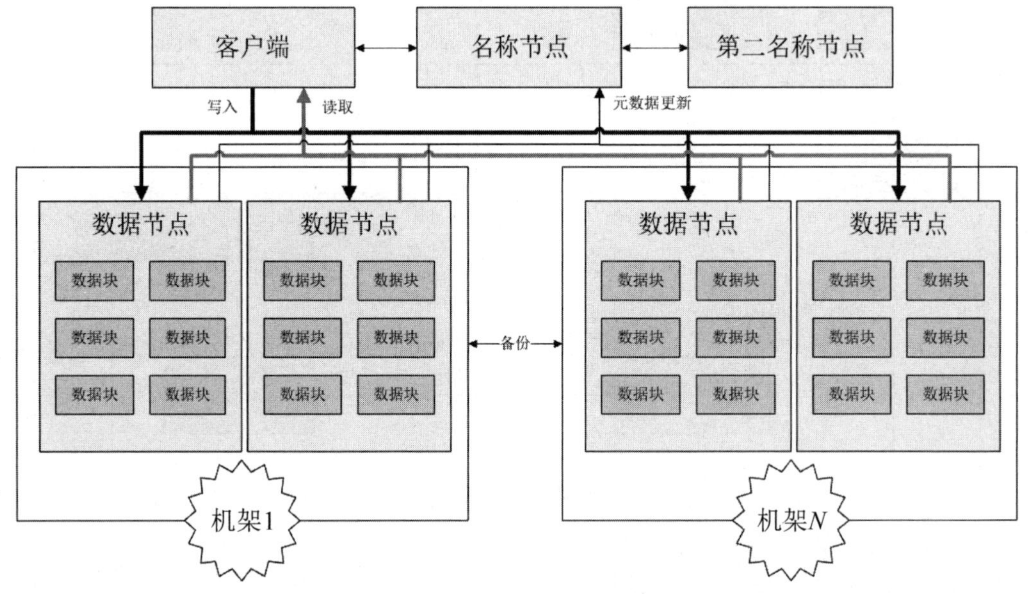

图 2-4　HDFS 的体系结构

1）HDFS 的命名空间

名称节点负责维护 HDFS 的命名空间，包含目录、文件和数据块，任何对命名空间或属性的修改都将被名称节点记录下来。在 HDFS1.0 中，整个 HDFS 集群中只有一个命名空间，也只有一个名称节点。

HDFS 支持传统的层次型文件组织结构，HDFS 命名空间的层次结构和大多数现有的文件系统的类似。用户可以创建目录，然后将文件保存在这些目录中，用户也可以创建、删除、移动或重命名文件。HDFS 会给客户端提供一个统一的抽象目录树，客户端的用户可以通过路径来访问文件，如 hdfs://namenode:port/dir-a/dir-b/dir-c/file.data。但是，HDFS 没有实现磁盘配额、文件访问权限设置等功能，也不支持文件的硬链接和软链接。

2）HDFS 的客户端

HDFS 的客户端（Client）是与 HDFS 进行交互的软件组件，允许用户和应用程序通过命令行或编程接口访问和管理 HDFS 中的数据。HDFS 的客户端提供了丰富的功能，包括对文件和目录的基本操作，如上传、下载、删除、移动和复制，以及对文件权限和元数据的各项控制。通过支持数据块操作和对 HDFS 中数据流的读写，用户可以有效地管理和操作存储在 HDFS 中的大规模数据集。客户端对外作为文件系统的接口，可以通过 Java API 作为应用程序来访问 HDFS 的客户端编程接口，用户也可以通过 Hadoop 命令行界面、Hadoop Streaming 等方式来访问 HDFS 中的数据。

3）HDFS1.0 体系结构的局限性

在 HDFS1.0 中只设置了唯一一个名称节点，这样虽然大大简化了系统设计，但带来了一些局限性。

- 命名空间的限制。HDFS 名称节点中的所有元数据都保存在内存中，由于内存空间有限，名称节点能够容纳的元数据个数也会受到限制。
- 性能的瓶颈。HDFS 的吞吐量受限于单个名称节点的吞吐量，随着单位时间内客户端对名称节点访问次数的增多，单个名称节点会达到访问上限。
- 程序的隔离。HDFS 中只有一个名称节点和一个命名空间，因此，不同程序之间无法做到有效的安全隔离。
- 集群的可用性。只存在一个名称节点极有可能发生单点故障，导致整个集群不可用。即使有第二名称节点提供冷备份，在故障发生到缓慢恢复数据的过程中，整个系统也依旧处于不可用的状态，在数据完全恢复后才能对外提供服务。

2.2.3　HDFS 的数据存储与数据读写

HDFS 提供了可靠的、分布式的存储解决方案，通过将大文件划分为固定大小的数据块，实现了高度冗余备份，确保数据的可靠性。同时，HDFS 支持高效的数据读写操作，通过客户端与分布在集群上的数据节点的协同工作，实现了大规模数据的存储和处理。接下来将依次介绍 HDFS 中数据存储、读取和写入的原理。

1）数据存储

（1）冗余存储。在 HDFS 中为了保证系统的容错性和可用性，采用了副本存放策略进行冗余存储，通常一个数据块的多个副本会被存储在不同的数据节点上。如图 2-5 所示，数据块 1 被分别存放在数据节点 1、数据节点 2 和数据节点 4 上，数据块 2 被分别存放在数据节点 2、数据节点 3 和数据节点 4 上。数据的复制则采用了流水线复制策略，在数据从源节点传输到目标节点的过程中，不需要等待整个文件复制完成，可以同时进行多个阶段的传输。如此将数据复制任务分为多个阶段并按顺序进行，大大提高了数据复制的效率。

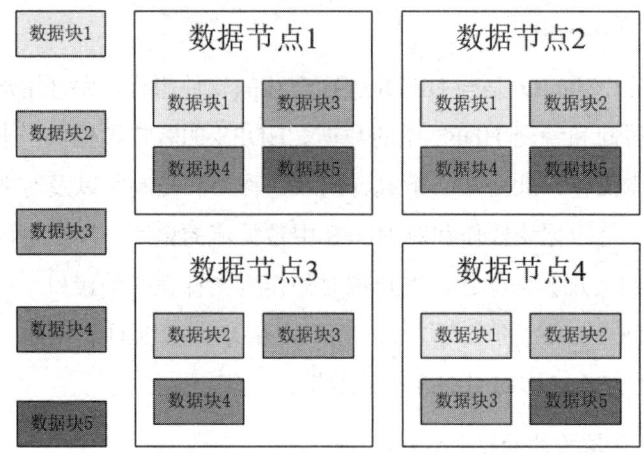

图 2-5 HDFS 冗余存储示例

（2）机架感知。HDFS 采用以机架（Rack，通常指服务器机柜，用于存放和组织服务器设备）为基础的数据存放策略，通过调整数据节点的物理位置减少数据在集群内的网络传输距离，从而提升数据的访问性能，上述策略被称为“机架感知”（Rack Awareness）。如图 2-6 所示，HDFS 中默认的复制因子是 3，即每一个数据块会被存放到 3 个地方。假设有三个数据块副本，分别为块 1、块 2、块 3，它们将通过以下策略进行存放。

- 如果是在集群内发起的操作，则第一个副本块 1 会被存放在上传文件的数据节点上，遵循就近写入原则；如果是集群外提交的操作，则随机挑选一个磁盘不太满的、CPU 不太忙的数据节点来存放第一个副本块 1。
- 第二个副本块 2 会被放置在不同于第一个副本块 1 的机架的数据节点上。
- 第三个副本块 3 会被放置在与第一个副本块 1 相同的机架的其他数据节点上。
- 如果还有更多的副本，则全部采取随机策略，放置在随机选择的数据节点上。

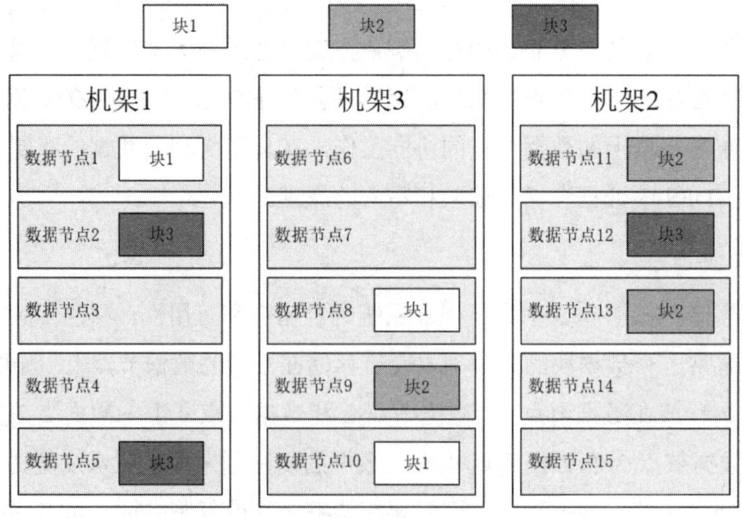

图 2-6 HDFS 的机架感知策略

机架感知策略的作用概括起来有以下两点。

① 提升网络性能。HDFS 集群通常包含多个机架，不同机架数据节点之间的通信需要通过交换机进行，而同一机架间不同数据节点间的通信则不需要通过交换机进行，网络带宽更宽。因此，机架感知可以帮助减少不同机架之间的写入流量，从而提供更好的性能。此外，由于采取机架感知策略时可以并行使用多个机架的带宽，因此可以提供更高的读取性能。

② 防止数据丢失。"永远不要把所有的鸡蛋放在同一个篮子里"，采用机架感知策略后，即使整个机架因交换机或电源故障而产生问题，其他机架上的数据副本依旧可用。

2）数据读取

在介绍了 HDFS 中的数据存储后，让我们着眼于 HDFS 中的数据读取过程。每当客户端需要读取文件时，HDFS 内部的执行过程如下。

（1）客户端请求文件读取。客户端向名称节点发送读取请求，请求内容包括要读取的文件名和该文件中数据块的起始位置。

（2）名称节点响应。名称节点根据请求的文件名，查询文件所对应的块列表。如果文件不存在，则给客户端返回错误信息；如果文件存在，则给客户端返回文件的元数据信息，包括文件的大小、数据块的信息等。

（3）数据块位置获取。名称节点根据文件的元数据信息确定数据块的位置，给客户端返回该数据块所在的数据节点列表。

（4）按照就近原则选择数据节点，建立数据传输通道。根据这些返回的数据节点地址，按集群拓扑结构得出数据节点与客户端的距离，按照距离远近进行排序。客户端将选择最近的一个数据节点开始读取数据，以减少读取延迟和带宽消耗。如果选择的数据节点负载过重，可以选择其他负载较低的数据节点进行数据传输，以实现负载均衡。

（5）客户端向选择的数据节点发送读取请求，请求内容包括要读取的数据块的起始位置和长度。

（6）数据节点接收读取请求后，从本地磁盘读取数据块，并通过 TCP/IP 协议将数据块返回给客户端。

（7）不断读取数据块直到完成，组合数据块获得文件。客户端接收到数据块后，将数据块缓存在本地内存中，通过缓存来提高读取性能。如果要读取的数据大小超过了一个数据块的大小，则客户端需要多次向数据节点发送读取请求，直到读取完所有的数据。客户端在获得所有必需的数据块后，将这些数据块组合起来形成一个文件。至此，一个完整的数据读取过程结束。

3）数据写入

数据写入是 HDFS 的另一个核心操作，是实现大规模数据存储和检索的关键环节之一。当客户端需要写入文件时，HDFS 内部的执行过程如下。

（1）客户端向 HDFS 的数据节点发送写入请求。客户端通过 HDFS 的 API 或命令行工具向 HDFS 的数据节点发送写入请求，请求创建新文件或追加数据。

（2）名称节点接收到写入请求后进行各项检查，检查内容包括目标文件是否存在、父目录是否存在、客户端是否具有创建该文件的权限等，并确定文件将要存储的位置和所需的数据块数量。如果文件不存在，则创建新文件，并将其元数据信息记录在名称节点的命名空间中。名称节点在命名空间中为新文件分配一个唯一的文件 ID，并将该文件的基本信息存储在内存中。

（3）数据节点请求。客户端请求上传第一个数据块，询问上传数据节点的服务器地址。

（4）数据块分配。名称节点根据一定的策略选择可用的数据节点，并为文件的每个数据块分配一个主节点（Primary Data Node）和多个副本节点（Replica Data Node），再将文件的数据节点列表返回给客户端。具体来说，在选择主节点时，名称节点会遵循就近原则，即选择距离客户端最近的数据节点作为主节点，以减少数据传输的延迟；在副本节点的选择上，名称节点会根据配置的复制因子（默认为 3）和集群的拓扑结构选择一组适合的数据节点作为副本，选择的通常是与客户端的网络距离较近的数据节点。

（5）建立通信通道，逐级应答。客户端根据数据节点列表，通常会将大数据文件切分成多个数据块，数据块的大小可以通过配置进行调整。客户端通过与相应的数据节点建立连接，将数据块发送给数据节点。主节点与副本节点之间建立通信通道，逐级应答客户端。

（6）客户端通过与主节点建立连接向主节点发送数据写入请求，以数据包（Packet，网络通信中的基本单元）为单位上传到主节点，主节点接收到数据包后将数据块按照指定的格式进行存储。之后，主节点将数据块传输给副本节点，并协调副本节点之间的数据使其保持同步，保证数据的一致性。

（7）每个数据节点接收到数据块后，将数据块存储在本地磁盘上。一旦数据块完全写入磁盘，数据节点就会向客户端发送确认消息。

（8）客户端等待所有数据块都成功写入对应的数据节点，并收到数据节点的确认消息。

（9）客户端向名称节点发送完成写入操作的请求，名称节点接收到请求后更新文件的元数据信息，包括文件的大小、数据块的位置信息等。

（10）客户端收到名称节点写入操作完成的确认消息，表示文件写入操作已经完成。

2.3 分布式计算框架 MapReduce

HDFS 提供了对大规模数据的高效管理和可靠存储服务，但为了充分利用这些数据，还需要一种能够在分布式环境中进行高性能计算的方法。这时，MapReduce 应运而生，它为 Hadoop 提供了一种可扩展的、容错性好的计算模型。通过将计算任务分解为可以并行处理的小任务，MapReduce 实现了对大规模数据的快速、可靠处理，为用户提供了处理海量数据的有效工具。接下来，我们将介绍 MapReduce 的相关概念、体系结构、工作流程及运算实例等，探讨其在大数据处理中的关键作用。

2.3.1　MapReduce

1）MapReduce 的概念

在摩尔定律逐渐失效后，人们开始着眼于分布式编程以提高程序的性能。相较于传统单指令、单数据流的程序，分布式并行程序运行在大规模的计算机集群上，能够充分利用集群的并行处理能力，并且能够通过在集群中增加新的计算节点来实现计算能力的提升。MapReduce 是由谷歌公司最先提出的分布式并行编程模型，Hadoop MapReduce 是它的开源实现，对它进行了很多优化处理，使用门槛也低很多。传统并行计算框架和 MapReduce 的对比如表 2-2 所示。

表 2-2　传统并行计算框架和 MapReduce 的对比

对比项目	传统并行计算框架	MapReduce
集群架构	共享式内存/存储	非共享式内存/存储
容错性	容错性差	容错性好
硬件	刀片服务器、高速网、存储区域网络	普通计算机
价格	较高	相对较低
扩展性	扩展性差	扩展性好
编程学习难度	难	简单
适用场景	批处理、非实时、数据密集型场景	实时、细粒度计算、计算密集型场景

MapReduce 是一种用于大规模数据集（大于 1TB）并行运算的编程框架，核心组成为 Map 任务和 Reduce 任务。用户只需要负责 map()方法和 reduce()方法的编写，由 MapReduce 框架代为处理并行程序中的其他复杂问题（工作调度、负载平衡等），极大地方便了分布式系统的构建与运行。MapReduce 的核心功能是将用户编写的业务逻辑代码和自带默认组件整合成一个完整的分布式运算程序，并发运行在一个 Hadoop 集群上。

在 MapReduce 中，一个大规模数据集会被切分成许多独立的小数据集，这些小数据集被多个 Map 任务并行处理，每个 Map 任务对不同的输入数据产生不同的输出结果；生成的结果会继续作为 Reduce 任务的输入，由 Reduce 任务输出最后结果并写入 HDFS。总的来说，MapReduce 的设计借鉴了分而治之的思想，先对数据进行分布式并行处理，然后进行结果的汇总。在设计理念上，MapReduce 讲究“计算向数据靠拢”，将 Map 任务运行于就近的数据节点上，即将计算节点和存储节点放一起，减少节点之间数据传输的开销，而 Reduce 任务无须考虑数据的局部性。此处需要注意的是，并不是所有的数据集都能够通过 MapReduce 进行处理，适用于 MapReduce 框架的数据集需要可以被分解成许多的小数据集，而且每个小数据集都需要可以被完全并行处理。

2）Map 函数和 Reduce 函数

MapReduce 的核心是构造 Map 和 Reduce 两个函数，二者都由用户负责具体的实现。Map 函数和 Reduce 函数都采用“键值对”的基本数据结构，将 $\langle k,v\rangle$ 作为输入，按照一定的映射规则将其转换成另一个或一组键值对 $\langle k,v\rangle$ 进行输出，具体设定如下。

Map 函数：$\langle k_1,v_1\rangle \to \left[\langle k_2,v_2\rangle\right]$

Reduce 函数：$\langle k_2,[v_2]\rangle \to \left[\langle k_3,v_3\rangle\right]$

式中，$[\cdot]$ 表示一个列表。

Map 函数的输入是 HDFS 的文件块，这些文件块的格式任意，可以是文件格式，也可以是二进制格式。文件块是一些任意类型元素的组合，同一个元素不能跨文件块存储。将文件块转化成键值对 $\langle k_1,v_1\rangle$ 后，Map 函数会对其进行处理，输出一批键值对 $\langle k_2,v_2\rangle$。这些键值对是计算的中间结果，会被缓存到内存中，周期性地写入本地磁盘。Map 函数的键和值的类型也是任意的，键没有唯一性，不能作为输出的身份标识。因此，即使是同一个输入元素，也可以通过同一个 Map 函数得到多个具有相同键的键值对。

Reduce 函数的输入是具有相同键 (k_2) 的值的集合，即 $\langle k_2,[v_2]\rangle$，Reduce 函数对这些值进行处理并汇总，生成结果键值对。用户可以指定 Reduce 函数的个数，并通知系统。主控制进程通常会采用 Hash 函数（把任意长度的输入通过散列算法变换成固定长度的输出），Map 函数输出的每个键值对都会经过 Hash 函数计算，并根据计算结果将该键值对传入相应的 Reduce 函数来处理。

2.3.2 MapReduce 的体系结构

MapReduce 的体系结构如图 2-7 所示，主要由 5 个部分组成，分别是客户端（Client）、作业跟踪器（Job Tracker）、任务跟踪器（Task Tracker）、任务调度器（Task Scheduler）及任务（Task），接下来将分别介绍各组成部分的功能。

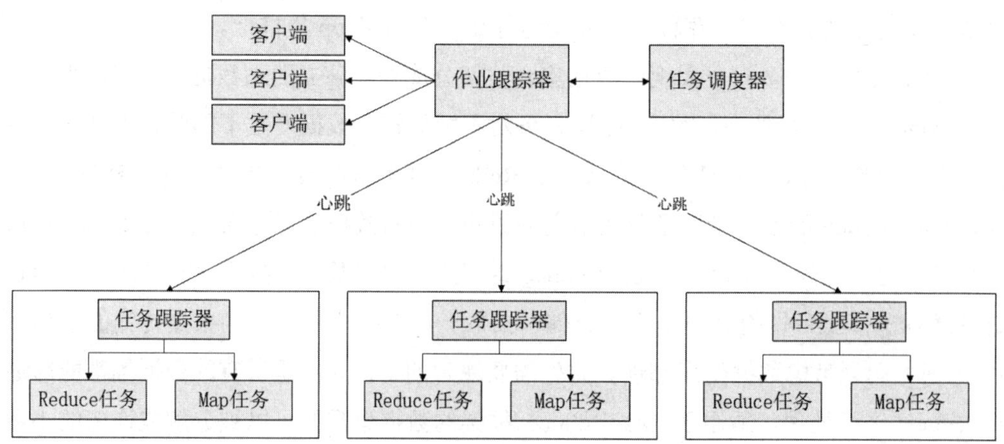

图 2-7　MapReduce 的体系结构

1）客户端

MapReduce 的客户端将用户编写的 MapReduce 程序提交到作业跟踪器，用户可以通过客户端提供的一些接口查看作业（Job）的运行状态。在 Hadoop 内部用“作业”表示 MapReduce 程序，一个 MapReduce 程序可以对应若干个作业，而每个作业会被分解成若干个 Map 任务和 Reduce 任务。

2）作业跟踪器

作业跟踪器负责资源监控和作业调度，作业跟踪器监控所有任务调度器与任务的健康状况，一旦发现失败，就会将相应的任务转移到其他节点。同时，作业跟踪器也会跟踪任务的执行进度、资源的使用量等信息，并将这些信息同步至任务调度器，而任务调度器会在资源出现空闲时选择合适的任务去使用这些资源。

3）任务跟踪器

任务跟踪器会周期性地通过“心跳”将本节点上资源的使用情况和任务的执行进度汇报给作业跟踪器，同时接收作业跟踪器发送过来的命令并执行相应的操作，如启动新任务、结束任务等。此外，任务跟踪器使用任务槽（Slot）来等量划分本节点上的资源（CPU、内存等）并进行分配，一个任务只有获取到一个任务槽后才有机会运行，而任务调度器的作用就是将各个任务调度器上的空闲任务槽分配给任务使用。任务槽分为 Map Slot 和 Reduce Slot 两种，分别供 Map 任务和 Reduce 任务使用，并且两种任务槽不能互换使用。任务跟踪器可以通过设置任务槽的数目（可配置参数）来限制任务的并发度。

4）任务调度器

任务调度器是作业跟踪器的一个组件，负责有效地分配和调度任务，以便最大限度地利用集群中的计算资源。任务调度器考虑了作业的优先级、资源需求和集群中的可用资源，以确保作业能够在合理的时间内完成。任务调度器是一个可插拔模块，即允许用户自己编写任务调度策略。

5）任务

MapReduce 中的任务分为 Map 任务和 Reduce 任务，均由任务跟踪器启动。在 2.2 节中提到，在 HDFS 中以固定大小的数据块为基本单位存储数据，而对于 MapReduce，其处理单位是分片（Split）。分片只包含元数据信息，如数据起始位置、数据长度、数据所在节点等，它的划分方法完全由用户自己决定。但需要注意的是，分片的多少决定了 Map 任务的数目，因为每个分片会交由一个 Map 任务处理。

2.3.3 MapReduce 的工作流程

一般来说，大规模数据集的处理分为分布式存储和分布式计算两个核心环节。相应地，在Hadoop中使用HDFS实现了分布式存储，使用MapReduce实现了分布式计算。MapReduce的输入和输出文件都需要借助HDFS进行存储，这些文件被分别存储在集群的多个节点上。如图 2-8 所示，MapReduce 的工作流程主要分为三个阶段——Map 阶段、Shuffle 阶段和Reduce 阶段。系统先通过 Map 任务读取 HDFS 中的数据块，并以完全并行的方式进行处理，然后将 Map 任务的输出排序后输入 Reduce 任务中，最后由 Reduce 任务将计算的结果输出到 HDFS 中。

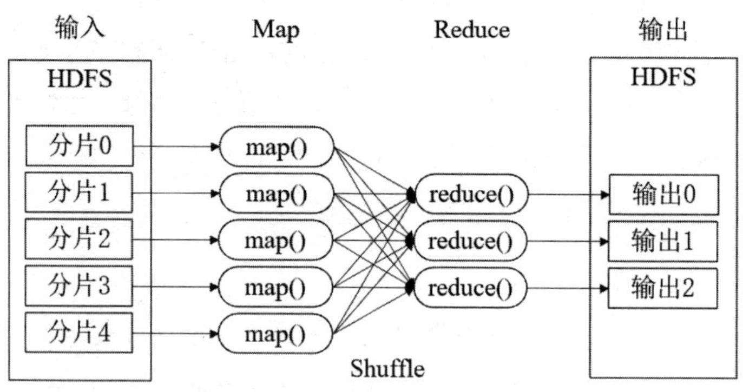

图 2-8　MapReduce 的工作流程

上文提到，MapReduce 的处理单位是分片。分片并不是真的把大文件切分成小文件，如将 10MB 的文件切分成 10 个 1MB 的小文件，这是物理分片。MapReduce 中的分片只包含数据的起始位置、数据的长度、数据所在的节点等元数据信息。因此，大文件还是原来的大文件，不会受到影响。输入分片（Input Split）存储的并非数据本身，而是一字节的长度和一个记录数据位置的数组。

分片的划分方法完全由用户自己决定，主要通过 InputFormat 模块来负责。InputFormat 模块有两个重要的作用：将输入的数据切分为多个逻辑上的输入分片，其中每一个输入分片作为一个 Map 任务的输入，Map 任务的个数等于分片的个数；提供记录阅读器（Record Reader，RR），根据分片的位置和长度信息，加载位于底层 HDFS 上的相关分片，并将其转换为可以作为 Map 任务输入的键值对。

1）Map 阶段

Map 任务接收键值对后，会根据用户自定义的 Map 函数处理逻辑完成相关的数据处理，处理结束后生成一系列的中间结果（键值对）。中间结果会被存放到本地磁盘上，被分成若干个分区（Partition），每个分区将被一个 Reduce 任务处理。

2）Shuffle 阶段

MapReduce 需要确保每个 Reduce 任务的输入都是按键排序的，系统对 Map 任务的输出结果进行分区、排序、合并、归并等处理，将 Map 任务的输出作为输入传给 Reduce 任务的过程称为 Shuffle 过程。从许多方面来看，Shuffle 过程是 MapReduce 的“心脏”，是整个工作流程的核心。MapReduce 的 Shuffle 过程如图 2-9 所示，整个 Shuffle 过程具体可以分为 Map 端和 Reduce 端两部分。

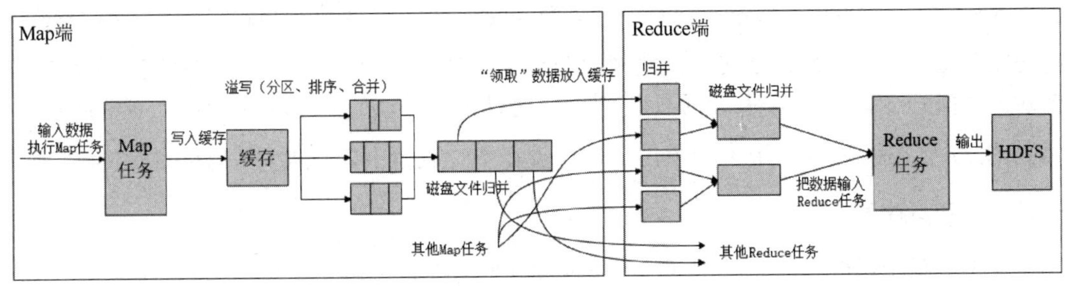

图 2-9　MapReduce 的 Shuffle 过程

（1）Map 端的 Shuffle 过程。在 Map 任务结束后产生输出时，并不是简单地将结果写入磁盘，而是利用缓冲的方式写入内存并出于效率考虑进行预排序，具体包含以下步骤。

① 输入数据和执行 Map 任务。Map 任务的输入数据一般保存在 HDFS 中，这些数据的格式任意。Map 任务接收输入的键值对后按一定映射规则将其转换成多个键值对输出。

② 写入缓存。因为磁盘通过磁头移动和盘片的转动来寻址定位数据，每次寻址的开销很大，如果每个 Map 任务的输出结果都直接写入磁盘，频繁的磁盘 I/O 会产生很多寻址开销，降低效率，因此采用批量写入的方式，每一个 Map 任务都有一个环形内存缓冲区用于存储任务的输出，在默认情况下缓冲区的大小是 100MB，这个值可以通过改变 mapreduce.task.io.sort.mb 属性来调整。

③ 溢写（分区、排序、合并）。在 Map 任务的执行过程中，缓存中的结果数量会不断增加。当缓冲区中的数据量达到预先设置的阈值时（mapreduce.map.sort.spill.percent，默认为 0.8），后台线程便会开始将缓冲区的数据溢写（Spill）到磁盘的临时文件中。由于溢写的过程通常是由一个单独的后台线程来完成的，所以不会影响继续向缓存中写入 Map 任务的结果。但如果在此期间缓冲区被填满，Map 任务会被阻塞直到写入磁盘的过程结束。

在写入磁盘之前，缓存中的数据会被分区（Partition）。分区的数量和设置 Reduce 任务的数量相同，这样每个 Reduce 任务会处理一个分区的数据，从而实现负载均衡，避免数据倾斜。数据分区的规则如下：取键值对中键的 HashCode 值，然后除以 Reduce 任务数后取余数，余数是分区编号，分区编号一致的键值对则属于同一分区。由于默认 Reduce 任务的数量为 1，因此分区编号从 0 开始。当然，用户也可以通过重载 Patitioner 接口来自定义分区方式。

对于每个分区的所有键值对，后台线程会根据键对其进行内存排序，默认升序。排序结束后，还有一个可选的合并操作。合并是为了减少溢写到磁盘中的数据量，即将具有相同键的键值对中的值加起来。例如，两个键值对 $\langle a,1\rangle$ 和 $\langle a,2\rangle$ 经过合并操作后，会得到键值对 $\langle a,3\rangle$。合并操作的执行与否由用户是否定义 Combiner 函数决定，合并操作绝不能改变

Reduce 任务最终的计算结果。

④ 磁盘文件归并。每次内存缓冲区达到溢出阈值进行溢写操作时，就会新建一个溢出文件（Spill File）。随着 Map 任务的进行，磁盘中的溢出文件数量会越来越多。在 Map 任务写完其最后一个输出纪录之后，系统会将溢出文件进行归并。归并是指将同一个键的键值对归并成一个新的键值对。例如，两个键值对 $\langle b,1\rangle$ 和 $\langle b,2\rangle$ 经过归并操作后，会得到键值对 $\{b,\langle 1,2\rangle\}$。最终生成一个大的溢出文件存放在本地磁盘中，该文件中所有的键值对都是经过分区和排序的。

如果磁盘中已经至少存在三个（通过 mapreduce.map.combine.minspills 属性设置）溢出文件，则可以在输出文件写入磁盘之前再次运行 Combiner 函数对数据进行合并操作，减少数据量。如果只有一个或两个溢出文件，那么由于 Map 任务输出规模小，不值得调用 Combiner 函数带来开销。

经过上述几个步骤之后，Map 端的 Shuffle 过程全部完成。大溢出文件中的数据被分区发送给不同的 Reduce 任务进行并行处理。作业跟踪器会一直监测 Map 任务的执行情况，当一个 Map 任务完成后会立即通知相应的 Reduce 任务来领取数据，开始 Reuce 端的 Shuffle 过程。

（2）Reduce 端的 Shuffle 过程。相对 Map 端来说，Reduce 端的 Shuffle 过程较为简单。Reduce 端在读取 Map 任务的结果后执行归并操作，最后把数据输入给 Reduce 任务，具体步骤如下。

①“领取”数据放入缓存。Map 任务的输出结果位于运行 Map 任务的机器的本地磁盘上，Reduce 任务需要获取这些数据，存放到自己所在机器的磁盘上。每个 Reduce 任务会不断地通过远程过程调用（Remote Procedure Call，RPC）向作业跟踪器询问 Map 任务是否已经完成，当 Map 任务完成后，就会通知相应的 Reduce 任务来“领取”数据。每个 Map 任务的完成时间可能不同，因此，当一个任务完成时，Reduce 任务就开始复制其输出。Reduce 任务有少量复制进程，因此能够并行获取 Map 任务的输出。

② 归并数据。从 Map 端“领取”的数据会被保存在 Reduce 任务所在机器的缓存中，如果缓存被占满，则会像 Map 端一样被溢写到磁盘中。系统中存在多台运行 Map 任务的机器，Reduce 任务会从多台运行 Map 任务的机器中“领取”需要处理的分区数据，因此，缓存中的数据来自不同的 Map 机器，这些 Map 机器生成的键值对一般可以继续执行归并、合并操作。当溢写过程启动时，具有相同键的键值对会被归并。如果用户定义了 Combiner 函数，则归并后的数据还会执行合并操作，以此减少写入磁盘的数据量。与 Map 端相同，Reduce 端每个溢写过程结束后都会在磁盘中生成一个溢出文件，因此磁盘上会有多个溢出文件。当所有的 Map 数据都已经被“领取”时，多个溢出文件会被归并成一个大文件，并且保持键值对的顺序。如果数据量很少，在缓存中可以存储所有数据，则不需要将数据溢写到磁盘中，而是直接在内存中执行归并操作。例如，如果有 50 个 Map 任务输出，而归

并因子为 10（10 是默认设置，由 mapreduce.task.io.sort.factor 属性设置），归并将进行 5 轮，最后得到 5 个中间大文件。

③ 把数据输入 Reduce 任务。最后磁盘中归并得到的多个中间文件不会继续归并成一个新的大文件，而是直接输入 Reduce 任务以减少磁盘的读写开销。至此，整个 Shuffle 过程结束。

3）Reduce 阶段

Reduce 任务从远程节点上读取 Map 任务的中间结果，按照键对键值对进行排序。排序分组后的分区数据会输入用户自定义的 Reduce 函数中进行处理，Reduce 函数一次只能处理一个 $\langle k,v \rangle$，并将最终结果存到 HDFS 中。

至此，MapReduce 的完整工作流程结束。需要注意的是，不同的 Map 任务之间不会进行通信，不同的 Reduce 任务之间也不会发生任何信息交换，所有数据的交换都是通过 MapReduce 框架实现的。

2.3.4　MapReduce 运算实例

MapReduce 是一种用于处理大规模数据集的编程模型，旨在实现高效的分布式计算。为了更详细地介绍 MapReduce 的应用，接下来将通过一个运算实例阐述 MapReduce 实际应用中的基本过程。

词频统计是典型的分组聚合运算，不妨假设有一个包含多个文本文件的大型数据集，其中每个文本文件都包含一段文本，我们的目标是计算每个单词在整个数据集中出现的次数，具体步骤如下。

1）Map 阶段

假设输入数据为文本文件的集合，如“File1.txt”“File2.txt”……上述数据集首先会被划分为适当大小的数据块，每个数据块由一个 Map 任务处理。每个 Map 任务负责读取分配到的数据块，将文本拆分为单词，并为每个单词生成 $\langle \text{单词},1 \rangle$ 键值对。例如，对于文本行“Hello World, Hello MapReduce”及“MapReduce example”，Map 任务生成的键值对可能是 $\{\langle \text{"Hello"},1 \rangle,\langle \text{"World"},1 \rangle,\langle \text{"Hello"},1 \rangle,\langle \text{"MapReduce"},1 \rangle\}$ 和 $\{\langle \text{"MapReduce"},1 \rangle \langle \text{"example"},1 \rangle\}$。所有 Map 任务生成的键值对构成了中间结果，形成一个键值对列表。

2）Shuffle 阶段

在这个阶段，MapReduce 框架会收集所有 Map 任务生成的键值对，并按照键对其进行排序，相同单词的键值对会被聚集在一起，准备传递给 Reduce 任务。例如，上述 Map 任务得到的结果经过 Shuffle 阶段，转化为 $\{\langle \text{"Hello"},[1,1] \rangle,\langle \text{"World"},[1] \rangle,\langle \text{"MapReduce"},[1,1] \rangle,$ $\langle \text{"example"},[1] \rangle\}$。

3）Reduce 阶段

每个 Reduce 任务接收一个唯一的键及其对应值的列表，对于每个键值对列表，Reduce 任务执行归约操作。例如，对于键值对$\{\langle \text{"Hello"},[1,1]\rangle\}$，Reduce 任务将其归约为$\{\langle \text{"Hello"},2\rangle\}$。最后，所有 Reduce 任务的输出合并为最终结果，即每个单词及其在整个数据集中出现的总次数的列表，运算的最终输出结果为$\{\text{"Hello"}->2,\text{"World"}->1,\text{"MapReduce"}->2,\text{"example"}->1\}$。

除了上述实例中的求和（SUM）运算，对 Reduce 阶段的相同键关联的值还可以进行计数（COUNT）、求平均值（AVG）、求最小值（MIN）、求最大值（MAX）等其他聚合运算，结果都将以$\langle$键,聚合运算结果$\rangle$的形式输出。此外，选择、投影、并、交、差、自然连接等关系代数运算，以及矩阵乘法、矩阵-向量乘法等运算也都可以使用 MapReduce 进行计算。

2.4　对 Hadoop 架构的进一步探讨

2.4.1　Hadoop 的局限与优化

1）Hadoop1.0 的局限

Hadoop1.0 的核心组件是分布式文件系统 HDFS 和分布式计算框架 MapReduce，其中 HDFS 包含一个名称节点和多个数据节点，MapReduce 包含一个作业跟踪器和多个任务跟踪器，虽然前两节中介绍的相关设计有着明显的大数据处理优势，但依旧存在着以下不足。

- 抽象层次低，需要人工编码。系统功能需要程序员手工编码才能实现，有时简单的功能却需要编写大量代码。例如，在 MapReduce 中需要人工编写 Map 函数和 Reduce 函数。
- 表达能力有限。MapReduce 将复杂的分布式编程工作高度抽象为 Map 和 Reduce 两个函数，虽然能够降低开发人员程序开发的复杂度，但会带来表达能力有限的问题，在实际生产环境中部分应用无法通过简单的 Map 和 Reduce 两个函数来完成。
- 需要用户管理作业之间的依赖关系。由于一个作业主要包括 Map 和 Reduce 两个阶段，因此，在实际应用中通常一个问题需要通过大量的协作作业才能顺利解决，这些作业之间一般存在着复杂的依赖关系。然而在 MapReduce 中并没有提供相关的机制对这些依赖关系进行有效管理，只能由用户自己进行管理。
- 程序的整体逻辑不清晰。用户的处理逻辑都隐藏在代码细节中，没有更高层次的抽象机制对程序整体逻辑进行设计，这给理解代码和后期维护造成障碍。
- 执行迭代操作效率低。当执行大型的机器学习、数据挖掘任务时，往往需要多轮迭代才能实现结果。在 MapReduce 中，每次迭代都是一次执行 Map 任务和 Reduce 任务的过程，过程中使用的数据来自 HDFS，处理结果也会被存入 HDFS，继而用于下一次的迭代过程。反复读写 HDFS 中的数据，会大大降低迭代操作的效率。

- 资源浪费。在 MapReduce 中，Map 任务槽和 Reduce 任务槽二者不能共用，Reduce 任务需要等待所有 Map 任务完后才可以开始，造成了资源浪费。
- 实时性差。Hadoop1.0 只适用于离线批数据处理，无法支持交互式数据处理、实时流数据处理。

2）Hadoop2.0 的优化

针对 Hadoop1.0 存在的局限和不足，Hadoop2.0 对 Hadoop 两大核心组件 HDFS 和 MapReduce 的许多方面进行了有针对性的优化（见表 2-3）。同时 Hadoop 生态系统中的其他组件也不断丰富，使得 Hadoop 的功能更加完善。例如，Oozie 组件的加入解决了 Hadoop 中作业依赖关系管理机制缺失的问题，用户不再需要自己处理作业之间的依赖关系，而是由系统进行协调；Tez 组件优化了不同的 MapReduce 任务之间存在重复操作的效率问题，支持 DAG（数据库可用性组）作业的计算框架，对作业操作进行重新分解和组合，减少了不必要的操作。

表 2-3　Hadoop2.0 的优化

核心组件	Hadoop1.0 的问题	Hadoop2.0 的优化
HDFS	名称节点单点故障问题	新增了 HDFS HA 架构，实现了名称节点的热备份
	单一命名空间，无法实现资源隔离	新增了 HDFS 联邦，实现了多个名称节点分管不同目录，进而实现了访问隔离和横向扩展
MapReduce	资源管理效率低	新的资源管理框架 YARN

2.4.2　HDFS2.0 的新特性

1）HDFS HA

HDFS HA 全称为 HDFS High Availability，也就是 HDFS 的高可用模式，是为了解决名称节点单点故障问题而提出的模式。在 HDFS1.0 中，名称节点存储了各类元数据信息，并且负责管理文件系统的命名空间和客户端对文件的访问。而由于只有一个名称节点存在，一旦唯一的名称节点出现故障，整个集群就会陷入瘫痪，这就是我们常说的单点故障问题。此外，在大规模集群中，如果只有一个名称节点，所有的客户端进行读写操作时，都会与该名称节点进行连接，数据包的请求、校验会给这个名称节点带来巨大的压力，此时这个名称节点的性能就会成为整个集群的瓶颈。虽然有第二名称节点存在，但其功能设定是保存名称节点中 HDFS 元数据信息的备份，减少名称节点重启的时间，并不能提供热备份。

为了解决上述问题，HDFS2.0 采用了 HDFS HA 架构，如图 2-10 所示，在一个集群中运行着两个名称节点。在任何时间，只有一个名称节点处于活跃（Active）状态，另一个处于待命（Standby）状态。处于活跃状态的名称节点负责对外处理所有客户端的请求，处于待命状态的名称节点则作为备用节点保存系统的元数据，以备在系统出现故障时快速恢复。可以通过 ZooKeeper 来确保任意时刻只有一个名称节点对外提供服务，防止集群中同时有两个名称节点处于活跃状态。

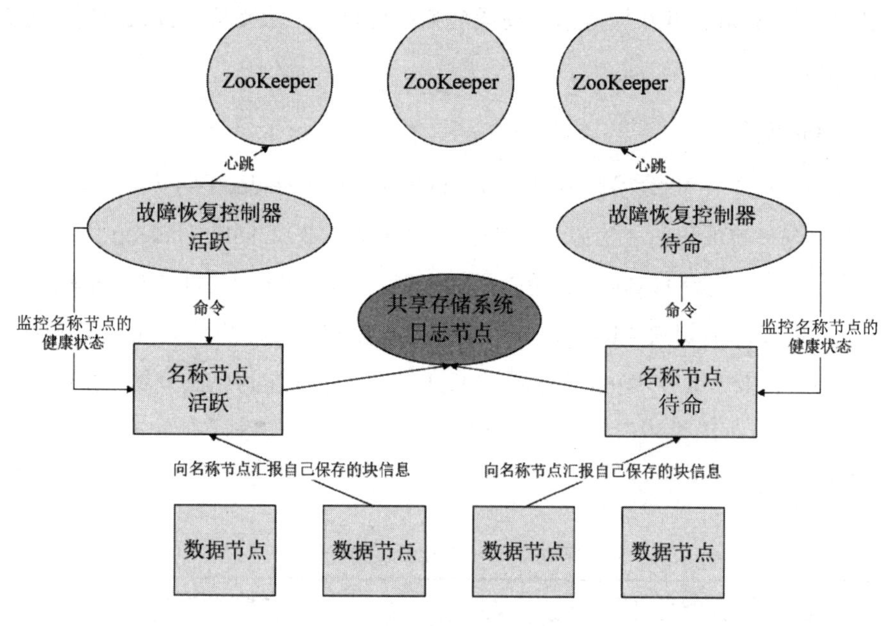

图 2-10　HDFS HA 架构

热备份的实现需要保证处于活跃状态的名称节点和处于待命状态的名称节点信息同步，即待命名称节点拥有和活跃名称节点一样的元数据。这需要引入共享存储系统来解决，这个系统保存了名称节点在运行过程中产生的 HDFS 元数据，而待命名称节点则通过日志节点（Journal Node）来同步活跃名称节点的信息。日志节点是活跃名称节点和待命名称节点的中间节点，在工作过程中，活跃名称节点先将元数据发送给日志节点，待命名称节点会一直监听，一旦有新的数据写入就会从日志节点中获取需要同步的元数据。为了保证日志节点的可靠性，日志节点本身也是一个多节点的集群（节点数量大于 3 个）。作为一个有主从机制的消息中间件，日志节点一开始处于无主状态，在启动时选举出主日志节点，默认的选举策略是 ID 最大的日志节点被选举为主日志节点。活跃名称节点与主日志节点进行通信，将请求写入主日志节点，由主日志节点将请求更新到其他节点。为保证更新的请求是最新的，日志节点采用了 Paxos 算法，也就是说，只有当集群中超过一半的节点都更新完了这条请求，才认为这条请求写入成功。这样日志节点通过自身具备的存储能力和可靠性，为活跃名称节点和待命名称节点之间数据的最终一致性提供了保障。

除此以外，名称节点中保存的数据块到实际存储位置的映射信息也需要更新到待命名称节点中。因此，需要给数据节点配置活跃名称节点和待命名称节点这两个节点的地址，并把数据块的位置信息和“心跳”信息同时发送给这两个节点。

2）HDFS 联邦

HDFS1.0 中只有一个名称节点，元数据信息全部存储在这个名称节点上，单一存储会使得名称节点的资源使用率存在上限，不具备可扩展性，整个 HDFS 的性能也会受限于单个名称节点的吞吐量。单个名称节点也难以保证不同程序之间的隔离，一个程序的运行可能影响其他程序的运行。虽然 HDFS HA 提供了两个名称节点，但由于一个是活跃名称节点、一个是待命名称节点，本质上还是只有一个名称节点，只是解决了单点故障问题，可扩展性、系统整体性能、隔离性等问题依旧存在。

因此，在 HDFS2.0 中还对名称节点进行了横向扩展，引入了 HDFS 联邦（HDFS Federation），允许在集群中存在多个相互独立的名称节点同时对外提供服务。这些名称节点分别进行各自的命名空间和块的管理，不需要彼此协调。在 HDFS 联邦中，所有名称节点共享底层的数据节点存储资源。每个数据节点需要向集群中所有的名称节点注册并周期性地向名称节点发送“心跳”和块信息，报告自己的状态，同时处理来自名称节点的指令。与 HDFS 1.0 只有一个命名空间不同，HDFS 联邦拥有多个独立的命名空间，每一个命名空间管理属于自己的一组块，这些属于同一个命名空间的块构成了一个“块池”（Block Pool）。每个数据节点会为多个块池提供块存储。需要注意的是，块池属于逻辑概念，一个块池是一组块的逻辑集合，位于一个块池中的各个块实际存储在不同的数据节点中。因此，即使 HDFS 联邦中的一个名称节点失效，也不会影响与它相关的数据节点继续为其他名称节点提供服务。

2.4.3　新一代资源管理调度框架 YARN

1）MapReduce2.0 与 YARN

在 Hadoop1.0 中，MapReduce 采用经典的主从架构，包括一个作业跟踪器和若干个任务跟踪器，作业跟踪器负责作业的调度和资源的管理，任务跟踪器负责执行作业跟踪器指派的具体任务。然而这样相对简洁的架构设计也具有以下缺陷。

- 单点故障问题。在 MapReduce 中由唯一的作业跟踪器负责所有 MapReduce 作业的调度，当该跟踪器出现故障时系统将不可用，存在单点故障问题。
- 负载过重。作业跟踪器同时负责作业的调度、失败修复和资源的管理，执行过多的任务需要消耗大量的资源，致使 MapReduce 负载过重，任务开销太大，性能降低，影响系统的扩展性。
- 容易出现内存溢出的情况。在任务调度器中，资源的分配并不考虑 CPU、内存的实际使用情况，而只是根据 MapReduce 任务的个数来分配。当两个具有较大内存消耗的任务被分配到同一个任务调度器上时，很容易发生内存溢出的情况。
- 资源浪费。所有资源被强制等量划分成多个任务槽，并进一步划分为 Map 任务槽和

Reduce 任务槽，分别供 Map 任务和 Reduce 任务使用，且彼此之间不能互相使用。当 Map 任务已经用完 Map 任务槽时，即使系统中还有大量剩余的 Reduce 任务槽，也不能用来运行 Map 任务，反之亦然。因此，当系统中只存在单一 Map 任务或 Reduce 任务时，会造成资源的浪费。

- 可扩展性差。在设计 Hadoop1.0 时，如果有比 MapReduce 更优秀的计算框架出现，Hadoop 开源项目就没有使用的空间，不利于支持其他更加优秀的框架。

为了弥补 MapReduce 中的缺陷，在 Hadoop2.0 之后的版本中将 MapReduce 进行了拆分，生成了 MapReduce2.0 和 YARN。其中，MapReduce2.0 就是去除了资源管理调度功能的 MapRedce，是运行在 YARN 上的纯粹的计算框架；而 YARN 的核心功能是分离资源管理与作业监控，其本质是一个通用的资源管理系统，即按照一定的策略将资源（内存、CPU）分配给各个应用程序使用，并采取一定的隔离机制防止应用程序因彼此抢占资源而互相干扰，除 MapReduce 外也适用于其他计算框架，如 Spark、Storm 等。

2）YARN 的体系结构

YARN 依旧采用经典的主从架构，如图 2-11 所示，组件包括 Resource Manager（RM，资源管理器）、Node Manager（NM，节点管理器）、Application Master（AM，应用程序管理器）、Container（容器）等。

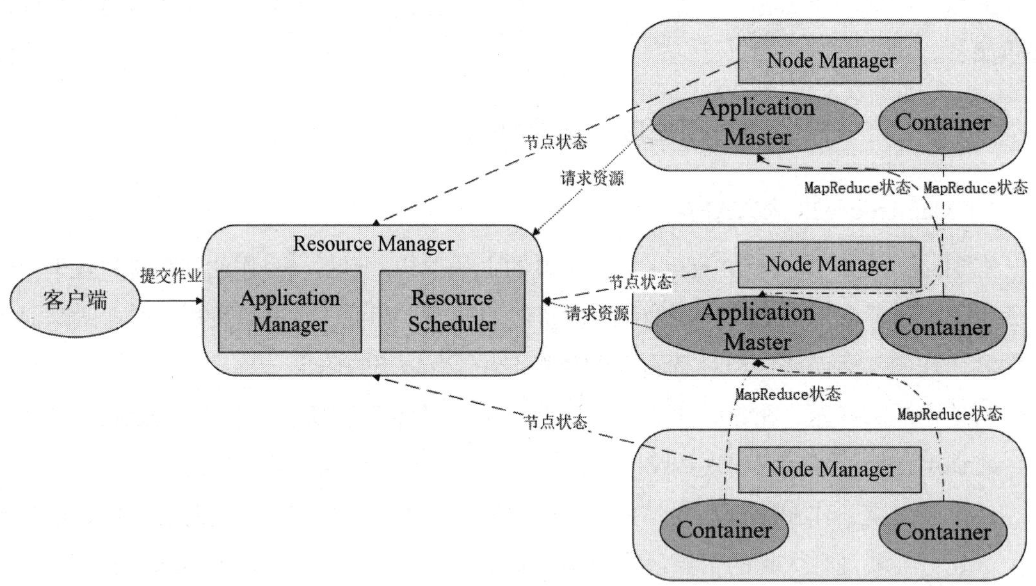

图 2-11　YARN 的体系结构

（1）Resource Manager。Resource Manager 以后台进程的形式运行，负责对集群资源进行统一管理和任务调度，其包含应用程序管理器（Application Manager）和资源调度器（Resource Scheduler）两个组件。应用程序管理器负责管理整个系统中所有的应用程序，包括提交应用程序，与资源调度器协商资源以启动 Application Master，监控 Application Master

的运行状态并在其失败时重新启动，跟踪 Container 的进度、状态等；资源调度器主要负责资源的管理和分配，根据容量、队列等限制条件（如每个队列只能分配一定的资源、最多执行一定数量的作业等），将系统中的资源分配给各个正在运行的应用程序。Resource Manager 的主要职责如下。

- 处理客户端请求。
- 启动或监控 Application Master。
- 监控 Node Manager。
- 资源的分配与调度。

（2）Node Manager。Node Manager 是每个节点上的资源和任务管理器，会以“心跳”的方式定时向 Resource Manager 汇报本节点上资源（CPU、内存等）的使用情况和各个 Container 的运行情况，同时会接收并处理 Application Master 的 Container 启动/停止等请求。Node Manager 仅监视 Container 中的资源使用情况，不具体负责每个任务自身状态的管理，这些管理工作是由 Application Master 来完成的，Application Master 会不断与 Node Manager 通信以掌握各个任务的完成情况。Node Manager 的主要职责如下。

- 管理单个节点上的资源。
- 处理来自 Resource Manager 的命令。
- 处理来自 Application Master 的 Container 启动/停止等请求。

（3）Application Master。Application Master 主要负责 YARN 内运行的每个应用程序的管理，为应用程序向 Resource Manager 申请资源（CPU、内存等），并将资源分配给所管理的应用程序中的任务。一个应用程序对应一个 Application Master。在用户提交一个应用程序时，系统会启动一个 Application Master 实例，Application Master 会启动所有需要的任务来完成它负责的应用程序，并监控任务的运行状态和运行进度，在任务失败时进行恢复等。Application Master 和应用程序的任务都在 Container 中运行。因此，在应用程序完成后，Application Master 会关闭并注销自己的 Container，以便其他应用程序的 Application Master 或任务转移至该 Container 中运行，提高资源利用率。Application Master 的主要职责如下。

- 为应用程序申请资源并分配给内部的任务。
- 任务的监控与容错。

（4）Container。Container（容器）是 YARN 中资源分配的基本单位，它封装了某个节点上的多维度资源，如内存、CPU、磁盘、网络等，相当于任务运行环境的抽象。当 Application Master 向 Resource Manager 申请资源时，Resource Manager 为 Application Master 返回的资源便是用 Container 表示的。YARN 会为每个任务分配一个 Container，且每个任务只能使用该 Container 中描述的资源。

总的来说，Resource Manager 管理整个 YARN 集群，Node Manager 管理集群中的单个节点，而 Application Master 管理单个应用程序。

3）YARN 的工作流程

YARN 的工作流程基于分布式计算的要求，通过有效的资源分配和作业调度，保证了大规模数据处理的高效性。其中，应用程序的执行流程分为以下 8 个步骤。

（1）在用户编写客户端应用程序后，向 YARN 提交应用程序，提交的内容包括 Application Master 程序、启动 Application Master 的命令、用户程序等。

（2）YARN 中的 Resource Manager 负责接收和处理来自客户端的请求。接到客户端应用程序的请求后，Resource Manager 里的资源调度器会为应用程序分配一个容器。同时，Resource Manager 的应用程序管理器会与该容器所在的 Node Manager 通信，为该应用程序在该容器中启动一个 Application Master，由其负责该应用程序的整个生命周期。

（3）Application Master 被创建后会先向 Resource Manager 注册，使得用户可以通过 Resource Manager 直接查看应用程序的运行状态。

（4）Application Master 采用轮询的方式通过 RPC 协议向 Resource Manager 申请和领取资源。

（5）Resource Manager 以“容器”的形式向提出申请的 Application Master 分配资源，一旦 Application Master 申请到资源，就会与该容器所在的 Node Manager 通信，要求它启动任务。

（6）Application Master 要求容器启动任务时，会为任务设置好运行环境（包括环境变量、JAR 包、二进制程序等），然后将任务启动命令写到一个脚本中，最后通过在容器中运行该脚本来启动任务。

（7）各个任务通过 RPC 协议向 Application Master 汇报任务的状态和进度，让 Application Master 可以随时了解各个任务的运行状态，这样即使某个任务运行失败，Application Master 也可以将其重新启动。在应用程序运行过程中，用户可以随时通过 RPC 协议向 Application Master 查询应用程序的当前运行状态。

（8）应用程序完成后，Application Master 向 Resource Manager 的应用程序管理器申请注销并关闭。若 Application Master 因故失败，Resource Manager 中的应用程序管理器会监测到失败的情形，然后将其重新启动，直到所有的任务执行完毕。

2.4.4 Hadoop 生态系统中的其他功能组件

除了以上介绍的核心组件，Hadoop 生态系统中还有许多功能各异的组件，保证了系统的多样性，这些组件共同组成了 Hadoop 生态系统，接下来将对组件 Pig、Kafka 和 ZooKeeper 进行简要介绍。

1）Pig

Pig 是一种描述性编程语言，基于 Hadoop 的大规模数据分析平台，它提供了类似 SQL

的语言 Pig Latin，该语言的编译器会把类 SQL 的数据分析请求转换为一系列经过优化处理的 MapReduce 运算。Pig 可以对数据进行排序、过滤、求和、分组、关联等操作，也可以由用户自定义的一些函数对数据集进行操作。Pig 比 Hive 轻量，可以直接使用而不需要编写大量的 MapReduce Java 代码，在实际的大数据环境中经常被使用。综合来看，Pig 具有以下优点。

- 易编程。Pig Latin 程序可以很简单地完成高度并行的数据分析任务，在它所提供的 Pig Latin 控制台上，用几行 Pig Latin 代码就可以轻松完成 TB 级的数据集处理任务。
- 自动优化。编写 pig 任务运行时，系统会对编写的 Pig Latin 代码自动进行优化，用户不必关心效率问题。
- 扩展性好。用户可以编写自定义函数来完成特殊用途的处理任务，载入（Load）、存储（Store）、过滤（Filter）、连接（Join）过程均可定制。

2）Kafka

Kafka 最初由 LinkedIn 公司开发，是一个基于 ZooKeeper 的高吞吐量、低延迟的分布式消息发布和订阅系统，主要应用于大数据的实时或离线处理、日志收集及实时指标监控等场景。在实际业务中，早期的数据类型和业务架构比较简单，只需要将有用的数据存储下来，如将数据存储到数据库（MySQL、Oracle）中。但随着业务的增加，数据的存储类型也随之增加，需要使用大数据集群，利用数据仓库来将这些数据进行分类存储。但数据仓库存储数据是有时延的，通常时延为一天左右（每天更新一次数据）。而现在的数据服务对象对时延均有很高的要求，如物联网、微服务、移动端应用程序等，都需要实时处理数据。Kafka 的出现，给日益增长的复杂业务提供了新的存储方案：将各种复杂的业务数据统一存储到 Kafka 中，再通过 Kafka 进行数据分流。

在 Hadoop 中，Kafka 通常被用于数据流的收集、传输和存储。由于 Kafka 具有高性能、高可用性和易于扩展的特性，它已经成为很多大型公司的核心技术之一，应用在日志收集、数据管道、实时数据处理、消息队列等场景，Kafka 的应用示例如图 2-12 所示。

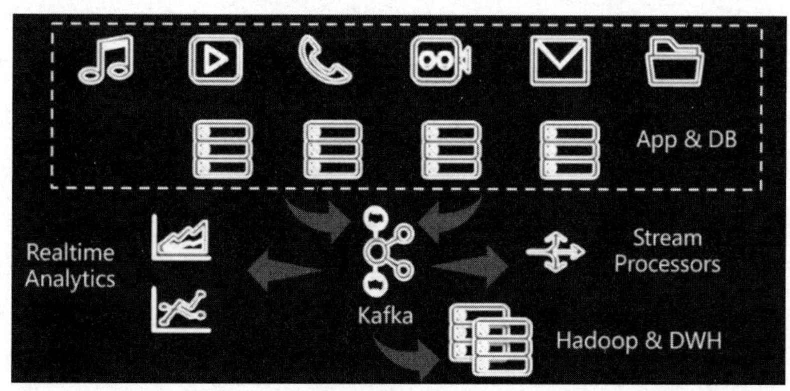

图 2-12　Kafka 的应用示例

3）ZooKeeper

ZooKeeper 是开源的分布式应用程序协调服务，主要用于解决分布式集群中应用系统的一致性问题。ZooKeeper 本质上是一个分布式的小文件存储系统，提供基于类似文件系统的目录树方式的数据存储服务，并且可以对树中的节点进行有效管理，从而维护和监控存储数据的状态，通过监控这些数据状态的变化，实现基于数据的集群管理。在分布式环境中，ZooKeeper 的应用场景有许多，简要举例如下。

- 统一命名。在分布式应用中通常需要一套完整的命名规则，既能够产生唯一的名称又便于识别，在一般情况下用树形的名称结构是一个理想的选择。通过调用 ZooKeeper 提供的创建节点的 API，能够很容易地创建全局唯一的路径并将其作为名称。
- 分布式锁。在分布式环境中，为了提高可靠性，集群的每台服务器上都会部署同样的服务，但存在不同服务器同时进行同一件事情、彼此干扰的情况。分布式锁可以用于控制分布式系统之间同步访问共享资源，ZooKeeper 可以利用分布式锁协调多个分布式进程之间的活动，在某个时刻只让一台服务器工作，当这台服务器出现问题时将分布式锁释放，并立即切换到另外的服务器。
- 集群管理。ZooKeeper 不仅能够帮助维护当前集群中服务器的服务状态，还能够选举出一个“总管”，让这个“总管”来管理集群，这种选举方式称为“Leader 选举”。

案例：电商网站用户购物行为分析

近年来，随着互联网的普及和电子商务的发展，越来越多的人选择在网上购物，这使得电子商务行业的竞争日益激烈。在这种情况下，为了更好地了解消费者的购物行为和需求，电商企业需要通过大数据分析来获取有价值的信息。在大数据技术的支持下，企业可以对大量的用户行为数据进行分析，以便更好地了解消费者的需求，为企业决策提供更好的支持。作为目前最流行的大数据技术之一，Hadoop 已成为处理大规模数据的首选平台。其能够快速、高效地处理海量数据，自动进行数据分片和并行计算，大大提高了数据处理的速度和效率。同时，Hadoop 生态系统也提供了很多适用于大数据分析的组件，这些组件可以协同工作，实现自动化的数据处理和分析。

有一家大型电商网站，网站每天产生大量的用户购物行为数据，包括用户 ID、商品 ID、购买数量、浏览时间等信息，Hadoop 生态系统为网站用户数据的多维分析提供了平台。通常的处理方式为对常见的电商指标，如 PV（页面浏览量）、UV（独立访客数）、跳失率、复购率等进行统计分析，按照时间维度对用户的行为、活跃度等指标进行多维度透视分析，深入挖掘用户网上购物的行为特征。通过对分析结果进行筛选和分类，结合电商数据中的热销商品 ID 及热销商品类别、用户地理位置等进行统计分析，深入理解用户的购物行为和消费习惯。

综上所述，通过深入挖掘和分析用户网上购物的行为数据，可以帮助电商平台更好地了解消费者的需求和行为特征，提高销售效率和竞争力，制定可行性决策，优化营销策略，提高用户转化率，进而实现更好的商业价值，促进电商行业的可持续发展。

1. 请描述这家电商网站可以如何使用 MapReduce 进行用户购物行为分析？
2. HDFS 在这家电商网站的用户购物行为分析案例中扮演了什么角色？
3. 基于购物行为分析的结果，电商网站可以如何提升销售效益？

参考文献

[1] 韦鹏程，施成湘，蔡银英. 大数据时代 Hadoop 技术及应用分析[M]. 成都：电子科技大学出版社，2019.

[2] 张伟洋. Hadoop 3.x 大数据开发实战：视频教学版[M]. 北京：清华大学出版社，2022.

[3] 高腾刚，程星晶. 大数据技术与应用丛书：大数据概论[M]. 北京：清华大学出版社，2022.

[4] 林子雨. 大数据技术原理与应用：概念、存储、处理、分析与应用[M]. 3 版. 北京：人民邮电出版社，2021.

[5] 怀特. Hadoop 权威指南：大数据的存储与分析[M]. 北京：清华大学出版社，2010.

[6] 张彬，曹京卫，刘果，等. 大数据集群安全策略研究[J]. 邮电设计技术，2022（03）：58-63.

第 3 章

大数据预处理

3.1 大数据预处理概述

大数据预处理是大数据分析前的关键环节，它涉及对从各种访问平台收集到的原始数据进行初步的处理和分析。这个过程是根据特定的业务规则进行的，这些规则包括对数据的格式、质量、完整性等方面的要求。

数据清洗是为了去除数据中的噪声和错误，提高数据的质量。数据清洗包括删除重复的数据、修正错误的数据、填充缺失的数据等。

数据集成是将不同来源的数据整合在一起的过程。数据集成可能需要解决数据的异构性问题，因为数据可能来自不同的数据库或数据源，其格式和结构可能各不相同。数据集成的目标是将这些数据转化为一种统一的、可以被进一步处理的格式。

数据约简是为了降低数据的复杂性，提高数据处理的效率。数据约简包括降维、特征选择等。降维是将高维数据转化为低维数据的过程，而特征选择则是指从原始的特征中选择出最有用的特征。

数据变换是将数据转换为适合特定分析任务的形式的过程。数据变换包括数据的标准化、归一化等操作。例如，如果数据的范围差异很大，可能需要进行标准化或归一化，使得数据在同一范围内，便于后续的分析。

接下来，将详细介绍这几个步骤。

3.2 数据清洗

数据清洗是大数据预处理的首要步骤，包括考察数据的完整性、数据的一致性，以及噪声数据处理、缺失数据处理、冗余数据清理等相关内容。数据清洗是一项繁重的任务，需要考察数据的准确性、完整性、一致性、时效性、可信性和可解释性并进行相应处理，从而得到标准的、干净的、连续的数据。

3.2.1 数据的完整性

数据的完整性是确保数据的准确性和可靠性的关键。为了避免数据库中存在不符合语义规则的数据，以及由于输入和输出错误而导致的无效操作或错误信息，必须考察数据的完整性。数据完整性分为四类：实体完整性、域完整性、参考完整性和用户定义完整性。

（1）实体完整性：指表中的所有行都是唯一的，不存在相同的取值。实体完整性要求表中的所有行都有一个唯一的标识符，该标识符也称为主键，取值具有唯一性，主键可以是一列或多个列的组合。例如，学生的学号、身份证号、车牌号等都具有唯一性，可以作为主键。

（2）域完整性：指列的输入的有效性，是否允许为空值。保证域完整性的方法包括限制数据的类型、格式或可能值的范围。例如，学生的考试成绩必须在 0 到 100 之间，性别只能是“男性”或“女性”。

（3）参考完整性：指保证主关键字与外部关键字之间的引用关系，涉及来自两个或多个表的数据的一致性。外键值将引用表中包含此外键的记录与引用表中匹配主键和外键的记录相关联。在输入、更改或删除记录时，参考完整性要求维护表之间定义的关系，确保所有表中的键值一致。这种一致性要求不使用不存在的值。如果某个键值发生了更改，则必须在整个数据库中统一更改对该键值的所有引用。参考完整性基于外键和主键之间的关系。例如，订单表中的订单 ID 必须是有效订单编号，并且应与订单明细表中的订单编号一致。

（4）用户定义完整性：指由用户根据具体业务需求定义的特定完整性规则，这些规则通常不属于系统默认的完整性约束，而是针对某些特殊业务逻辑或场景所定制的约束条件。用户定义完整性可以通过触发器、存储过程或应用程序逻辑来实现。例如，在一个学生管理系统中，要求某些课程只能由特定专业的学生选修，这是业务逻辑上的约束，属于用户定义完整性。

数据完整性可以通过完整性约束进行保证。完整性约束主要包括实体完整性约束、参照完整性约束、函数依赖性约束、系统约束四类。

实体完整性约束是指一个关系中所有主属性（主码的属性）都不能取空值。所谓“空值”就是“不知道”或“无意义”的值。如果主属性取空值，就说明存在某个不可标识的实体，这与现实世界的应用环境相矛盾，因此，这个实体一定不是完整的实体。例如，两名学生的学号为空值而又姓名相同，则很难区分这两名学生。

参照完整性约束是指参照关系中外码的取值或者是空值或者是被参照关系中某个元组的主码值。例如，有两种关系模式：学生（学生 ID、姓名、性别、专业 ID、年龄）和专业（专业 ID、专业名称）。在实现参照完整性时，应注意以下问题。

① 外部代码是否可以接受空值。因为外部代码是否可以为空值取决于应用环境。如果有两种关系模式：选修（学生 ID，课程 ID，成绩）和学生（学生 ID，姓名，性别，班级），则选修关系中的外部代码“学生 ID”不能为空。如果为空，则表示某个不知道学号的学生选修了某门课程，这与学校的应用环境不符。

② 删除参照关系的元组。有时需要删除参照关系中的一个元组，如果参照关系中有几个元组的外部代码值与已删除参照关系的主代码值相对应，则需要级联删除，即将参照关系中的所有外部代码值与被参照关系中要删除的元组的主代码值对应的元组一起删除。如果参照关系又是另一个关系的被参照关系，则应该级联删除。

③ 修改被参照关系中的主代码。该方法类似于删除被参照关系中的元组，应该进行级联修改，即修改被参照关系中的主代码值，同时使用相同的方法修改参照关系中相应的外部代码值。

函数依赖性约束大多数隐含在关系模式结构中，尤其是在高度规范化的关系模式中，如 3NF（Third Normal Form，第三范式）和 BCNF（Boyce-Codd Normal Form，巴斯-科德范式）。在实际应用中，为了避免信息的过度分离，通常不会过度追求标准化。

系统约束是指某个字段值与一个关系多个元组的统计值之间的约束关系。例如，部门经理的工资不得高于该部门员工平均工资的 5 倍。员工的平均工资是一个统计值。在一般情况下，统计数据是公开的，而个人数据是保密的，但是，单个数据值可以从统计数据中推断出来。

3.2.2 数据的一致性

数据的一致性是指在分布式系统中，在多个节点中存储的数据副本保持相同的状态和值，以确保数据的准确性和可靠性。在分布式系统中，由于数据的复制、分片和分布式事务的并发执行等因素，可能出现数据不一致的情况，这时候就需要保证数据的一致性。在实际的数据操作过程中，可能会因为人为或其他因素，导致记录的数据存在不一致的情况。例如，在集成数据时，如果数据的来源不一样，则可能存在编码不一样的情况，从而导致集成后的数据不一致。

数据的一致性是确保数据可靠性的关键。它是所有数据存储和访问技术必须遵守的最重要的规则，能够保证数据的正确性、完整性和可靠性，从而提高系统的工作效率和可靠性。

在分析数据前需要对这些不一致的数据进行清理，数据输入时的错误可通过和原始记录对比进行修正。当数据量比较小时，可以采用人工的方式进行修正；如果数据量比较大，则可以借助计算机技术进行修正。

3.2.3 噪声数据处理

噪声数据指存在错误或异常（偏离期望值）的数据。噪声数据通常是没有意义的数据，是那些难以被机器正确理解或翻译的数据，如非结构化文本，或者是那些明显不可能存在的数据，如一个人的年龄为 200 岁。噪声数据对数据的分析造成了干扰，在进行数据分析前必须先处理噪声数据。如果这类数据的数量比较少，直接删除即可。噪声数据的处理方法通常包括滤波、平滑、峰值检测、信号重构、信号平移和缩放、数据拟合、分箱法、基于邻近度的方法等。

滤波是常见的去除噪声的方法之一，通过使用低通、高通、带通和陷波等不同类型的滤波器，能有针对性地抑制不同来源的噪声。而平滑则通过移动平均、加权移动平均或中值滤波等方式，让信号在时间或空间上更为平滑，从而降低噪声的影响。峰值检测是一种当峰值点被噪声淹没时仍能找出信号极值的方法，为信号降噪提供了一种有效途径。

在常用的降噪方法中，信号重构基于信号处理，通过小波变换、奇异值分解等手段对信号进行分解和重构，进而达到滤除噪声的目的。而信号平移和缩放则通过调整信号的幅度和时间尺度，减小噪声的影响。需要注意的是，这种方法通常需要先对信号进行采样，再实施平移和缩放操作。

数据拟合也是一种基于统计学的降噪方法。通过多项式拟合、最小二乘法拟合等手段，可以让信号更好地贴合原始数据，降低噪声的影响。

分箱法是指以等频或等宽的方式对数据进行分箱操作，然后用每个箱的平均数、中位数或边界值（不同的数据分布，处理方法不同）代替箱中所有的数，起到平滑数据的作用。

基于邻近度的方法可以快速有效地利用数据分布特征或业务理解来识别单维数据集中的异常数据。但对于聚合程度高、彼此相关的多维数据，通过数据分布特征或业务理解来识别异常数据的效果不太理想。对于多维数据集中的异常数据一般可以通过聚类的方法进行识别。

需要根据具体的噪声类型、噪声强度及信号特征等因素来选择合适的降噪方法。在实际操作中，往往需要综合运用多种降噪方法，以达到最好的降噪效果。

3.2.4　缺失数据处理

缺失数据处理主要是指对缺失数据进行填补，填补缺失数据的效果与采用的填补算法有关。通常可以通过删除对象或填充数据的方法进行缺失数据处理。

1）删除对象

直接删除对象的方法虽然简单易行，但只在被删除的缺失数据的数量与信息表中的总数据量相比非常小的情况下有效。当信息表中的总数据量很少时，删除包含缺失值的对象会影响信息表中信息的客观性和结果的正确性，此时，通常不采用这种方法。

2）填充数据

填充数据是指用某个值去代替缺失值，从而获得完整数据的方法。通常采用以下几种方法进行填充。

（1）统计量填充。基于统计学原理，根据决策表中其余对象取值的分布来对缺失数据进行填充。若数据的缺失率较低（小于 95%）且重要性也较低，则根据数据分布的情况用基本统计量进行填充，如最大值、最小值、均值、中位数、众数等。在填充基本统计量时应具体问题具体分析，例如使用均值进行填充，既可以使用具有某个属性的所有对象的均值进行填充，也可以使用缺失对象所在类的其他对象的均值进行填充。

（2）特殊值填充。特殊值填充是指将缺失值作为一种具有特殊属性的值来处理，它不同于其他任何属性的值。例如，所有的空值都可以用未知来填充。这种方法可能会导致严重的数据偏离，一般不采用。

（3）插值法填充。插值法包括多重插补、热平台插补、随机插值、拉格朗日插值、牛顿插值等。

（4）就近补齐法填充。找到一个与包含缺失值的对象相似的完整对象，用完整对象的值进行填充，这个方法简单，但是主观性较强，因为相似标准难以确定。

（5）建立预测模型填充。可以使用回归分析、贝叶斯、随机森林、决策树等模型对缺失数据进行预测，这种方法得到的值可靠性较高。

除此之外，还有其他方法，如分箱法、聚类法等都可以用来填充缺失数据。

3.2.5 冗余数据清理

冗余数据一般指重复数据，可能同一属性的值在不同的数据库中会有不同的字段名，或者一个属性可以由另外一个表导出。数据冗余会妨碍数据库中数据的完整性，也会造成存储空间的浪费，因此，尽可能地降低数据的冗余度，也是数据库设计的主要目标之一。通过数据去重可以减少重复数据，降低数据的冗余度，提高数据质量。通常采用以下几种方法降低数据的冗余度。

1）数据范式化

范式化是关系数据库设计中常用的方法之一，用于减少冗余数据和优化数据存储。范式化的核心思想是将数据存储在多个相互关联的表中，通过外键关联来构建完整的数据。通过合理地设计表结构，可以实现数据冗余的最小化，提高数据的一致性和可靠性。然而，过度的范式化也可能导致查询性能下降，因此，在设计数据库时需要权衡范式化和性能之间的关系。这意味着需要在数据冗余和查询性能之间找到平衡点，以满足应用程序的性能需求。范式化可以通过各种方式实现，例如，将多个相关字段组合成一个复合主键，或者将某些表中的可选字段移动到其他表中。此外，范式化还可以通过使用索引、视图和存储过程等技术来进一步优化查询性能和数据存储。总之，范式化是一个非常重要的数据库设计技术，可以显著提高数据库的性能和可靠性。

2）合并重复数据

针对数据库中包含大量重复数据的问题，可以采用合并重复数据的方法，提升存储空间的利用率并降低系统的维护成本。对于数据重复较多的情况，可以使用专业的数据清洗工具，利用高效的数据去重算法来去除冗余的数据，达到数据优化的目的。这样一来，不仅能够提高数据库的存储效率，也能保证数据的质量和可靠性。

3）定期进行数据清理

定期进行数据清理是确保数据库高效运行的关键措施之一。通过分析和统计数据库中的数据，可以快速找出长时间未被使用或已经过期的数据，并对其进行删除或归档。这一过程不仅能够及时释放宝贵的存储空间，还可以保证数据库的整洁有序，提高查询和检索等操作的效率。在进行数据清理的过程中，专业人员需要遵循一系列严格的步骤和标准，以确保不会误删或破坏数据库中的重要信息。

3.3　数据集成

数据集成可以使后续的数据分析工作聚焦到与分析任务相关的数据集中，不仅可以提高数据的分析效率，还可以保证数据分析的准确性。数据集成时可以挑选满足条件的数据，也可以对不感兴趣的数据加以去除，保留感兴趣的数据。

3.3.1　数据集成的概念

数据集成是指将不同来源、不同格式、不同特征和不同性质的数据在逻辑上或物理上进行有机集成，为企业提供全面的数据共享。这些数据可能来自多个数据库、数据立方体或一般文件等，数据集成就是将这些数据源中的数据集中存放到统一的数据存储中，从而为后续的数据分析提供全面的数据共享。

数据集成的任务通常由数据集成系统来完成，数据集成系统可以对来自不同数据源的数据进行集成，形成统一的数据集，并且为用户提供统一的数据访问接口，响应用户对数据的访问请求。常用的数据集成系统如图 3-1 所示。

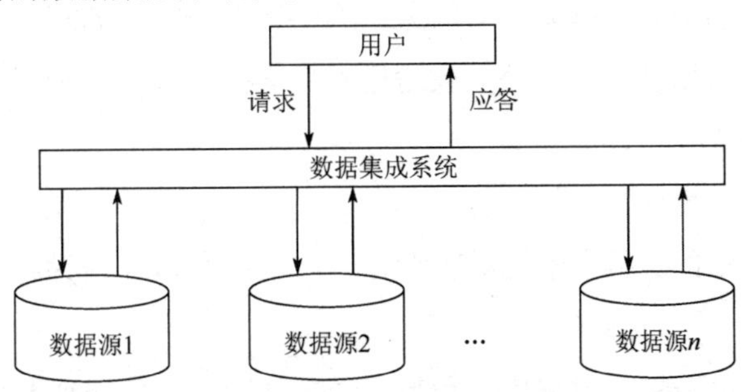

图 3-1　常用的数据集成系统

数据集成的数据可以来自文本文件、数据库、表格文件、XML 文档、HTML 文档等，也可以是半结构化或非结构化数据。一个好的数据集成系统可以让用户低成本、高效率地使用异构数据。

3.3.2 数据集成的分类

数据集成在数据分析和决策制定中起着非常重要的作用，数据集成主要分为以下几类。

1）基本数据集成

基本数据集成面临的问题很多。通用标识符问题是数据集成过程中遇到的最困难的问题之一。当同一业务实体存在于多个系统源中，并且没有明确的方法来确认这些实体是不是同一实体时，就会出现通用标识符问题。处理该问题的方法主要是隔离、调和及指定主导系统。

- 隔离。确保每个实体出现时都被分配一个唯一的标识符。
- 调和。确认哪些实体是相同的，并且合并相同的实体。
- 指定主导系统。当目标元素有多个来源时，指定在冲突中占主导地位的系统。

数据丢失问题是数据集成中最常见的问题之一，通常的解决方案是生成非常接近实际值的估计值来代替丢失的数据。

2）批量数据集成

批量数据集成是一种高效的数据整合方法，它通过将多个数据源的数据一次性导入目标系统中来实现数据的互通。这种集成方式在处理大量数据且数据更新频率较低的场景下尤为适用。例如，在运营过程中，企业每月从不同部门收集销售数据，然后将这些数据集中整合，并导入企业资源规划（ERP）系统中。通过系统的智能化处理和计算，可以生成具有参考价值的综合分析报告，为企业决策提供数据支持和参考。这种批量数据集成的方式，既简化了数据处理流程，又提高了工作效率，是现代企业数据处理中不可或缺的一种重要技术手段。

3）多级视图集成

多级视图集成有助于对数据源之间的关系进行集成。底层数据被表示为局部模型格式，如关系和文件；中间数据被表示为公共模型格式，如扩展关系模型或对象模型；高级数据被表示为综合模型格式。

视图的集成过程分为以下两级映射。

（1）局部数据库中的数据，经过数据翻译、转换、集成，成为符合公共模型格式的中间视图。

（2）通过语义冲突消除、数据集成和数据导出处理，将中间视图集成为综合视图。

4）实时数据集成

实时数据集成是指将多个数据源的数据实时地导入目标系统中，以实现数据的集中管理和利用。这种集成方式适用于数据量较小、数据更新频率较高的场景。例如，在电商平台中，实时更新库存和销售数据是至关重要的。当商品库存量低于特定阈值时，采用实时数据集成的系统能够及时发出补货提醒，确保不会断货。同时，根据实时的销售数据，电商平台可以进行价格调整，提高营收和利润率。实时数据集成还被广泛应用于各种场景，如金融交易、物流等。

5）云数据集成

云数据集成是指将云端存储的数据资源整合至本地系统中，以便实现数据的统一管理和分析。随着云计算技术的广泛应用，越来越多的企业选择将数据存储在云端，以便快速灵活地响应业务需求。然而，对于大部分企业，云端数据的分析和管理仍然需要依赖本地系统来完成。例如，企业可以将云端的销售数据导入本地的数据仓库中，再利用各种数据分析工具对数据进行挖掘、分析和可视化，以支持企业的业务决策和运营管理。此外，云数据集成也可以用于数据的备份，提高企业数据的安全性和可靠性。总之，云数据集成已成为企业数字化转型的关键技术之一，能够为企业带来诸多优势和便利。

6）数据虚拟化

数据虚拟化（Data Virtualization）是用来描述所有数据管理方法的术语，这些方法允许应用程序检索并管理数据，且不需要与数据相关的技术细节。

一个完整的数据虚拟化系统应该能够创建视图/虚拟表，提供数据服务，优化联合查询，缓存数据，并提供细粒度的安全性，使用户能够发现、检索和访问来自不同数据源的数据。尽管数据虚拟化可以极大地提高数据集成的灵活性和敏捷性，例如，用户可以通过单个访问点访问来自不同数据源的数据，避免物理数据传输，提高数据使用率，但仍有一些问题需要研究和解决。

7）数据流集成

数据流集成是指将数据源产生的数据流实时地导入目标系统，并保持数据流的实时性。这种集成方式在智能交通系统中得到了广泛应用。通过将来自交通摄像头和传感器的数据流导入中央控制系统中，能够实时监控交通流量和拥堵情况，对异常交通行为进行实时预警和分析，并及时采取相应的控制策略，从而有效地提高交通运输效率和管理水平。此外，数据流集成还可以用于智能制造、智能医疗等领域，实现生产过程的实时监控、故障预测和资源优化配置等目标。

数据集成是将来自不同源头的数据合并、清洗、转化为统一格式和结构的过程。不同的数据集成类型适用于不同的场景，企业可以根据自身的需求选择合适的集成类型和工具。通过数据集成，企业可以更好地利用数据资源，提高决策的准确性和效率。

3.3.3 数据集成的模式

在企业数据集成领域，已经有许多成熟的框架可以使用。通常采用联邦数据库系统、中间件模式和数据仓库模式等方法来构造集成系统。

1）联邦数据库系统

联邦数据库系统（FDBS）由半自治数据库系统组成，这些系统相互共享数据，并在联邦中的各种数据源之间提供访问接口。同时，联邦数据库系统可以是集中式数据库系统、分布式数据库系统或其他联邦系统。联邦数据库系统有两种耦合方式：紧耦合和松耦合。紧耦合提供了统一的访问模式，通常是静态的，难以添加数据源；松耦合不提供统一的访问接口，但可以通过统一的语言访问数据源，其核心是解决所有数据源的语义问题。联邦数据库系统的体系结构如图 3-2 所示。

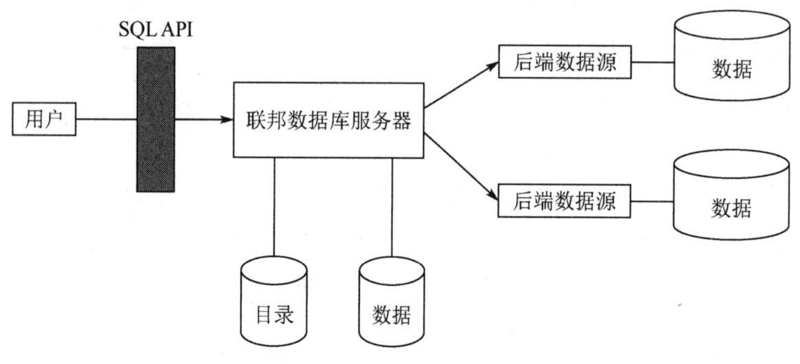

图 3-2　联邦数据库系统的体系结构

2）中间件模式

中间件模式是比较流行的数据集成模式，通过统一的全局数据模型来访问异构的数据库、遗留系统、Web 资源等。中间件位于异构数据源系统（数据层）和应用程序（应用层）之间，向下协调各数据源系统，向上为访问集成数据的应用提供统一的数据模式和数据访问的通用接口，各数据源的应用仍然可以完成它们的任务。中间件系统则主要集中为异构数据源提供高层次的检索服务。中间件系统通过在中间层提供一个统一的数据逻辑视图来隐藏底层的数据细节，使得用户可以把集成数据源看作一个统一的整体。中间件模式的关键问题是如何构造这个逻辑视图并使得不同的数据源能够映射到中间层。基于中间件的数据集成模型如图 3-3 所示。

中间件模式专注于全局查询的处理和优化，与联邦数据库系统相比，其优势在于能够集成非数据库形式的数据源、具有强大的查询性能和自治性。缺点是中间件模式通常只支持只读模式，而联邦数据库系统同时支持读写模式。

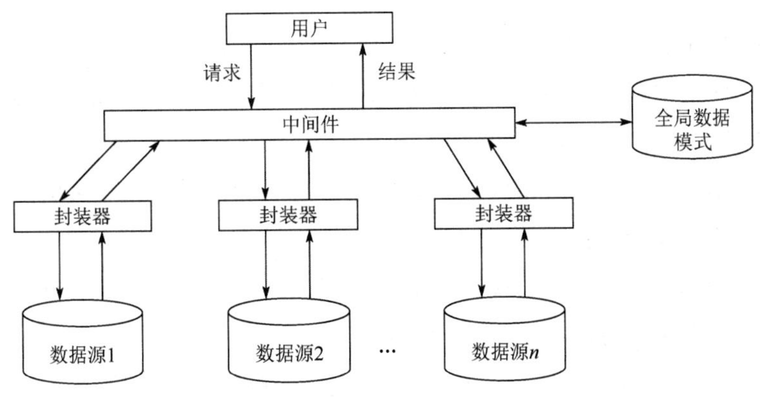

图 3-3　基于中间件的数据集成模型

3）数据仓库模式

数据仓库模式是一种典型的数据复制模式，它将来自各种数据源的数据复制到数据仓库中。用户可以像访问数据库一样直接访问数据仓库，基于数据仓库的数据集成模型如图 3-4 所示。

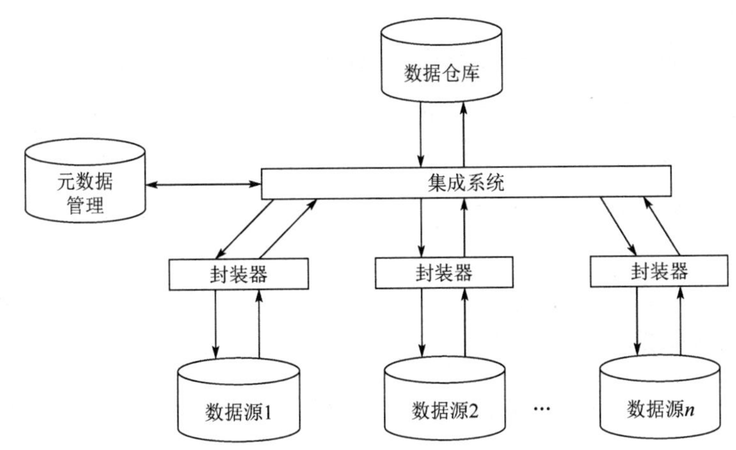

图 3-4　基于数据仓库的数据集成模型

数据仓库是在企业管理和决策中面向主题的、集成的、与时间相关的、不可修改的数据集合。其中，数据被分类为广义的、功能独立的、不重叠的主题。数据仓库模式在一定程度上解决了应用程序之间的数据共享和互通的问题，从另一个层面上实现了数据的共享。数据仓库模式是针对企业的某个应用领域提出的一种数据集成方法，为企业提供数据挖掘和决策支持。

3.3.4　数据集成系统

构建数据集成系统需要以下几个步骤。

- 明确集成需求：需要明确数据集成系统的需求，包括需要集成的数据源、目标数据结构、集成频率等。

- 选择集成方法：根据需求，选择合适的集成方法。模式集成方法是一种常用的数据集成方法，它通过将各数据源的数据视图集成为全局模式，使用户能够按照全局模式透明地访问各数据源的数据。
- 设计集成架构：根据选择的集成方法，设计出符合需求的集成架构，包括数据源连接，数据抽取、转换和加载等环节。
- 开发集成模块：根据设计的集成架构，开发出相应的集成模块，包括数据源连接，数据抽取、转换和加载等模块。
- 测试与部署：在开发完成后，对集成系统进行测试，确保其符合需求并能够稳定运行。测试通过后，将集成系统部署到生产环境中，正式投入使用。

总之，构建一个成功的数据集成系统需要明确集成需求、选择合适的集成方法、设计合理的集成架构、开发相应的集成模块，以及进行严格的测试和部署。

3.4 数据约简

随着数据量的增加，传统的数据分析变得耗时且复杂，大规模的数据往往使传统的数据分析变得不可行。数据约简技术用于获得数据集的归约表示，该技术在尽可能保持原始数据完整性的同时缩小了数据集，对约简后的数据集的分析将更加有效，并可以产生与原数据集结果类似的分析结果。常见的数据约简方法包括维度归约、数据压缩、数值归约、概念分层等。

3.4.1 维度归约

用于数据分析的数据可能具有数以百计的属性，其中大部分属性与挖掘任务不相关，是冗余的。维度归约通过删除不相关的属性来减少数据量，并保证信息的损失最小化。维度归约是一种重要的数据预处理技术，通过降低数据的维度，提取出最相关的特征信息，从而减少计算量并提高模型的准确性。常用的维度归约方法主要包括主成分分析（PCA）、线性判别分析（LDA）、因子分析（FA）和独立成分分析（ICA）。这些方法在处理大规模高维数据时具有广泛的应用价值，能够有效地改善数据可视化和分析的效果。

1）主成分分析

当具有较强的线性相关性时，随机变量包含更多的公共信息。如果在不损失太多原始变量信息的情况下提取公共信息，就可以达到简化问题的目的。

主成分分析是一种无监督的学习方法，它利用线性变换将原始数据投影到一个新的坐标系中，这一过程被称为“降维”。在具体操作方面，主要分为以下 3 步。

第 1 步，计算数据的协方差矩阵。

第 2 步，计算协方差矩阵的特征向量 $e_1, e_2, \cdots, e_n$ 和特征值（t 表示特征向量或特征值的序号，$t=1,2,\cdots,n$）。

第 3 步，投影数据到特征向量的空间中。根据公式 $\text{newBV}_{i,p}=\sum_{k=1}^{n} e_i \text{BV}_{i,k}$ 进行投影，其中 BV 值是原样本中对应维度的值。

主成分分析的目标是找到反映事物主要特征的 r（$r<n$）个新变量，压缩原始数据矩阵的大小，降低特征向量的维数，并选择最小的维数来概括最重要的特征。每一个新变量都是原始变量的线性组合，反映了原始变量的综合效果，具有一定的现实意义。这 r 个新变量被称为“主成分”，它们可以在很大程度上反映原始的 n 个变量的影响，并且这些新变量是不相关和正交的。通过主成分分析对数据空间进行压缩，可以在低维空间中直观地表示多元数据的特征。

2）线性判别分析

线性判别分析是一种有监督学习算法，在二分类问题上最早由 Fisher 在 1936 年提出，亦称 Fisher 线性判别。其主要目标是通过降低数据维度来提升分类效果。

线性判别分析的思想非常简单：给定一个训练样本集，将样本投影到一条直线上，使同类样本的投影点尽可能近、不同类样本的投影点尽可能远；在对新样本进行分类时，将它们投影到同一条直线上，然后根据投影点的位置确定新样本的类别。

线性判别分析的基本假设是自变量是正态分布的。当不能满足这一假设时，在实际应用中就要选择其他方法。

3）因子分析

因子分析于 1931 年由 Thurstone 首次提出，其概念起源于 20 世纪初 Karl Pearson 和 Charles Spearman 等人关于智力测验的统计分析。因子分析就是利用降维的思想，通过研究众多变量之间的内部依赖关系，观测探求数据中的基本结构，并用少数几个抽象的变量来表示其基本的数据结构。因子分析是一种通过显示变量测评潜在变量，通过具体指标测评抽象因子的统计分析方法。

4）独立成分分析

独立成分分析是一种盲源分离方法，它在数据分析和信号处理领域被广泛应用。独立成分分析的基本假设是，观测数据是由若干个相互独立的信号源线性组合而成的。通过独立成分分析，我们可以将观测数据分解为独立的成分，而不需要对因子进行解释。与因子分析不同，独立成分分析更注重对数据的分解，而不是对因子的解释。这种分解方法在信号处理、语音识别等领域具有非常重要的应用价值。

维度归约是数据预处理的一个关键步骤，它能揭示数据的内在规律，提取出最能反映数据特性的特征。然而，维度归约并非万能方案，不同的归约方法适用于不同的数据场景。

因此，在实际操作中，我们需要根据具体的数据特点及任务需求，挑选合适的归约方法进行尝试。此外，我们还要警惕归约过程中可能产生的信息损失，确保在降低数据维度的同时不会丢失数据的重要特性。维度归约是数据挖掘、机器学习等领域中不可或缺的一项技术，它对于提升模型性能、加速计算过程具有不可替代的作用。

3.4.2 数据压缩

数据压缩是一种通过应用编码或变换来获得原始数据的归约或压缩表示的技术。数据压缩分为两大类：无损数据压缩和有损数据压缩。

无损数据压缩能够保证原始数据在压缩和解压缩过程中的完整性，但压缩比相对较低，一般为2～4，常用的无损数据压缩算法有霍夫曼（Huffman）算法和LZW（Lenpel-Ziv-Welch）算法。

有损数据压缩能够提供更高的压缩比，但可能造成原始数据的部分失真。有损数据压缩可以用于图像和声音压缩，因为它所包含的数据比我们的视觉和听觉系统所能接收到的更多。在不影响声音或图像所表达的含义的情况下丢失一些数据可以大大提升压缩效果。

在有损数据压缩领域，比较流行的有效的压缩方法是小波变换和主成分分析。小波变换是一种时频分析方法，可以将信号分解为不同尺度的分量，从而实现信号压缩。主成分分析将数据投影到一组正交基上，以最大化投影系数的方差，从而实现数据的降维和压缩。这两种方法各有优缺点，具体应用时应根据实际需求和数据特点进行选择。

3.4.3 数值归约

数值归约是一种减少数据量的技术，通过选择较小或替代的数据表示形式来实现。数值归约技术可以是有参的，也可以是无参的。

参数化数值归约方法通常使用参数模型来评估数据。这种方法只需要存储参数，可以大大减少数据量，但仅对数值数据有效。参数化数值归约方法通常包括回归和概率分布两种，其中回归又包括线性回归和多元回归。

无参化数值归约方法通常包括直方图、聚类和抽样三种。

直方图根据属性的数据分布将其分成若干不相交的区间，每个区间的高度与其出现的频率成正比。例如，已知某便利超市50家门店的员工人数分别为7，7，8，7，9，9，9，9，10，8，8，8，7，9，10，8，9，9，9，11，8，11，10，9，10，9，9，10，11，10，10，11，9，9，8，11，10，10，9，10，11，11，9，10，10，12，10，12，11，11，可得员工人数与其出现频率的对应关系图，如图3-5所示。

聚类将原数据集划分成多个类，使得同类的样本尽可能相似、不同类的样本尽可能相异，通常将距离作为度量。

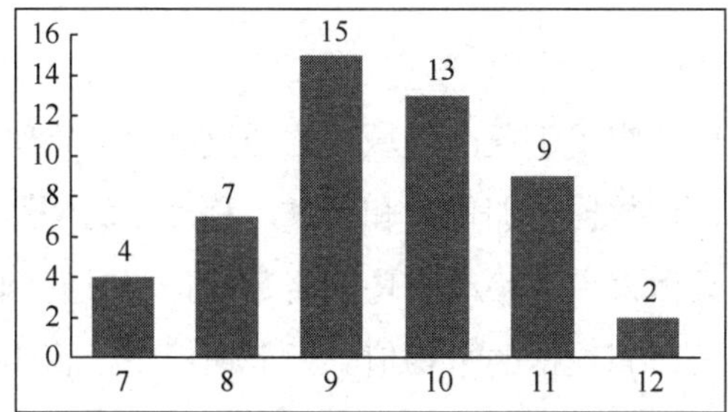

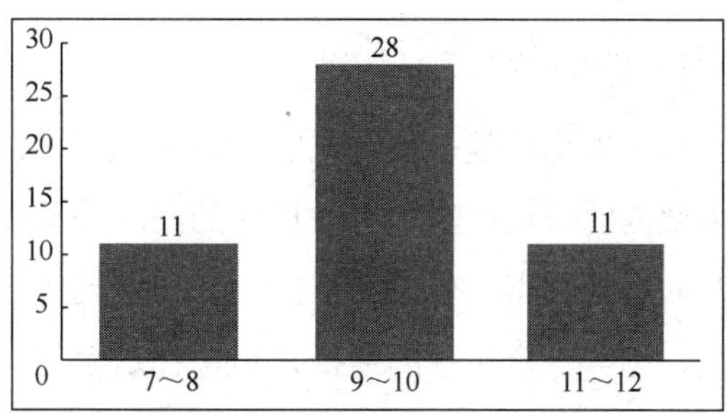

图 3-5 员工人数与其出现频率的对应关系图

抽样允许用数据集的较小随机样本构成的子集来表示大的数据集，在对数据集进行抽样时，可以采用简单随机抽样、等距抽样、分层抽样、整群抽样等抽样方法。

数值归约技术可以帮助分析者将高维的数据简化为低维的数据，以便理解和分析。

3.4.4 概念分层

概念分层定义了一组由低层概念集到高层概念集的映射。它在不同的抽象级别上运行，以在多个抽象级别上处理数据和发现知识。

通过概念分层，用户可以在更高、更通用的抽象级别上处理原始数据。数据泛化可以通过用更高级别的概念替换较低级别的概念来实现。数据泛化允许用户在更有意义、更清晰的抽象层中观察数据，发现更易理解的模式。如果数据过于泛化，概念分层也允许数据特化，即用较低级别的概念替换高级别的概念。通过数据泛化和数据特化，用户可以从不同的角度观察数据，发现数据之间的隐藏联系。

数据约简是一种重要的数据处理技术，旨在提升数据处理效率和开发利用效果。不同的数据约简方法在不同情况下可能会产生不同的效果，因此，在实际应用中需要根据具体情况选择最合适的方法。

3.5 数据变换

数据变换是数据预处理的主要部分，主要是为了让数据满足特定的数据挖掘技术或工具的要求，使变换后的数据更符合数据分析中的假设条件，从而可以更好地完成数据分析。数据变换主要包括数据平滑、数据聚集、数据离散化、数据稀疏化、数据规范化等内容。

3.5.1 数据平滑

数据平滑可以有效地去除数据中的噪声，并对原始数据进行预处理。特别是当数据中存在异常值或突变峰值时，有必要对数据进行平滑处理。数据平滑是数据建模和分析中的一种数据预处理方法，它可以有效地去除数据中的噪声，并对原始数据进行预处理。常用的数据平滑方法有移动平均法、指数平滑法和多项式拟合法。

1）移动平均法

移动平均法是一种常见的数据处理技术，广泛应用于各个领域。它通过计算一定时间段内数据的平均值来平滑数据中的波动和噪声，使数据更加稳定和可靠。移动平均法适用于时间序列数据，可以用于预测和分析趋势。具体来说，移动平均法将数据按照时间顺序排列，选取一定长度的数据窗口，在这个窗口内计算数据的平均值。一般情况下，窗口长度越长，数据的平滑效果越好，也更容易滞后于数据的真实变化。

常见的移动平均法包括简单移动平均法和加权移动平均法。简单移动平均法令每个数据点的权重相等，计算每个时间段内的数据平均值。而加权移动平均法则根据数据点的时间距离，给每个数据点赋予不同的权重，使得近期的数据对平均值的影响更大、过去的数据对平均值的影响较小。通过调整时间长度和权重，可以得到不同程度的数据平滑效果。在实际应用中，可以根据具体需求和场景选择合适的移动平均法。

2）指数平滑法

指数平滑法也是一种常用的数据处理方法，它通过加权平均的方式来平滑数据。具体而言，指数平滑法会根据每个时间点的数据，按照不同的权重对其进行加权平均，然后将得到的平均值作为该时间点的数据代表。与移动平均法相比，指数平滑法为近期的数据赋予更大的权重，同时为过去的数据赋予较小的权重，这样可以逐渐减少过去的数据对当前数据的影响。

指数平滑法是一种时间序列预测方法，有两个常见的形式：简单指数平滑法和双指数平滑法。简单指数平滑法只考虑当前数据和上一期的预测值，通过调整平滑因子来控制平滑的程度，以适应数据的变化。双指数平滑法则更进一步，引入了趋势因子，可以更好地拟合数据的长期变化趋势，在考虑历史数据权重的同时考虑了数据的变化趋势，从而更好地拟合数据。指数平滑法在实际应用中具有良好的效果和广泛的应用领域，是一种重要的数据处理技术。

3）多项式拟合法

多项式拟合法是一种基于多项式函数的数据平滑方法，它通过拟合数据点的多项式函数来实现平滑处理。具体来说，多项式拟合法将数据点连接起来，利用多项式函数来拟合数据的变化趋势。通过调整多项式的次数，可以得到不同程度的数据平滑效果。

多项式拟合法可以灵活地适应不同形状和趋势的数据，但需要注意选择合适的多项式次数，以避免过拟合或欠拟合的情况。

移动平均法、指数平滑法和多项式拟合法是常用的数据平滑方法。它们各有特点，适用于不同的数据类型和需求。在实际应用中，可以根据数据的特点和处理要求选择合适的方法进行数据处理，以获得更加准确和可靠的结果。数据平滑是数据分析的重要步骤，通过合理的平滑处理，可以更好地理解和利用数据，为决策提供支持。

3.5.2　数据聚集

数据聚集可以通过数据立方体进行处理，数据立方体是一种数据表示和分析的工具，它将数据表示成多维的矩阵，可以对数据进行聚合运算，如计数、求和、计算平均值等。

某公司为了掌握各分店的销售情况，建立了销售数据库。该数据库涉及商品类别、地区、日期，以及商品名称、单价、数量、销售金额等维度，通过这些维度记录了每件商品的销售情况。多维数据模型通常围绕主题构建，一个主题是对数据某个或多个方面的聚集查询和分析。例如，销售情况可用销售额、销售量等事实来表示。数据库中的主题通过事实表进行表达，而事实表是用数值度量的，能够帮助用户分析各维度之间的关系。聚集后数据量会明显变少，如公司的销售数据按月份聚集后数据量就明显变少了，如图 3-6 所示。

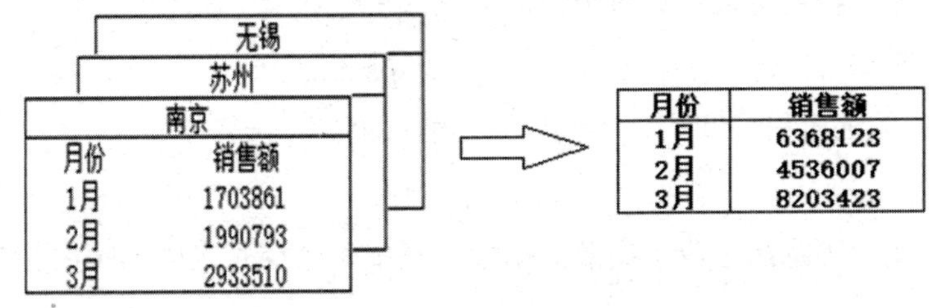

图 3-6　销售数据按月份聚集

数据立方体可以存放多维聚集信息，如对公司的销售数据从多维度进行分析时，可以将销售数据表示为如图 3-7 所示的销售数据立方体。

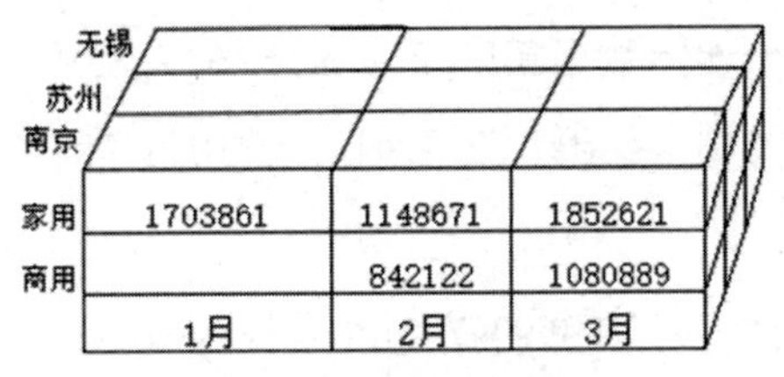

图 3-7　销售数据立方体

由于数据立方体提供了快速汇总、访问数据的功能，在查询聚集信息时可以使用。

3.5.3　数据离散化

连续属性的离散化是指在特定的连续属性范围内设置若干个离散的划分点，将属性范围划分为一些离散的子区间，使用不同的符号或整数值来表示每个子区间内的属性值。连续属性的离散化过程本质上是使用选定的断点划分由条件属性组成的空间的过程。常用的离散化方法有等宽法和等频法，还有聚类方法，如 k 均值聚类算法等。

1）等宽法

等宽法（Equal-spacing Method）是一种数据离散化的方法，它根据数据值之间的距离来创建等宽的离散区间。具体而言，等宽法通过计算连续数据集中两个相邻值之间的距离（如标准差），并将其除以一个固定的间隔，从而创建离散区间。

例如，假设我们有一个连续数据集[1, 2, 3, 4, 5, 6, 7, 8, 9, 10]（所有值都是正数），我们希望将其离散化为 5 个类别（如[0, 1, 2, 3, 4]）。使用等宽法，先计算连续数据集中的最大值和最小值，在本例中分别为 10 和 1，然后计算最大值与最小值之间的距离：

$$\text{delta} = \max - \min$$

在本例中，delta 为 9。接下来，我们需要选择一个间隔（Spacing），使每个离散区间的大小相等。在本例中，我们可以将间隔设置为数据集大小的 1/10 左右。因此

$$\text{Spacing} = 0.1$$

通过以下公式，我们可以计算每个离散区间的上限：

$$\text{limit} = \min + (i * \text{Spacing})$$

式中，i 是离散区间的索引。我们将得到以下离散区间：

$$[0, 1, 2, 3, 4]$$

至此，我们使用等宽法生成了离散数据集，其中每个类别之间的宽度相等。

2）等频法

等频法（Equally-spaced Method）也是一种数据离散化的方法，它根据数据之间的频率间隔创建等宽的离散区间。等频法通过计算得到连续数据集的频率分布，并根据频率分布创建离散区间来离散化数据。

例如，假设我们有一个连续数据集[1, 2, 3, 4, 5, 6, 7, 8, 9, 10]（所有值都是正数），我们希望将其离散化为 5 个类别（如[0, 1, 2, 3, 4]）。使用等频法，先计算连续数据集的频率分布：

$$\text{frequency} = [3, 2, 1, 2, 4]$$

式中，frequency[i]表示第 i 个数据出现的次数。我们发现数据集中共有 10 个数据，其中 5 个数据出现了频率。在这种情况下，我们可以根据以下频率分布创建离散区间：

$$\{[0, 0, 0, 0], [1, 1, 1, 1], [2, 2, 2, 2], [3, 3, 3, 3], [4, 4, 4, 4]\}$$

至此，我们使用等频法创建了 5 个具有相同宽度的离散区间。

请注意，等宽法和等频法在某些机器学习应用中是有效的，但对于某些数据集，它可能导致过多的离散区间或类别。在选择离散化方法时，我们需要权衡不同的需求和约束。

总之，数据离散化在机器学习中具有重要的意义，通过将连续变量离散化为离散值，我们可以降低维度，降低噪声影响，提高模型的可处理性、计算效率及可解释性。

3.5.4 数据稀疏化

数据稀疏化（Sparsity）是指在数据集中，某些特征或样本出现的频次相对较少的现象。

在许多实际应用中，数据稀疏化问题非常普遍，特别是在处理图像、文本、音频、金融时间序列等数据类型时。数据稀疏化可能导致训练过程中的过拟合或欠拟合问题，因此，在处理稀疏数据时需要采取一定的方法来解决这些问题。以下是一些常见的解决数据稀疏化问题的方法。

加权方法：在训练过程中，对稀疏特征或样本给予更多的权重，使其在优化过程中得到足够的重视。例如，可以为这些样本分配更高的学习率或增加其在损失函数中的权重。

正则化方法：在训练模型时添加正则项，以防止过拟合并鼓励模型使用更多的特征。常见的正则化方法包括 L1 正则化（也称 LASSO 正则化）和 L2 正则化。正则化方法可以在优化过程中抑制稀疏特征的权重。

生成稀疏编码方法：采用编码方法，如线性编码（LLE）、非负矩阵分解（NMF）或奇异值分解（SVD）等，对稀疏数据进行聚类或特征分解。通过这种方式，我们可以从稀疏数据中提取出潜在的、有效的特征表示。

深度学习方法：卷积神经网络（CNN）、循环神经网络（RNN）和长短时记忆网络（LSTM）等深度学习方法可以有效地处理稀疏数据。这些方法可以在稀疏数据上表现出更强的特征表示能力，从而减轻数据稀疏化带来的问题。

集成学习方法：采用集成学习方法，如 Boosting、Bagging 或 Stacking 等，将多个模型结合在一起以获得更好的泛化能力。集成学习方法可以帮助我们在稀疏数据上训练出更具鲁棒性的模型。

总之，数据稀疏化问题在许多实际应用中都可能遇到，需要根据具体问题选择合适的解决方法。通过合理地处理数据稀疏化问题，可以提高模型的性能和泛化能力。

3.5.5　数据规范化

在数据分析的过程中，需要进行数据变换，确保数据满足一定的规范性要求，以降低数据挖掘的难度和计算成本。如果不进行数据变换，可能会遇到数据过于集中或特征难以提取的问题。数据变换的重点在于将数据进行规范化，常用的规范化方法有三种：最小-最大规范化、Z-Score 规范化和小数定标规范化。

1）最小-最大规范化

最小-最大规范化是一种常用的数据规范化方法，其基本思想是通过对原始数据进行线性变换，将数据映射到指定的空间范围内。

假设 $\min A$ 和 $\max A$ 分别为属性 A 的最小值和最大值。对属性 A 的任意一个取值 v，通过式（3-1）映射到指定的范围$[\text{new_min}A, \text{new_max}A]$内。

$$v' = \frac{v - \min A}{\max A - \min A}(\text{new\_max}A - \text{new\_min}A) + \text{new\_min}A \tag{3-1}$$

v'就在指定的范围$[\text{new_min}A, \text{new_max}A]$内了。

例 1 假定属性收入的最小值与最大值分别为 10000 元和 100000 元。要把收入映射到区间[0.0,1.0]内。根据最小-最大规范化方法，如果收入为 58000 元，通过最小-最大规范化，映射后的收入为

$$（58000-10000）/（100000-10000）\times（1-0）+0=0.533$$

最小-最大规范化保持原始数据之间的联系。如果今后的输入落在 A 的原始数据值域之外，该方法将面临“越界”错误。

2）Z-Score 规范化

Z-Score 规范化将数据转换为均值为 0、标准差为 1 的标准正态分布。这种方法的优点在于不受数据分布的影响，适用于处理偏态分布的数据。

Z-Score 规范化中，属性 A 的值基于属性 A 的所有取值的均值和标准差进行规范化。属性 A 的某个值 v 规范化为 v'，由式（3-2）计算：

$$v'=\frac{v-\overline{A}}{\sigma_A} \tag{3-2}$$

式中，$\overline{A}$ 和 σ_A 分别为属性 A 的均值和标准差。

例 2 假定属性收入的均值和标准差分别为 54000 元和 16000 元。使用 Z-Score 规范化，收入 58000 元转换后的值为

$$（58000-16000）/54000=0.778$$

当属性 A 的实际最大值和最小值未知，或离群点影响了最大-最小规范化时，该方法是有用的。

3）小数定标规范化

小数定标规范化是一种比较简单的方法，它通过改变数据的整数和小数位数来达到规范化的目的。小数点的移动位数依赖于属性 A 的最大绝对值。这种方法的优点在于实现起来较为简单，但是对一些数据的极值处理能力较弱。

属性 A 的值 v 规范化后为 v'，由式（3-3）计算：

$$v'=\frac{v}{10^j} \tag{3-3}$$

式中，j 是使得 $\max(|v'|)<1$ 的最小整数。

例 3 假定属性 A 的取值为−523～888。A 的最大绝对值为 888。使用小数定标规范化方法，用 1000（$j=3$）除每个值，这样，−523 被规范化为−0.523，而 888 被规范化为 0.888。

注意，规范化将改变原来的数据，特别是后两种方法。有必要保留规范化参数（如 Z-Score 规范化中的均值和标准差），以便将来的数据可以用相同的方式规范化。

在实际应用中，可以根据数据的特性和分析需求来选择合适的规范化方法。这三种方法在不同场景下各有优势，具体使用时需要根据实际情况进行选择。

总的来说，大数据预处理是一个复杂的过程，需要根据具体的业务需求和数据特性来

选择合适的处理方法。大数据预处理是一系列技术和步骤的组合，旨在改善数据质量，并为数据分析提供准确、一致且易于处理的数据。这一过程对于确保大数据分析结果的准确性和可靠性至关重要。

案例：NLP 技术在医疗数据清洗中的应用

某医院拥有大量的电子健康记录（EHR），这些记录包括病人的病历、检查结果、治疗方案等信息。然而，由于数据录入人员的不同，EHR 数据中存在拼写错误、格式不一致等问题，导致数据质量不高。这些问题不仅影响医疗决策的准确性，还可能导致病人治疗和护理方案的制订失误。因此，提高 EHR 数据的质量成为医院信息化建设中的一项重要任务。

为了提高 EHR 数据的质量，医院决定采用自然语言处理（NLP）技术进行自动化数据清洗。NLP 技术能够通过对大量文本数据进行训练，自动检测并修正拼写错误、语法错误及其他文本格式问题。此外，命名实体识别（NER）技术可以自动提取文本中的实体（如人名、地名、组织名等），并将其标准化，以确保数据的一致性。

在实际应用中，NLP 技术在医疗数据清洗中展现了巨大潜力。通过自动化的方式处理大量 EHR 数据，不仅提高了数据清洗的效率和准确性，还显著减少了人工干预。这为医院提供了更可靠的病人信息，支持更准确的医疗决策和病人护理。此外，自动化数据清洗技术也帮助医院在数据管理和分析方面实现了质的飞跃。请讨论如下问题：

1. 医院可以采用哪些 NLP 技术来自动清洗 EHR 数据？请详细说明这些技术的应用方法和优势。

2. 在 EHR 数据清洗过程中，如何处理数据中的缺失值和异常值？

3. 医院如何评估 NLP 技术在 EHR 数据清洗中的效果和质量？请描述评估标准和方法。

参考文献

[1] 李建敦. 大数据技术与应用导论[M]. 北京：机械工业出版社，2021.

[2] 黄寿孟，尤新华，黄家琴. 大数据应用基础[M]. 西安：西北工业大学出版社，2021.

[3] 邵维忠，刘军，王坚强. 大数据处理技术[M]. 北京：清华大学出版社，2015.

第 4 章

大数据分析

4.1 大数据分析概述

大数据分析通常涵盖多个关键步骤，这些步骤在明确问题和数据收集完成后，形成一套完整的大数据分析流程。大数据分析的通用流程及各个环节的主要工作如图 4-1 所示，数据预处理、探索性数据分析、模型建立及模型评估等步骤都具有关键作用，而且这些步骤通常需要多次迭代，以不断完善和改进模型，更好地解决实际问题。因此，大数据分析是一个持续的过程，需要不断地重复各步骤，以获得更好的结果。在上一章中，我们介绍了大数据的预处理，接下来，将对大数据分析涉及的其他环节进行详细介绍。

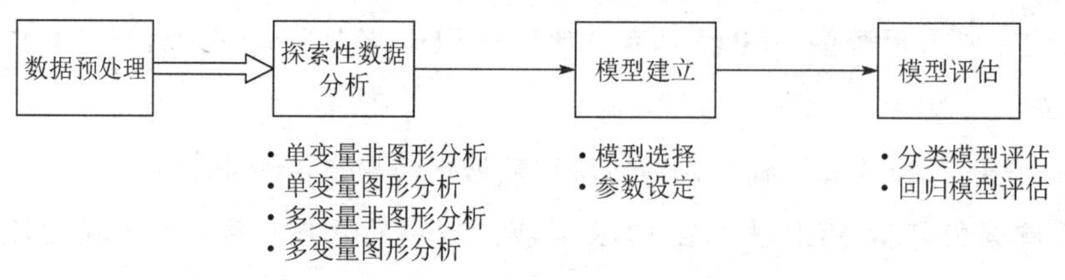

图 4-1　大数据分析的通用流程及各个环节的主要工作

4.1.1 探索性数据分析

在许多实际问题中，即使进行了数据清洗，数据仍然具有复杂性。为了深入理解数据的结构、特征和潜在模式，探索性数据分析（Exploratory Data Analysis，EDA）成为必不可少的步骤。EDA 通过图形等可视化手段对数据集进行探索和分析，主要用于深度了解数据集的变量及其之间的关系，有助于揭示数据的趋势、异常值、关联性和潜在问题，为进一步的数据处理和模型构建提供指导。此外，EDA 还有助于确定用于数据分析的统计技术是否合适。具体来看，EDA 可以分为以下四种主要类型。

1）单变量非图形分析

单变量非图形分析是最基础的数据分析形式，专注于对单个变量进行分析，不涉及图形展示的技术手段。这种分析主要依赖于统计指标和数学方法，以揭示单一变量的特征、分布和性质。

常见的单变量非图形分析方法包括描述性统计和统计检验。描述性统计利用基本的统计指标，如均值、中位数、标准差、最小值等来概括和描述单变量数据的中心趋势和分散程度。而统计检验则运用统计方法来评估单变量数据的某些性质，如是否符合特定分布或是否存在显著的偏差。

2）单变量图形分析

在单变量非图形分析中，非图形方法难以全面展示数据，因此图形方法不可或缺。常见的单变量图形包括茎叶图、直方图等。

（1）茎叶图。茎叶图将数据按照位数的不同划分为茎和叶，能够直观地展示数据的排列和分散情况。茎指的是数值的左边部分，通常包括数值的十位和百位；叶是数值的右边部分，通常包括个位；茎和叶都是按照从小到大的顺序排列的。假设有以下一组数据：23，37，41，42，45，46，47，48，51，53，这组数据的茎叶图如图 4-2 所示。

```
茎   | 叶
-----
2    | 3
3    | 7
4    | 1 2 5 6 7 8
5    | 1 3
```

图 4-2　茎叶图

茎叶图的优点在于简单易懂，同时保留了原始数据的信息。然而在处理大量数据时，茎叶图可能会显得烦琐。

（2）直方图。直方图特别适合展示连续变量的频率分布，图中的条形表示一系列值的频率或比例。如图 4-3 所示，横轴被划分为若干个等距的区间，每个区间通常称为一个“箱子”或“柱”；纵轴表示每个区间内数据的频率或相对频率。直方图能够直观展示数据的分布情况，包括集中趋势、离散程度和形状。例如，正态分布的直方图呈钟形，而偏斜分布的直方图则呈现出一侧较长的尾部。

3）多变量非图形分析

在多变量非图形分析中，通常通过交叉制表或统计方法展示两个或多个变量之间的关系。

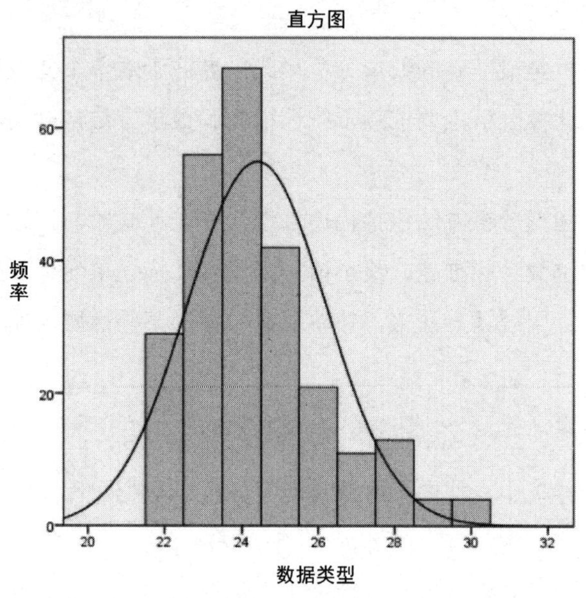

图 4-3 直方图

（1）交叉制表。交叉制表可以对两个或多个变量的交叉组合进行频数或百分比的统计，这有助于在不同变量之间发现关联关系。假设一个关于学生数据的调查收集了他们的性别和对某一门课程的满意度，可以通过交叉制表来分析这两个变量之间的关系，如表 4-1 所示。

表 4-1 学生性别与课程满意度交叉制表

性别	满意	不满意	总计
男	30	14	44
女	20	16	36
总计	50	30	80

（2）统计方法。在多变量非图形分析中可以应用统计方法。例如，Pearson 相关系数、Spearman 等统计指标常被用于相关性分析，以测量两个或多个连续变量之间的相关性。卡方检验也被用于检验两个或多个分类变量之间是否存在关联性。该方法通过比较实际观察到的频数与期望频数之间的差异，判断变量之间的独立性或关联性。

4）多变量图形分析

多变量图形分析通过图形展示两组或多组数据之间的关系，常见的方法包括分组条形图、散点图矩阵、雷达图等。

（1）分组条形图。在分组条形图中，变量的不同水平以不同颜色或模式进行区分，使观察者能够识别和比较不同组之间的差异，如图 4-4 所示。分组条形图可以直观地展示不同组之间的差异，帮助我们发现各组间的显著差异和趋势。

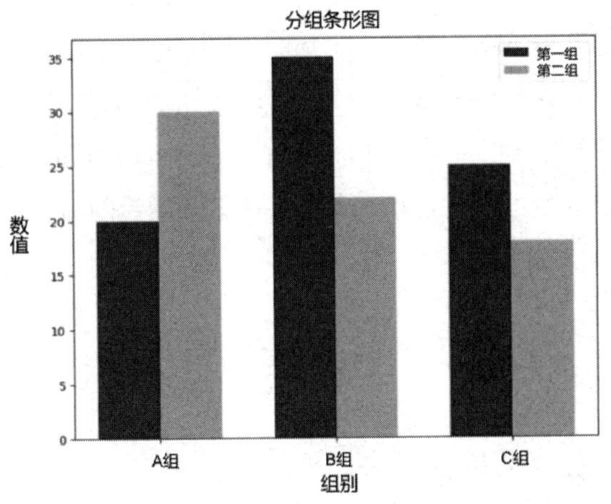

图 4-4　分组条形图

（2）散点图矩阵。散点图矩阵通过在一个矩阵中展示多个散点图，将两个变量之间的关系呈现出来。散点图显示了两个变量之间的散点分布，有助于观察变量之间的趋势、相关性及任何潜在的模式。图 4-5 所示的散点图矩阵为 Seaborn 库内置的 Iris 数据集中鸢尾花花萼和花瓣长宽特征之间的关系。散点图矩阵通常用于处理包含多个变量的数据集，它能够提供更为全面的视角，使我们更容易理解多个变量之间的相互作用。

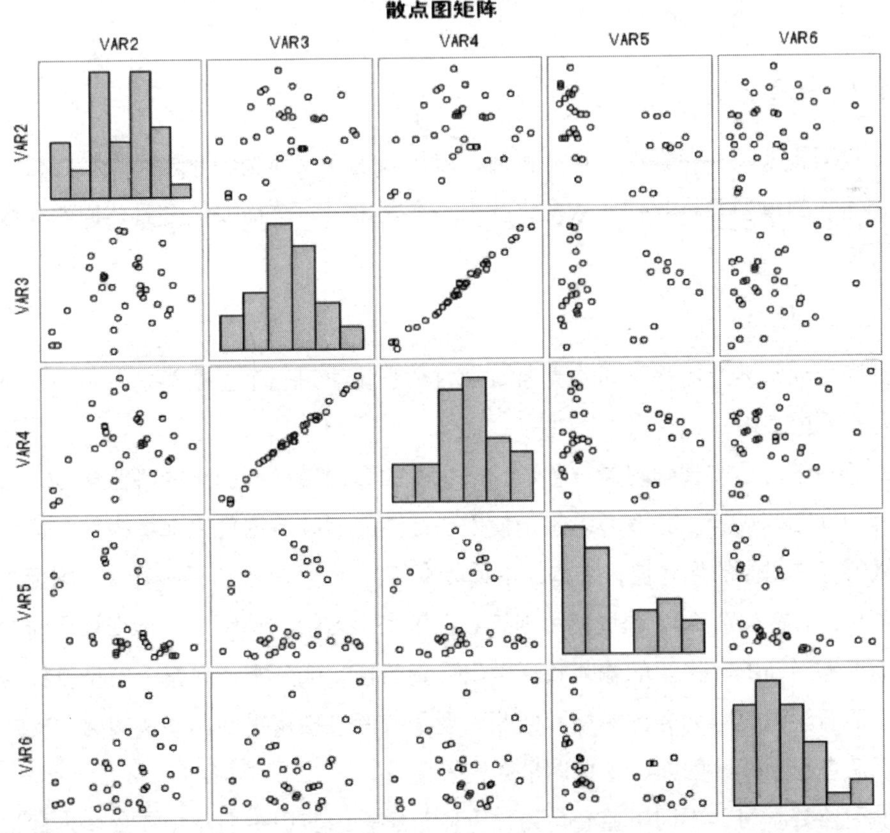

图 4-5　散点图矩阵

（3）雷达图。雷达图（Radar Chart）适合展示数据在多个维度上的相对表现，以及不同变量之间的差异和共性。如图 4-6 所示，雷达图以多边形的形式呈现，一条边表示数据的一个维度，而多边形的形状则反映了数据在各个维度上的取值情况。通过雷达图，我们可以对比不同组别在多个维度上的性能或特征，或者跟踪变量随时间或其他条件的变化趋势。

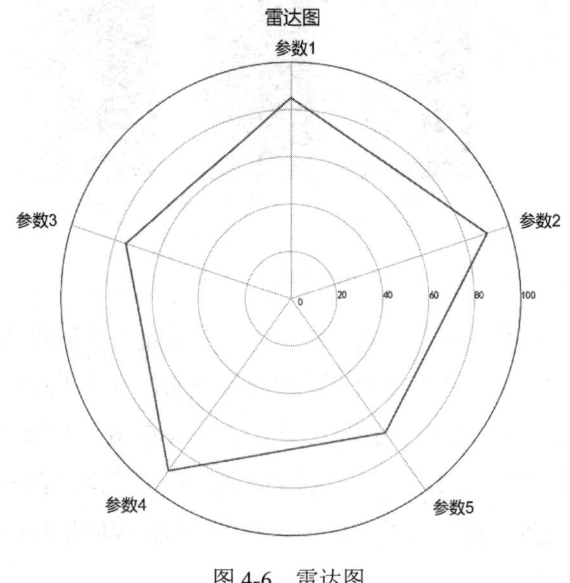

图 4-6　雷达图

4.1.2　模型建立

完成数据预处理和探索性数据分析后，就进入了建立模型的阶段。在构建模型的过程中，选择适当的模型并将其代入数据进行训练至关重要，这需要结合具体问题和数据的特征综合考虑。

1）模型选择

数据模型通常涉及监督学习、无监督学习和强化学习三个主要类别，它们在不同的场景下具有不同的应用。

（1）监督学习。监督学习是一种通过已标注的数据集进行训练的机器学习方法，广泛用于分类和回归等场景。其核心思想是使用已标注的训练数据集来训练模型，每个样本都包含输入特征（图像的像素值、文本的单词频率等），以及相应的目标标签（图像中物体的类别、文本的情感类别等），通过使用训练数据集来学习输入特征与目标变量之间的映射关系，从而能够对新的、未知的输入数据做出准确的预测或分类。通常，根据目标变量的数据类型，监督学习可分为分类模型和回归模型，前者包括逻辑回归、决策树、支持向量机等模型，后者包括线性回归、支持向量回归等模型。

（2）无监督学习。不同于监督学习，无监督学习的应用主要集中在处理未标记的数据集上，以探索数据中的潜在模式、结构或关系为目标，而无须事先定义目标变量。这一学习范式主要涵盖两大类型，即聚类和降维，这些方法有助于揭示数据的内在结构并简化数据表示。

- 聚类：其目标是将数据分成具有相似特征或属性的簇。在聚类过程中，算法通过分析数据的相似性，尝试将其划分成不同的组，常见的聚类算法包括 k 均值聚类和层次聚类等。
- 降维：其目标是通过保留数据的重要信息来减少数据的维度，解决维度灾难问题，并提高模型的计算效率。在降维过程中，主成分分析（PCA）和 *t*-分布邻域嵌入（*t*-SNE）等技术被广泛应用，它们能够将高维数据映射到较低维度的空间中，同时尽量保留原始数据的关键特征。

（3）强化学习。强化学习是一种目标导向的交互学习方法，旨在通过智能体与环境的相互作用，使智能体学会选择动作以最大化累积奖励，实现最佳长期目标。该方法主要应用于需要做出一系列决策的场景，如训练机器人完成各种任务。

强化学习的基本组成包括智能体（Agent）、环境（Environment）、状态（State）、动作（Action）及奖励（Reward）。智能体与动态环境进行交互，通过观察环境状态来做出决策并执行相应的动作。在智能体执行动作后，环境会返回一个奖励信号表示该动作的好坏，而智能体的目标就是通过选择动作最大化累积奖励。强化学习算法包括 Q-learning、深度 Q 网络（DQN）和策略梯度等，这些算法通过调整智能体的策略或价值函数，使其能够在环境中做出适当的动作。

2）参数设定

在构建模型的过程中，模型参数的设定和优化是一个关键问题。模型参数是需要从训练数据中学习得到的，而超参数则是需要手动设定的。模型参数的设定和优化旨在通过最小化目标函数，使得模型输出与实际观测数据之间达到最佳拟合，通过设定和优化超参数使模型在未见过的数据上具有最佳的泛化能力。常用的方法包括网格搜索、随机搜索和贝叶斯优化等。

（1）网格搜索。网格搜索通过遍历超参数的所有可能组合来寻找最优超参数。它先为每个超参数设定一组候选值，然后生成这些候选值的笛卡尔积（集合相乘），形成超参数的组合网格。接着，网格搜索会对每个超参数组合进行模型训练和评估，从而找到性能最佳的超参数组合。网格搜索计算量较大，仅适用于超参数数量较少的情况。

（2）随机搜索。与网格搜索不同，随机搜索不是对超参数的所有可能取值进行穷举，而是在超参数的取值范围内随机采样一定数量的点，然后对这些点进行评估，从而找到性能最佳的超参数组合。随机搜索适用于超参数数量较多的情况，计算量相对较小，但可能需要更多的迭代次数才能找到最优解。

（3）贝叶斯优化。贝叶斯优化是一种基于概率模型的全局优化方法，它通过构建目标函数的概率模型来寻找最优超参数。贝叶斯优化通过高斯过程回归来计算每个超参数组合的期望效果和不确定性，从而更快地找到最优的超参数组合。贝叶斯优化的优点是计算量较小，能够在有限的时间内快速找到较好的超参数组合。

4.1.3 模型评估

模型评估旨在对某一具体方法生成的最终模型进行评估，利用一系列指标和方法来衡量其泛化能力。在选择评价指标时，需要根据问题类型、类别的不平衡情况和评价需求进行选择，以便更好地理解模型性能并采取相应的优化措施。下面将分别讨论不同类别的模型评价指标的选择。

1）回归模型的评估

在回归模型的性能评价中，我们常使用多种指标来综合评估模型的准确性和拟合程度，这些指标包括均方误差、均方根误差、平均绝对误差、R^2 等。

（1）均方误差。均方误差（Mean Squared Error，MSE）是预测值与实际值之差的平方的平均值，MSE 越小，表示模型对数据的拟合效果越好。MSE 的计算公式为

$$\text{MSE}=\frac{\sum\left(y_i-\hat{y}_i\right)^2}{n}$$

式中，y_i 是实际值；$\hat{y}_i$ 是模型的预测值；n 是样本数量。MSE 越小，表示模型的预测越准确。

（2）均方根误差。均方根误差（Root Mean Squared Error，RMSE）是 MSE 的平方根，它与原始数据的单位相同，能够更直观地表示模型预测误差的大小。RMSE 越小，表示模型对数据的拟合效果越好。RMSE 的计算公式为

$$\text{RMSE}=\sqrt{\text{MSE}}=\sqrt{\frac{\sum\left(y_i-\hat{y}_i\right)^2}{n}}$$

（3）平均绝对误差。平均绝对误差（Mean Absolute Error，MAE）是预测值与实际值之差的绝对值的平均值。MAE 用于衡量模型在每个样本上的平均预测误差。MAE 的计算公式为

$$\text{MAE}=\frac{\sum\left|y_i-\hat{y}_i\right|}{n}$$

（4）R^2。R^2（决定系数，Coefficient of Determination）表示模型的拟合优度，它的取值范围是从 0 到 1，越接近 1 表示模型对数据的拟合效果越好，而越接近 0 表示模型解释数据变异性的能力越差。R^2 的计算基于总平方和（SST）和残差平方和（SSE），其公式为

$$R^2=1-\frac{\text{SSE}}{\text{SST}}=1-\frac{\sum\left(y_i-\hat{y}_i\right)^2}{\sum\left(y_i-\bar{y}_i\right)^2}$$

2）分类模型的评估

对于分类模型，在深入讨论其评价指标之前，理解四个关键概念至关重要，它们构成了分类模型性能评估的基础：真正例（TP，True Positive）、真负例（TN，True Negative）、假正例（FP，False Positive）、假负例（FN，False Negative）。如图 4-7 所示。

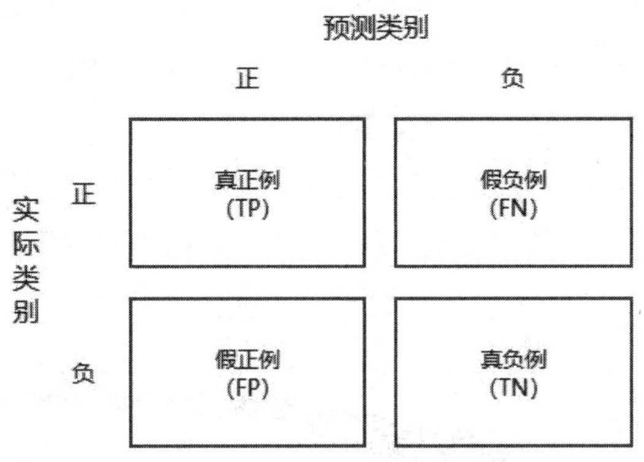

图 4-7　分类模型评估指标

- 真正例：模型成功地将实际正类别的样本正确分类为正类别的情况，它代表模型正确地识别了正类别样本。
- 真负例：模型成功地将实际负类别的样本正确分类为负类别的情况，它代表模型正确地排除了负类别样本。
- 假正例：模型将实际负类别的样本错误地分类为正类别的情况，它代表模型发生了误判。
- 假负例：模型将实际正类别的样本错误地分类为负类别的情况，它代表模型未能检测到正类别样本。

一般情况下，采用多种通用评价指标来衡量分类模型的性能，其中包括精确度、召回率、准确率、F1 指数和 AUC 值等。

（1）精确度。精确度（Precision）表示模型正确预测正类别的能力，即真正例（TP）占所有模型预测为正类别的样本（TP+FP）的比例。其计算公式为 TP/(TP+FP)。精确度适用于需要降低假阳性率的情况。

（2）召回率。召回率（Recall）用于评估模型检测正类别样本的能力，即模型找到的真正例占所有实际正例的比例。其计算公式为 TP/(TP+FN)。召回率适用于关注少数类别或避免假阴性的情况。

（3）准确率。准确率（Accuracy）是一种常见的分类模型评价指标，即模型正确分类的样本数量占总样本数的比例。准确率的计算公式为(TP+FN)/(TP+FN+FP+FN)。这个指标适用于问题的类别平衡，用于评估模型正确分类的程度。

（4）F1 指数。F1 指数（F1-Score）综合考虑了精确度和召回率，是它们的调和平均值。这个指标用于全面评估模型的性能，特别是在需要平衡精确度和召回率的问题中。其计算公式为 $F1\_Score = 2\times(Precision\times Recall) / (Precision + Recall)$。

（5）AUC 值。AUC（Area Under the ROC Curve）值通常通过绘制接收者操作特征曲线（ROC 曲线）来计算。ROC 曲线如图 4-8 所示，其以真正例率（True Positive Rate，又称召回率）为纵轴，以假正例率（False Positive Rate）为横轴，反映了在不同分类阈值下模型的性能。AUC 值表示 ROC 曲线下的面积，其取值范围为 0～1。AUC 值越大，说明模型在不同阈值下的性能越好。对于二元分类问题，AUC 值是一个很好的评价指标，适用于类别不平衡的情况。在 AUC 值较高的情况下，模型在不同阈值下能够保持较好的性能，能有效区分正类别和负类别。

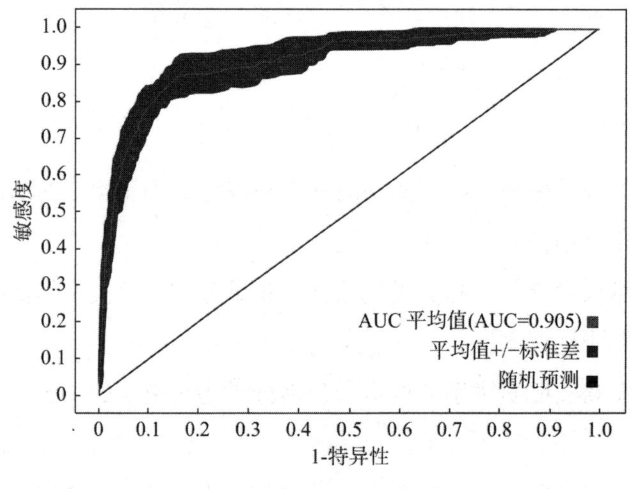

图 4-8　ROC 曲线

3）强化学习的评估

强化学习的评价指标主要用于衡量智能体在与环境的交互中学到的策略的性能，评价指标的选择取决于具体问题和应用场景。以下是一些常见的强化学习的评价指标。

（1）累积奖励。

累积奖励（Cumulative Reward）是智能体在一个序列动作中获得的奖励的总和。在强化学习中，优化累积奖励是一种常见的目标，它反映了智能体在环境中实现长期目标的能力。

（2）价值函数。

价值函数（Value Function）用于评估在给定状态或状态-动作对下的长期累积奖励，有助于智能体判断在特定情境下应该采取何种策略。

（3）收敛速度。

收敛速度（Convergence Speed）是强化学习算法形成稳定策略所需的时间或迭代次数，

通常希望算法能尽快收敛到最优策略。

（4）样本效率。

样本效率（Sample Efficiency）代表了智能体从有限的训练数据中学到有用策略的能力。在某些实际应用场景中，训练数据可能非常有限，因此，算法需要尽可能高效地利用这些数据进行学习。算法的样本效率较高意味着智能体可以在较少的数据和环境交互中学到较好的策略。

（5）稳定性和鲁棒性。

稳定性和鲁棒性（Stability and Robustness）用于衡量智能体在不同环境条件下的表现的一致性。稳定性是指智能体在不同运行环境下，能够持续获得较高的累积奖励或保持较优的策略。鲁棒性则强调智能体在面对噪声、随机事件或环境变化时，仍能做出合理决策并保持较好的表现。

（6）泛化能力。

泛化能力（Generalization Ability）是指智能体在未见过的环境或任务中保持良好表现的能力。它反映了智能体是否能够将训练中学到的策略应用到不同的环境或变化的条件下，从而在新的环境中有很好的表现。

4.2　回归模型

4.2.1　回归模型概述

大数据分析技术广泛应用于各个领域，其中一个关键分支是回归模型。回归模型是一种用于预测数值型输出的机器学习算法，属于监督学习的范畴。该模型是一项预测建模技术，其目标是研究因变量与自变量之间的关系。回归模型在预测、时间序列建模及探索变量间因果关系等领域得到了广泛的应用。

回归模型与分类模型形成对应，它们的主要区别在于处理的目标变量 y 的数据类型不同。如果目标变量 y 是分类变量，如性别（男、女）、月季花的颜色（红、白、黄等）或是否患有肺癌（是、否），则使用分类模型来拟合训练数据并进行预测。如果目标变量 y 是连续变量，如用户的收入（4000 元、8000 元等）、员工的通勤距离（500 米、1 千米等）或患肺癌的概率（1%、50%、99%等），则需要采用回归模型进行预测。

图 4-9 所示的回归模型示例展示了一种使用曲线拟合离散数据点的情景，在这个过程中，通过调整曲线使得所有离散数据点与拟合曲线对应位置的差值之和最小化。这种最小化差值的方法有助于确定最佳拟合曲线，从而更好地描述变量之间的关系。

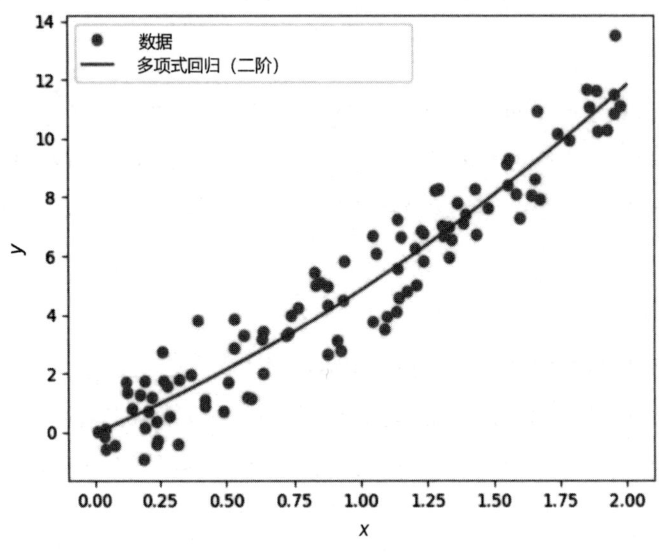

图 4-9 回归模型示例

回归模型不仅可以揭示因变量和自变量之间的关系，还可以展示多个自变量对一个因变量影响程度的大小。除此之外，回归模型允许比较在不同尺度上测量的变量对因变量的影响，如价格变化和促销活动数量的影响。这种比较有助于市场研究者和数据科学家评估选择最佳的变量集，以建立更准确的预测模型。

回归模型的应用非常广泛，只要有连续型数值型标签的预测需求，就可以使用回归模型进行预测，其中一些典型的应用如下。

- 金融预测：在金融领域，回归模型可用于股票价格、汇率变动、贷款违约预测等。通过分析历史数据，回归模型可以帮助金融分析师制定更准确的决策。
- 医学研究：在医学领域中，回归模型可用于预测病人的患病风险、药物疗效、生存期等。医学研究人员可以利用回归模型挖掘大规模的医疗数据，以提供更好的医疗建议。
- 市场分析：在市场研究中，回归模型可用于分析消费者行为、市场趋势和产品定价，这有助于企业更好地了解其目标市场并制定更有效的市场策略。
- 气象预测：气象学家可以使用回归模型来分析气象数据，计算天气变化和发生自然灾害的概率，提高灾害预警系统的准确性。

常见的回归模型算法有线性回归、支持向量回归、Ridge 回归、Lasso 回归和时间序列回归等，如何选择合适的回归算法取决于具体问题的性质和数据的特点。

4.2.2 线性回归

线性回归（Linear Regression）通过最小二乘法使用线性回归方程对一个或多个自变量与因变量之间的关系进行建模，常用于预测问题，例如，对房屋价格、销售量、温度等连续变量进行简单预测。此外，线性回归也适用于探索两个或多个变量之间的线性关系，以及分析数据趋势等。需要注意的是，使用线性回归模型的前提是假设因变量和自变量之间呈线性关系；如果两者不是线性关系，则需要选择其他合适的模型。

线性回归的基本思想是通过一个线性方程来建立因变量和自变量之间的关系。该方程的系数通过最小化观测值与模型预测值之间的残差平方和来确定，即采用最小二乘法确定。线性回归方程由一个或多个称为回归系数的模型参数线性组合而成，在只涉及一个自变量的情况下，被称为一元线性回归，而涉及多个自变量时，则被称为多元线性回归（Multivariable Linear Regression）。

一元线性回归可以用以下方程表示：

$$y = wx + b$$

同理，多元线性回归可以用以下方程表示：

$$\boldsymbol{y} = w_1x_1 + w_2x_2 + \cdots + w_nx_n + b = \boldsymbol{w}^{\mathrm{T}}\boldsymbol{x} + b$$

式中，$w_1, w_2, \cdots, w_n$ 是回归系数；$x_1, x_2, \cdots, x_n$ 是自变量；b 是截距。

以一元线性回归为例，在给定参数 w 和 b 的情况下，这个方程代表一条直线，可以在坐标图中描绘出来，如图 4-10 所示。一元线性回归就是要找一条直线，并且让这条直线尽可能地拟合图中的样本点。

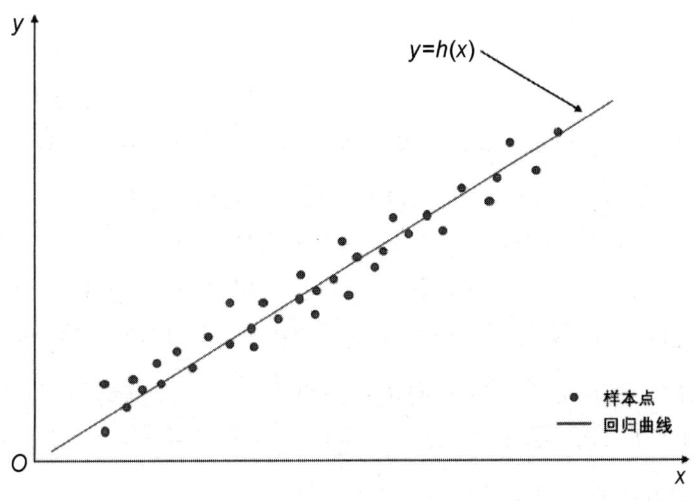

图 4-10　一元线性回归

确定最适当的拟合直线时，关键问题之一是选择合适的评价指标来评估线性回归的表现。通常，模型的性能通过损失函数进行评估，而在线性回归问题中，最常用的评价指标是均方误差（MSE）。均方误差越小，表示模型的预测越接近实际观测值，因此在选择最适当的拟合直线时，可以通过调整模型参数来使均方误差最小化，这就是线性回归中常见的最小二乘法所追求的目标。确定最优参数 w 和 b 的公式如下：

$$\left(w^*,b^*\right)=\arg\min_{(w,b)}\sum_{i=1}^{m}\left(y_i-\hat{y}_i\right)^2$$
$$=\arg\min_{(w,b)}\sum_{i=1}^{m}\left(y_i-wx_i-b\right)^2$$

通过最小化均方误差，我们能够找到最优的线性回归模型，使其对数据的拟合效果最好。利用最小二乘法可以很方便地求得未知的数据，并使得这些求得的数据与实际数据之间误差的平方和最小。最小二乘法的矩阵解法就是分别对参数求偏导数，令偏导数为 0，再解方程组，这样得到的参数就是线性回归模型的最优参数。

$$\frac{\partial L}{\partial w}=-2\sum_{i=1}^{n}(y_i-wx_i-b)x_i=0$$
$$\frac{\partial L}{\partial b}=-2\sum_{i=1}^{n}(y_i-wx_i-b)=0$$

式中，L 表示最小二乘法的损失函数。

求解以上方程组，即可得到最优的回归参数 w 和截距 b。通过这些参数，我们可以得到最优的拟合直线，用于预测和分析数据。多元线性回归参数的推导同理，分别对参数求偏导，求解方程组即可。

4.2.3 支持向量回归

支持向量回归（Support Vector Regression，SVR）是一种基于支持向量机（Support Vector Machine，SVM）的回归方法。支持向量机作为一种强大的机器学习工具，主要用于解决分类问题，但同样可以应用于回归任务，形成了支持向量回归方法。

线性回归和支持向量回归都是处理回归问题的方法，但它们在工作原理和性能方面存在差异。传统的线性回归方法仅在回归函数 $f\left(x\right)=y$ 时才被视为预测正确，否则需要计算相应的损失；而支持向量回归则采用一种更宽松的标准，只要 $f\left(x\right)$ 与 y 的偏离不过大，就认为预测是正确的。具体而言，支持向量回归引入了一个容忍偏差 ε，只计算那些满足 $\left|f\left(x\right)-y\right|>\varepsilon$ 的数据点的损失。在支持向量回归中，只要数据点位于虚线内部，就认为预测是正确的，不计算其损失，只计算虚线外部数据点的损失。

间隔最小化是支持向量回归的核心思想，即找到一个超平面，使得所有数据点的函数间隔之和最小。在这一过程中，核函数发挥着至关重要的作用。核函数的作用是将输入数据从原始的特征空间映射到高维的特征空间，从而使数据在高维空间中更容易找到线性可分的超平面。核函数的引入使得支持向量回归可以处理非线性的关系，而不需要在高维空间中进行显式计算，从而避免了维度灾难和计算复杂度的问题。常见的核函数类型如下。

- 线性核函数：线性核函数在原始特征空间中执行线性回归，适用于线性可分的情况，特别是在特征空间不是很大时。它在计算上相对简单，但对于非线性问题表现较差。

- 多项式核函数：多项式核函数引入了多项式项，将数据映射到多项式特征空间，使支持向量回归能够处理多项式关系。这个核函数适用于某些非线性问题，但在高维空间中可能导致计算复杂度增加。
- RBF 核（高斯径向基核）函数：RBF 核函数将数据映射到无限维度的特征空间，适用于复杂的非线性关系。

运用不同核函数的支持向量回归效果如图 4-11 所示。这些核函数提供了不同的非线性变换方式，使得支持向量回归能够更灵活地适应不同类型的数据。在实践中，选择合适的核函数对支持向量回归的性能至关重要。不同的问题可能需要尝试不同的核函数和参数组合，以找到最适合数据分布和模型任务的配置。通常情况下，RBF 核函数是一个通用的选择，但在特定情境下，其他核函数可能表现更好。

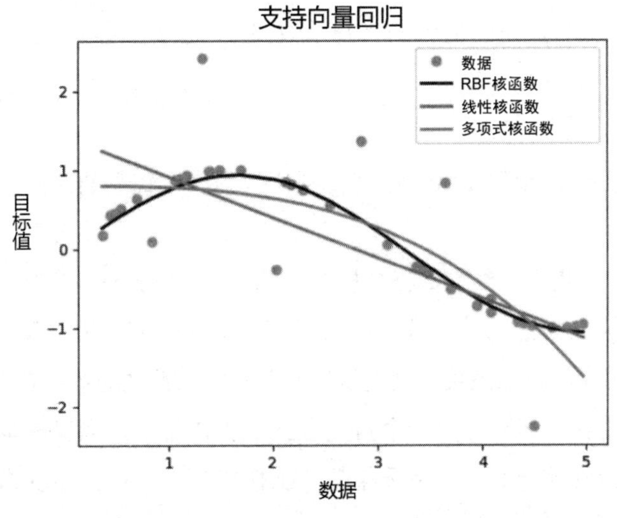

图 4-11　运用不同核函数的支持向量回归效果

支持向量回归的工作原理表明，支持向量回归更关注异常值的影响，因为它们可以影响间隔的位置。因此，支持向量回归更适用于存在离群值或噪声的数据集建模。通过引入容忍偏差，支持向量回归能够更灵活地适应数据的变化，使得模型更具鲁棒性，受异常值的影响较小。这使得支持向量回归成为处理复杂数据集和包含噪声的回归问题的有力工具。

4.2.4　岭回归和 LASSO 回归

岭回归和 LASSO 回归是用于应对线性回归模型过拟合问题的两种常见正则化方法。在机器学习中，正则化是一种有效的技术，其目的是控制模型的复杂性，减小过拟合的风险。正则化通过在损失函数中引入惩罚项，限制模型参数的增长，从而提高模型的泛化能力。岭回归和 LASSO 回归都在损失函数中添加了正则化项，但它们采用不同的正则化策略。其中，岭回归采用 L2 正则化，通过对系数的大小进行惩罚，使得系数趋向于均匀分布，降低模型对噪声的敏感性；LASSO 回归采用 L1 正则化，通过对系数的绝对值进行惩罚，使得一些系数缩小到 0，实现特征选择。

1）岭回归

岭回归（Ridge Regression）的基本原理是在线性回归的损失函数中添加一个与系数大小的平方成正比的惩罚项，这种惩罚使得系数趋向于均匀分布，避免了某些系数过大导致的过拟合问题。同时，岭回归也可以有效处理多重共线性问题，即特征之间存在极大相关性的情况。岭回归损失函数的公式如下：

$$L(\boldsymbol{\beta})=\sum_{i=1}^{N}\left(y_i-\boldsymbol{X}_i^{\mathrm{T}}\boldsymbol{\beta}\right)^2+\lambda\sum_{j=1}^{p}\beta_j^2$$

式中，$L(\boldsymbol{\beta})$ 是岭回归的损失函数；N 表示样本数量；y_i 是第 i 个样本的目标变量；$\boldsymbol{X}_i$ 是第 i 个样本的特征向量；$\boldsymbol{\beta}$ 是待估计的回归系数向量；p 是特征的数量；λ 是正则化参数。岭回归引入正则化项 $\lambda\sum_{j=1}^{p}\beta_j^2$，其中，$\beta_j$ 表示回归系数向量中第 j 个系数，以平方和的形式对系数进行惩罚；正则化参数 λ 用于控制正则化的强度，较大的 λ 值会导致更强的正则化效果。

岭回归是一种专门用于共线性数据分析的有偏估计回归方法，它是对最小二乘法的一种改良。通过放弃最小二乘法的无偏性，岭回归在损失部分信息、降低精度的代价下，获得了更为符合实际、更可靠的回归系数。这使得岭回归对病态数据的拟合表现优于最小二乘法。

假设一个自变量代表年龄，另一个自变量代表工作年限，因变量是收入水平。尽管通过最小二乘法可以得到唯一解，但由于年龄和工作年限之间存在高度相关性，两者可能会相互抵消彼此的效应。例如，将年龄设为一个很大的正数，同时将工作年限设为一个绝对值很大的负数，这样对因变量的影响可能不会太大。这可能导致在不同人群中拟合出的模型参数存在显著差异，从而降低模型的可解释性。为了解决这个问题，最简单的方法是引入一些限制条件，例如，让年龄和工作年限之间的系数之和保持在一个较小的范围内。岭回归正是通过添加 L2 正则化项，对模型参数进行限制，使得参数的变化幅度尽可能小。这一过程有效地减缓了共线性引起的系数膨胀，提高了模型的稳定性和泛化能力。

2）LASSO 回归

LASSO（Least Absolute Selection and Shrinkage Operator，最小绝对值选择与收缩算子）回归是处理复共线性数据的一种有偏估计方法，作为一种压缩估计方法，LASSO 回归通过构建惩罚函数，得到一个更为简洁的模型。该方法通过强制设定一些回归系数的绝对值之和小于某个固定值，并将一些回归系数设定为 0 来实现对模型的精简。

LASSO 回归的优化目标是在线性回归的损失函数中添加一个与系数绝对值的总和成正比的惩罚项，这种惩罚使得一些系数缩小到 0，从而实现特征选择。这意味着 LASSO 回归可以自动选择最重要的特征，并忽略那些对结果影响不大的特征。由于 LASSO 回归的特性，它在处理高维数据时非常有用，能够有效地降低维度并提高模型的可解释性。这种方法还有助于防止过拟合，并能更好地适应噪声较多的数据。LASSO 回归的损失函数如下：

$$L(\boldsymbol{\beta})=\sum_{i=1}^{N}\left(y_i-\boldsymbol{X}_i^{\mathrm{T}}\boldsymbol{\beta}\right)^2+\lambda\sum_{j=1}^{p}\left|\beta_j\right|$$

式中，$L(\boldsymbol{\beta})$ 是 LASSO 回归的损失函数；N 表示样本数量；y_i 是第 i 个样本的目标变量；$\boldsymbol{X}_i$ 是第 i 个样本的特征向量；$\boldsymbol{\beta}$ 是待估计的回归系数向量；p 是特征的数量；λ 是正则化参数；β_j 是回归系数向量中第 j 个系数。由于 L1 正则化项的存在，LASSO 回归的求解相比普通线性回归更为复杂，常用的求解方法包括坐标下降法和最小角回归法等。这些方法通过迭代更新系数来逐步降低目标函数的值，直到收敛到最优解。

LASSO 回归的优势在于能够生成完整路径的分段线性结果，这在模型交叉验证中具有重要意义。然而，LASSO 回归对样本噪声极为敏感，在面对含有噪声或较弱信号的数据时，LASSO 回归可能导致模型系数的不稳定性，因此在应用时需要谨慎权衡其优点和局限性。

4.2.5 时间序列回归

时间序列回归专门用于处理时间序列数据，并通过考虑时间的变化来进行预测或建模，适用于按时间顺序排列的数据，其中变量的取值取决于时间，如每日的天气、周期性的销量等。常见的时间序列模型包括自回归模型（AR）、移动平均模型（MA）、自回归移动平均模型（ARMA）、自回归积分移动平均模型（ARIMA），以及更高级的模型如季节性时间序列模型（SARIMA）和深度学习中的长短时记忆网络（LSTM）模型等。模型的选择通常取决于数据的性质和分析的目的。

1）自回归模型

自回归模型（AR）基于同一变量 x 在之前各期（从 x_1 到 x_{t-1}）的观测值建立线性关系，以预测当前期的观测值 x_t。这种模型的命名源于其发展自回归分析中的线性回归，不同之处在于该模型不是用变量 x 预测变量 y，而是用变量 x 预测自身，因此被称为自回归模型。

在 AR(p)模型中，当前时刻 y_t 的值被表示为过去 p 个时刻 $y_{t-1},y_{t-2},\cdots,y_{t-p}$ 的线性组合，加上一个误差项 ε_t：

$$y_t=c+\phi_1 y_{t-1}+\phi_2 y_{t-2}+\cdots+\phi_p y_{t-p}+\varepsilon_t$$

式中，c 为常数项，表示模型的截距；$\phi_1,\phi_2,\cdots,\phi_p$ 表示过去时刻观测值的权重；ε_t 为白噪声误差项，表示当前时刻观测值无法由过去时刻的观测值完全解释的随机部分。

自回归模型的有效性在于其自相关性，适合对与自身前期相关性较高的经济现象进行预测，如受自身历史因素影响较大的矿产开采量、各种自然资源产量等。如果自相关系数 R 小于 0.5，则不宜采用自回归模型。

2）移动平均模型

移动平均模型（MA）也是时间序列分析中常用的基本模型，其核心思想是基于过去的白噪声误差项的线性组合来预测当前时刻的观测值。它是一种简单平滑的预测技术，用于消除预测中的随机波动。

在 MA(q)模型中，当前时刻 y_t 的值被表示为过去 q 个时刻 $\varepsilon_{t-1},\varepsilon_{t-2},\cdots,\varepsilon_{t-q}$ 的线性组合，加上一个常数项和可能的过去观测值：

$$y_t = c + \varepsilon_t + \theta_1\varepsilon_{t-1} + \theta_2\varepsilon_{t-2} + \cdots + \theta_q\varepsilon_{t-q}$$

式中，c 是常数项，表示模型的截距；ε_t 为当前时刻的白噪声误差项；$\varepsilon_{t-1},\varepsilon_{t-2},\cdots,\varepsilon_{t-q}$ 表示过去时刻的白噪声误差项；$\theta_1,\theta_2,\cdots,\theta_q$ 表示过去时刻白噪声误差项的权重。

移动平均模型通常用于对周期性或短期波动的影响进行建模，尤其是存在明显的白噪声误差项时，而对长期趋势的捕捉能力相对较弱。在实际应用中，常常将移动平均模型与自回归模型结合，形成自回归移动平均模型，以综合考虑长期和短期的影响。

3）自回归移动平均模型

自回归移动平均模型（ARMA）是一种用于分析时间序列数据的统计模型，结合了自回归模型和移动平均模型的特性。ARMA 模型能够同时考虑过去观测值和白噪声误差项的影响，从而更全面地捕捉时间序列数据的特性。

在 ARMA(p,q)模型中，当前时刻 y_t 的观测值可以被表示为过去 p 个观测值和过去 q 个白噪声误差项的线性组合，加上一个常数项 c：

$$y_t = c + \phi_1 y_{t-1} + \phi_2 y_{t-2} + \cdots + \phi_p y_{t-p} + \varepsilon_t + \theta_1\varepsilon_{t-1} + \theta_2\varepsilon_{t-2} + \cdots + \theta_q\varepsilon_{t-q}$$

所有变量的含义同上。

ARMA 模型适用于展现趋势、季节性和周期性的时间序列数据，然而在一些情况下，ARMA 模型可能无法有效地捕捉非线性关系或特别复杂的时间序列结构，需要使用非线性模型、神经网络模型等更高级别的模型。

4）自回归积分移动平均模型

自回归积分移动平均模型（ARIMA）结合了自回归模型（AR）、差分运算和移动平均模型（MA）的特性，被广泛用于处理非平稳时间序列数据。通过对数据进行差分运算，将非平稳时间序列转换为平稳时间序列，然后应用 ARMA 模型。

在 ARIMA(p, d, q)模型中，p 表示自回归部分的阶数，d 表示差分运算的次数，q 表示移动平均部分的阶数，其数学表达式如下：

$$y'_t = c + \phi_1 y'_{t-1} + \phi_2 y'_{t-2} + \cdots + \phi_p y'_{t-p} + \varepsilon_t + \theta_1\varepsilon_{t-1} + \theta_2\varepsilon_{t-2} + \cdots + \theta_q\varepsilon_{t-q}$$

式中，y'_t 表示经过 d 次差分运算后的平稳时间序列，其余参数与 ARMA 模型相似。

ARIMA 模型的主要优点在于其灵活性和适用性，使其成为时间序列分析的重要工具之一。

5）季节性时间序列模型

季节性时间序列模型（SARIMA）是对 ARIMA 模型的扩展，专门用于处理季节性变化的时间序列数据。SARIMA 模型通过引入季节性差分，将 ARIMA 模型的趋势和周期特性扩展到具有固定季节性模式的数据。

在 SARIMA$(p, d, q)(P, D, Q)s$ 模型中，包含 ARIMA 模型的三个部分，以及季节性部分，其中 p、d、q 分别表示自回归、差分和移动平均的阶数，P、D、Q 分别表示季节性自回归、季节性差分和季节性移动平均的阶数，s 表示季节性的周期，即每个季节的长度，其数学表达式为

$$
\begin{aligned}
y_t' = {} & c + \phi_1 y_{t-1}' + \phi_2 y_{t-2}' + \cdots + \phi_p y_{t-p}' + \theta_1 \varepsilon_{t-1} + \theta_2 \varepsilon_{t-2} + \cdots + \theta_q \varepsilon_{t-q} + \Phi_1 y_{t-s}' + \\
& \Phi_2 y_{t-2s}' + \cdots + \Phi_p y_{t-Ps}' + \Theta_1 \varepsilon_{t-s} + \Theta_2 \varepsilon_{t-2s} + \cdots + \Theta_q \varepsilon_{t-Qs} + \varepsilon_t
\end{aligned}
$$

式中，$\Phi_1, \Phi_2, \cdots, \Phi_p$ 和 $\Theta_1, \Theta_2, \cdots, \Theta_q$ 表示季节性部分的参数，其余参数与 ARIMA 模型相似。

SARIMA 模型适合对时间序列数据中的季节性趋势进行建模和预测，例如，经济和销售数据中常常包含季节性波动，SARIMA 模型可以更准确地捕捉这些季节性变化。通过考虑季节性的影响，SARIMA 模型具有较好的准确性和预测能力。

4.3　分类模型

4.3.1　分类模型概述

分类模型属于监督学习的范畴，其主要目标是将输入数据映射到离散的输出空间，常通过训练算法来预测具有定性目标的结果，如是否有违约风险、病人的患病状态等。

根据输出类别的数量和性质，分类模型主要分为二分类、多分类和多标签分类三种。在二分类模型中，算法的任务是将输入数据映射到两个独立的离散输出类别，通常表示为正类别和负类别，广泛应用于解决具有两个互斥结果的问题，如判断电子邮件是否为垃圾邮件。多分类模型则扩展了这一概念，使算法能够将输入数据映射到多个离散的输出类别中，适用于涉及多个互不相容类别的问题，例如，手写数字识别中输入图像可能代表 0 到 9 中的任意一个数字。多标签分类模型可以处理更为复杂的情境，其输入数据可能与多个输出标签相关联。在这种模型中，一个数据点可以同时属于多个类别或拥有多个标签。典型的例子是图像标注，其中一张图像可能包含多个对象，每个对象都对应一个标签。在这种情况下，多标签分类模型需要能够识别图像中的各个对象，并为每个对象分配相应的标签。这种模型在处理复杂、多元素的输入数据时表现出色，为完成图像识别、自然语言处理等领域的任务提供了强大的工具。

在应用分类模型时，常常需要关注不均衡分类的问题。不均衡分类指的是在处理分类问题时，数据集中两个类别之间的数量存在显著差异，如出现 100∶1、1000∶1 甚至

10000∶1 的极端情况。在这种情况下，采用传统的分类算法可能出现偏差，因为它们更可能预测占主导地位的类别而忽略少数类别。以肿瘤检测的二分类问题为例，其目标是确定病人是否患有恶性肿瘤。在这种情况下，恶性肿瘤的正类别样本（患有肿瘤）通常相对较少，而负类别样本（未患有肿瘤）相对较多。由于正类别样本的极端稀缺，传统的分类模型可能更倾向于频繁地预测负类别，这可能导致模型在实际应用中不尽如人意，因为其对罕见事件的敏感性较低。

为了解决这个问题，可应用适用于不均衡分类的方法，如基于采样的算法，通过对数据进行欠采样或过采样来平衡不同类别的数量。欠采样通过减少多数类别的样本数量来平衡不均衡数据集，从多数类别中选择一部分样本，使得多数类别与少数类别的样本数量相近，从而减小模型对多数类别的偏向。过采样则通过增加少数类别的样本数量来平衡数据集，最常见的方法是在少数类别中复制或生成一些合成样本，使得两个类别的样本数量接近。选择欠采样还是过采样通常取决于具体的情况和数据集特性，有时候也会结合两种方法以获得更好的平衡效果。在实践中，可以通过交叉验证等方法来评估不同采样策略的效果，并选择最适合特定问题的方法。

分类模型在众多领域都有广泛应用，如金融、医疗、电子商务和社交网络等。以下是一些分类模型在不同领域的具体应用案例。

- 金融风控：可用于信用评分、欺诈检测和风险管理。例如，银行可以利用分类模型预测客户是否有违约风险，从而采取适当的风险控制措施。
- 医疗诊断：可用于疾病诊断、药物研发和医疗保险。医生可以利用分类模型判断病人是否患有特定疾病，从而制订相应的治疗方案。
- 电子商务：电子商务行业利用分类模型进行商品推荐、用户画像和广告投放。例如，向用户推荐相关商品，提高其购买率，并根据用户行为生成个性化的用户画像。
- 社交网络：分类模型可用于情感分析、用户分类和内容推荐。社交媒体平台可以借助分类模型分析用户的情感倾向，以更精准地为用户提供感兴趣的内容。

4.3.2 逻辑回归

逻辑回归（Logistic Regression）是一种广义的线性回归分析模型，虽然逻辑回归名称中出现了回归二字，但实际上是一种分类模型。由于其具有简单、可并行化的特性及高度可解释性，在工业界备受青睐。逻辑回归的核心思想是假设特征与概率的对数比值呈线性关系，以最终预测事件是否发生。对于二分类问题，逻辑回归模型的数学表示如下：

$$\log\left(\frac{p}{1-p}\right)=\beta_0+\beta_1x_1+\beta_2x_2+\cdots+\beta_nx_n$$

式中，p 表示事件发生的概率；$\frac{p}{1-p}$ 表示事件的发生比（Odds）；$\beta_0,\beta_1,\cdots,\beta_n$ 表示模型的

参数；$x_1, x_2, \cdots, x_n$ 表示输入特征。逻辑回归假设发生比是一个线性函数，而非概率本身是线性的。这是因为概率的取值范围是 $[0,1]$，而发生比的取值范围是 $[0,+\infty)$。

对以上方程求解，得到预测事件发生的概率公式：

$$p = \frac{1}{1+\mathrm{e}^{-(\beta_0+\beta_1 x_1+\beta_2 x_2+\cdots+\beta_n x_n)}}$$

式中，形如 $f(x)=\frac{1}{1+\mathrm{e}^{-x}}$ 的函数被称为 Sigmoid 函数。该函数曲线如图 4-12 所示。通过 Sigmoid 函数，$[0,+\infty)$ 区间的取值可以映射到 $[0,1]$ 区间中。

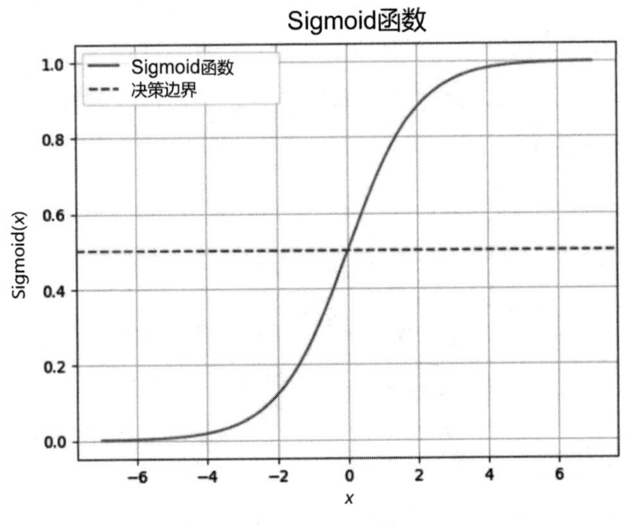

图 4-12　Sigmoid 函数曲线

逻辑回归的优化目标是通过最小化损失函数来调整模型参数，使模型能够更好地拟合训练数据并提高其在测试数据上的性能。常用的损失函数包括对数损失函数和交叉熵损失函数，对数损失函数的数学表示如下：

$$\text{Loss} = -\frac{1}{N}\sum_{i=1}^{N}\left\{y_i \log(\hat{p}_i) + (1-y_i)\left[1-\log(\hat{p}_i)\right]\right\}$$

式中，N 为样本数量；y_i 为真实标签；$\hat{p}_i$ 为预测的概率值。

逻辑回归使用最大似然估计来估计模型参数，目标是找到能最大化给定数据集上观测样本的联合概率的参数值，这等价于最大化观测样本的似然函数。为了进行实际的二分类预测，逻辑回归会设置一个概率阈值（通常为 0.5），将样本的概率值与该阈值进行比较，以确定样本属于哪个类别。如果概率值大于阈值，则将样本分为正类别，否则将样本分为负类别。在实际应用中，逻辑回归可用于解决各种二分类问题，如垃圾邮件识别、疾病诊断等。通过调整模型参数和进行特征选择等，可以进一步提高模型的性能。

4.3.3　支持向量机

支持向量机（Support Vector Machine，SVM）是一种强大的监督学习算法，广泛应用于分类和回归问题。其主要目标是在特征空间中找到一个划分超平面，以有效地将不同类别的样本分开。

支持向量机中超平面的选择需要考虑两个关键目标。首先，确保样本点集到此平面的最小距离尽可能大；其次，使得两个类别中的边缘点到该平面的距离最大化。这种双重优化的策略使得支持向量机能够在实现样本分类的同时具有较好的泛化性能，对新样本的分类更具鲁棒性。

如图 4-13 所示，假设超平面的方程为 $\boldsymbol{w}\cdot\boldsymbol{x}+b=0$，寻找最优超平面的目标是确定超平面方程中的参数 $\boldsymbol{w}$ 和 b，使得样本点到这个超平面的间隔最大化，从而有效地分隔不同类别的数据，其中，$\boldsymbol{w}$ 是法向量，b 是截距，$\boldsymbol{x}$ 是输入特征。在确定最优超平面的过程中，特定的样本点被标记为支持向量。这些支持向量是离超平面最近的样本点，对定义超平面和确定分类边界起到关键作用。

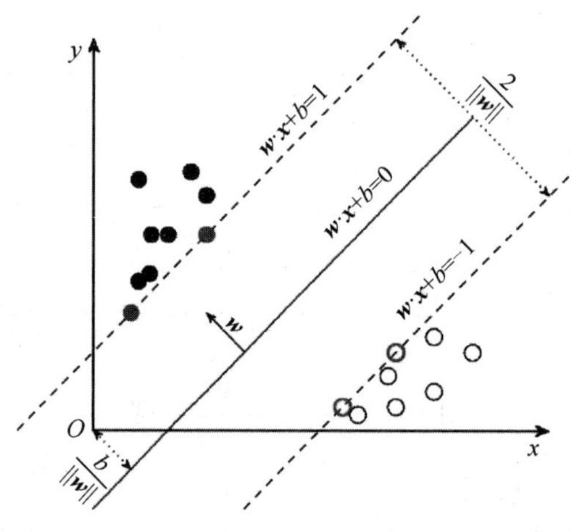

图 4-13　支持向量机原理

具体来看，支持向量机的优化问题可以形式化为凸二次规划问题，其目标是最小化 $\frac{1}{2}\|\boldsymbol{w}\|^2$ 以确定最大间隔超平面。同时，约束条件应确保每个数据点都被正确分类，并且位于相应的间隔边界上。优化问题可以表述为

$$\min_{\boldsymbol{w},b}\frac{1}{2}\|\boldsymbol{w}\|^2$$
$$s.t.\ \ y_i\left(\boldsymbol{w}\cdot\boldsymbol{x}_i+b\right)\geqslant 1,\quad i=1,2,\cdots,N$$

式中，N 为数据点的数量；y_i 是数据点 $\boldsymbol{x}_i$ 的类别标签，取值为 1 或−1。优化问题的求解通常涉及拉格朗日乘子和 KKT（Karush-Kuhn-Tucker）条件。通过求解拉格朗日乘子，可以得到最优超平面的参数 $\boldsymbol{w}$ 和 b，从而实现最大化分类间隔的目标。这一方法可以确保支持向量机在解决线性可分问题时能够找到最佳的划分超平面，以优化分类性能。

与支持向量回归相似，核函数是支持向量机的一项重要扩展，它使得数据能够在高维空间中进行分类。通过核函数，数据可以从低维空间映射到高维空间，从而实现非线性分

类。一些常见的核函数包括线性核函数、多项式核函数及 RBF 核（高斯径向基核）函数等。

总体而言，支持向量机是一种有效的监督学习算法，其主要目标是通过寻找最大间隔超平面来实现高效的分类。通过最大化间隔和引入核函数等手段，支持向量机展现了出色的性能。

4.3.4　决策树

决策树是一种基于树形结构的分类模型，其主要目标是通过学习从数据特征中推断出的简单决策规则，实现对新数据的有效分类。这一模型以其较强的可解释性和直观性著称，能够清晰地展示分类规则，因此在各种分类问题中得到了广泛应用。

决策树由节点组成，包括内部节点和叶节点。内部节点表示对某个特征的测试，而叶节点表示最终的决策结果。节点之间的连接被称为分支，代表了在决策过程中沿着某个特征进行的选择。决策树的根节点不包含任何特征的测试，代表整个数据集。从根节点开始，每个内部节点都选择一个特征，并根据该特征和相应的分割条件将数据划分成不同的子集。特征的选择通常基于某种度量，如信息增益（Information Gain）或基尼不纯度（Gini Impurity）。信息增益是信息论中的概念，描述了在得知某一特征的信息后数据不确定性的减小程度。对于每个特征，计算将数据集划分为不同类别所带来的信息增益，选择具有最大信息增益的特征作为划分依据，其公式如下：

$$\mathrm{IG}(D,A)=H(D)-H(D\mid A)$$

式中，D 表示当前数据集或数据子集；A 表示特定的特征或属性；$H(D)$ 表示数据集 D 的信息熵。

基尼不纯度则用于衡量数据集中不同类别样本的混合程度，值越低表示数据越纯。对于每个特征，计算在该特征下进行划分后各个子集的基尼不纯度，选择具有最小基尼不纯度的特征进行划分。其公式如下：

$$\mathrm{Gini}(D)=1-\sum_{i=1}^{k}(p_i)^2$$

式中，D 表示当前数据集或数据子集；k 表示类别的数量；p_i 表示第 i 类样本的比例。

在构建决策树的过程中，系统会遍历所有特征，并计算它们的信息增益或基尼不纯度，选择信息增益最大或基尼不纯度最小的特征作为当前节点的划分依据。这一过程会递归地应用于每个子节点，直到达到停止条件，如树的深度达到预定值或节点包含的样本数低于某个阈值。

图 4-14 所示是简化的决策树示例，用于预测一个人是否购买某种产品。首先，在决策树的根节点根据年龄将数据分为两组：年龄大于 30 岁的人和年龄小于等于 30 岁的人，其中小于 30 岁的人被直接判定为不购买产品。其次，在第一层的左侧子节点，根据收入进一步分割数据：低收入的人被判定为不购买产品，而高收入的人继续向下判断。最后，在第

二层子节点，根据受教育程度进一步分割数据：受教育程度低的人被判定为不购买产品，而受教育程度高的人被判定为购买产品。

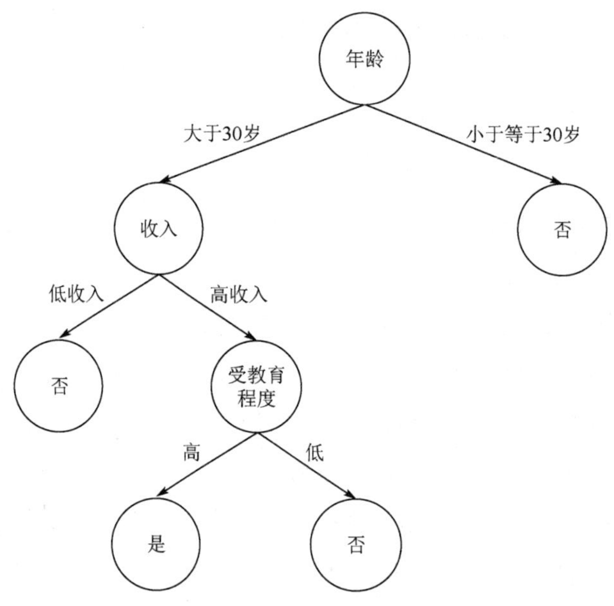

图 4-14　简化的决策树示例

决策树的缺点是容易在训练数据上过拟合，即模型在训练集上表现很好，但在新数据上的泛化性能较差。这是由于决策树容易受到训练数据中噪声的影响，且在训练数据上可以灵活地进行分支，每个特征都可以作为决策节点，导致模型的复杂度过高。为了避免过拟合，决策树通常采用剪枝或限制树的深度等方法来控制模型的复杂度。剪枝是通过去除决策树的一些分支或叶节点来减小树的复杂性的过程，有预剪枝（在构建树的过程中提前停止分支的生长）和后剪枝（在构建完整树后再去除部分分支）两种方式；而限制树的深度则是指设置树的最大深度，当树达到该深度时停止分支的生长。这些方法有助于提高决策树在新数据上的泛化能力，使其更具实际应用价值。

4.3.5　k 近邻

k 近邻（K-Nearest Neighbor，KNN）的核心思想是在特征空间中，如果一个样本附近的 k 个最近（特征空间中最邻近）样本中的大多数样本属于某一个类别，则该样本也被归为这个类别。

k 近邻模型的主要目标是确定给定查询点的最近邻，以便为该点分配适当的类标签。为了确定哪些数据点最接近给定查询点，需要计算查询点与其他数据点之间的距离。最为常用的距离度量是欧几里得距离，此外，曼哈顿距离、闵可夫斯基距离及汉明距离等也在一些场景中得到应用。距离度量方法的选择取决于具体问题和数据的性质，不同的度量方法可能对模型的性能产生显著影响。

- 欧几里得距离：最常用的距离度量，仅适用于实值向量。通过欧几里得距离公式，可以测量查询点和另一个点之间的直线距离。

$$d(x,y)=\sqrt{\sum_{i=1}^{n}(y_i-x_i)^2}$$

- 曼哈顿距离：另一种常用的距离度量，测量两点之间的绝对值，也称出租车距离或城市街区距离，常用于网格可视化。

$$d(x,y)=\sum_{i=1}^{n}|y_i-x_i|$$

- 闵可夫斯基距离：是欧几里得距离和曼哈顿距离的广义形式，其中参数 p 允许创建其他距离度量。当 p=2 时，表示欧几里得距离，而当 p=1 时，表示曼哈顿距离。

$$d(x,y)=\left(\sum_{i=1}^{n}|y_i-x_i|\right)^{1/p}$$

- 汉明距离：被称为重叠度量，通常与布尔向量或字符串向量一起使用，用于识别向量中不匹配的点。

$$d(x,y)=\sum_{i=1}^{n}(y_i\neq x_i)$$

除了对距离的度量，在 k 近邻算法中，参数 k 的设定决定了在确定特定查询点的分类时要考虑多少个邻居。例如，若 k=1，则该实例将被分配到与其最近的单个邻居所在的类别。对 k 值的选择可以看作一种权衡行为，当 k 值较小时，可能会出现较大的方差，而当 k 值较大时，可能会导致较高的偏差和较低的方差。因此，在选择 k 值时，需要仔细考虑模型的复杂性和泛化能力之间的平衡，以确保模型在新数据上表现良好。

不同 k 值下的 k 近邻模型应用案例如图 4-15 所示。该案例选择了不同的 k 值（2、3、4、5、6、7），分别构建对应的 k 近邻模型。每个模型先在测试集上进行预测，然后绘制出数据集的决策边界和样本点，以直观地显示模型的分类效果。每个分图对应不同的 k 值，显示了训练集和测试集的分布，以及模型对新样本的分类结果。由图 4-15 可知，不同 k 值下模型的决策边界和分类效果有显著差异：k 值增大时模型的平滑度提高，但过大的 k 值也可能导致模型过于简单，失去对数据的良好拟合。

k 值的选择在很大程度上取决于输入数据，具有更多异常值或噪声的数据在 k 值较高时可能表现更好。总体而言，建议选择奇数作为 k 值，以避免分类决策的不确定性。同时采用交叉验证策略有助于在数据集上选择最佳的 k 值，以确保模型在不同数据情境下的性能同样稳健。

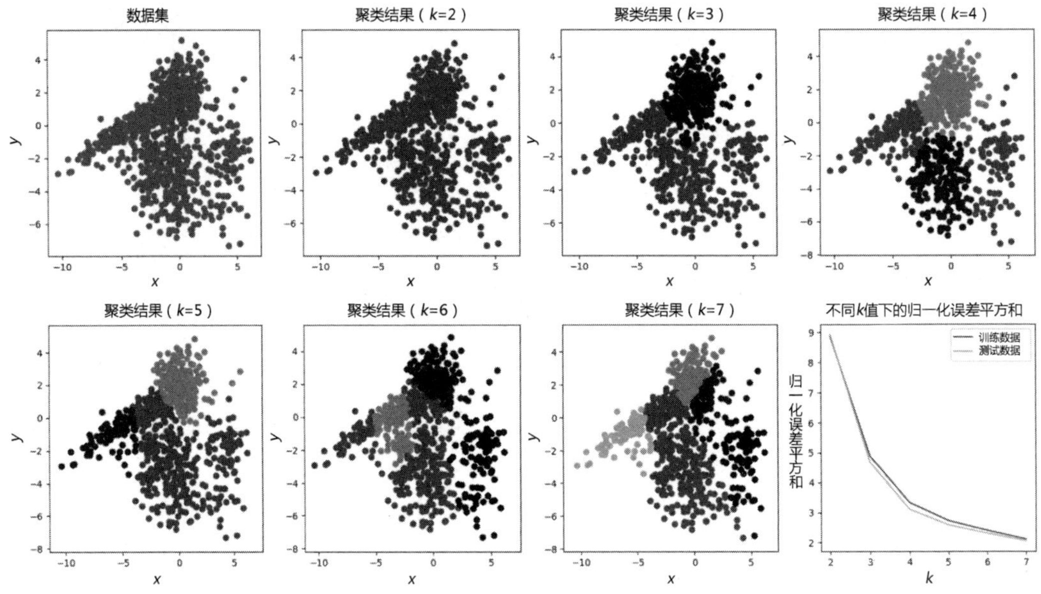

图 4-15　不同 k 值下的 k 近邻模型应用案例

4.4　聚类模型

4.4.1　聚类模型概述

聚类（Clustering）模型是一种无监督学习模型，它可以将无类标记的数据聚集为多个簇，其中同一簇内的数据对象尽可能相似，不在同一簇中的数据对象具有尽可能大的差异性。这意味着模型不需要事先了解数据的标签或类别，直接根据数据的内在结构来执行分组操作即可。聚类模型的工作原理是通过测量数据点之间的相似性来确定它们是否属于同一簇。这通常涉及计算距离或相似性度量，如欧氏距离、余弦相似性等。常用的聚类模型有以下几种。

- 原型聚类模型：这类模型假设聚类结构可以用一组原型来描述。在实际聚类任务中，原型聚类模型被广泛应用。通常情况下，这些模型先对原型进行初始化，然后通过迭代求解来调整原型。不同的模型适用于不同的原型和求解方式，其中最著名的原型聚类模型是 k 均值聚类模型。
- 密度聚类模型：这类聚类模型假设聚类结构可以通过样本分布的密度来确定。密度聚类模型从样本点的密度角度考察样本之间的可连接性，并通过不断扩展可连接样本来实现最终的聚类效果，其中最著名的密度聚类模型是 DBSCAN。
- 层次聚类模型：这类模型尝试在不同层次的数据集之间进行分层划分，以形成树状的聚类结构，数据集的划分可以采用自下而上或自上而下的策略，著名的层次聚类模型包括凝聚层次模型等。

需要注意的是，聚类模型和分类模型虽然看起来相似，但实际上有很大的不同。聚类模型是一种无监督学习模型，它在划分数据时并不关心该组的标签，其目标是将相似的数据聚合在一起。分类模型则是一种监督学习模型，通过训练数据集获得一个分类器，然后使用该分类器对未知数据进行预测。例如，在零售业务场景中，商家拥有大量的客户数据，包括购买历史、购物习惯等。通过聚类模型，商家可以实现客户细分，也就是将客户划分为具有相似特征和行为的簇，以更好地理解整个客户群体的结构；而分类模型则需要在开始阶段明确定义相应的用户类别，再利用分类模型构建预测模型，解决诸如客户属于高价值客户、低价值客户还是潜在流失客户等问题。

4.4.2　k 均值聚类模型

k 均值聚类模型是一种经典的聚类模型，其主要目标是通过欧几里得距离度量，将无类标记的数据划分为多个簇，以实现同一簇内数据对象的相似性最大化，同时实现不同簇中数据对象之间的差异最大化。由于具有简单、高效且易于实现的特点，k 均值聚类模型在数据挖掘、图像处理、自然语言处理等多个领域都得到了广泛的应用。

在 k 均值聚类模型中，先选择一定数量的簇（k 值），然后随机初始化每个簇的中心点。接下来，迭代进行以下两个步骤直至收敛：第一步是将每个数据点分配到距离其最近的簇中心，形成新的簇；第二步是重新计算每个簇的中心，即将簇内所有数据点的均值作为新的中心点，迭代过程如图 4-16 所示。整个过程循环进行，直到簇中心不再发生显著变化，算法收敛。

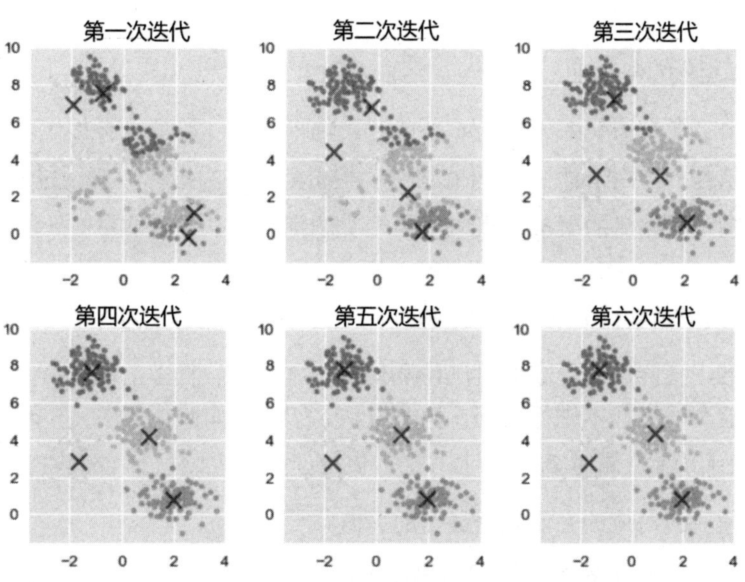

图 4-16　k 均值聚类模型的迭代过程

需要注意的是，k 值的选择对 k 均值聚类模型效果的影响十分显著，不同的 k 值可能导致不同的聚类效果，这也是 k 均值聚类模型最大的缺点之一。选择 k 值时通常需要进行一定的实验探索，常见的方法包括手肘法和 Gap 统计量方法。

1）手肘法

尝试不同的 k 值，计算每个 k 值下数据点到其簇中心的平均距离（称为簇内平均畸变程度），并将这些平均距离的变化制作成曲线图（见图 4-17）。曲线图通常呈现向下弯曲的趋势，当 k 值逐渐增大时，畸变程度逐渐减小，在某个位置，畸变程度的减小速度会变缓，形成类似人类肘部形状的曲线。选择该位置对应的 k 值通常被认为是合理的，因为在该位置之后，增加簇的数量对畸变程度的改善效果会递减。这种确定 k 值的方法称为手肘法。

如图 4-17 所示，当 k 值小于 4 时，曲线急剧下降；当 k 值大于 4 时，曲线趋于平稳。通过手肘法，我们认为 4 是最佳的 k 值。

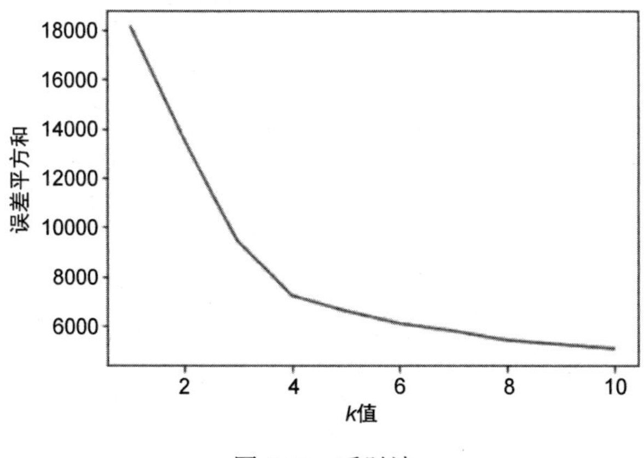

图 4-17　手肘法

2）Gap 统计量方法

手肘法的缺点在于需要人工判断，不够自动化。因此，研究人员提出了 Gap 统计量方法。Gap 统计量是一种用于评估 k 均值聚类模型聚类效果的指标，它通过比较实际数据集的聚类结果与随机数据集的聚类结果来判断聚类的优劣。Gap 统计量的计算公式如下：

$$\text{Gap}(k)=E(D_k)-D_k$$

式中，D_k 表示损失函数；$E(D_k)$ 是 D_k 的期望。这个数值通常通过蒙特卡洛模拟产生，在样本所在的区域中按照均匀分布随机产生和原始样本数量一样多的随机样本，并使用 k 均值聚类模型对这个随机样本进行处理，从而得到 $E(D_k)$。如此往复多次，通常是 20 次，对这 20 个数值求平均值，就得到了 $E(D_k)$ 的近似值，最终可以计算 Gap 统计量，当 Gap 统计量取得最大值时所对应的 k 值就是最佳的 k 值。

如图 4-18 所示，x 轴表示 k 值的取值范围，y 轴表示 Gap 统计量的值。随着 k 值的增加，Gap 统计量的变化呈现出一种趋势。通常我们希望找到一个 k 值使得 Gap 统计量达到峰值，并在峰值之后开始下降，这时聚类效果较好。由图 4-18 可知，当 k =4 时，Gap(k)取最大值，因此最佳的 k 值是 4。

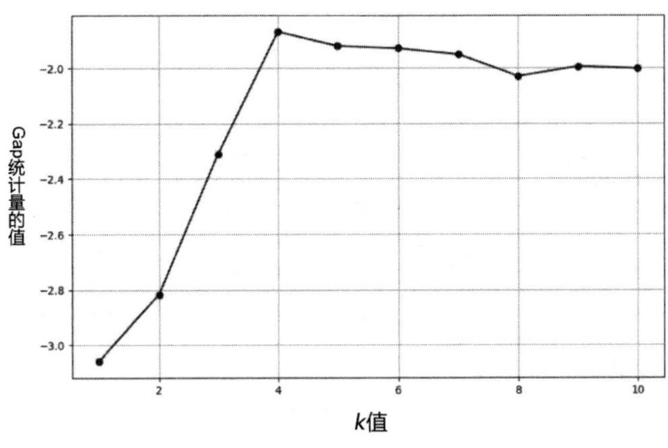

图 4-18　Gap 统计量

4.4.3　高斯混合模型

与 k 均值聚类模型不同，高斯混合模型（Gaussian Mixture Model，GMM）假设数据是由多个高斯分布组成的混合体，每个高斯分布代表一个簇。每个数据点都以一定概率属于每个高斯分布，这些概率共同定义了数据点的分布。

高斯混合模型通过不同高斯分布的线性组合来构建复杂的数据分布，每个高斯分布代表了数据的一个组分，参数包括均值、协方差矩阵和权重。其中，权重表示每个高斯分布在总体分布中的贡献程度，而均值和协方差矩阵决定了每个分布的形状和方向。当样本数据是一维数据时，高斯分布的概率密度函数如下：

$$P(x|\theta)=\frac{1}{\sqrt{2\pi\sigma^2}}\exp\left[-\frac{(x-\mu)^2}{2\sigma^2}\right]$$

式中，μ 为数据期望；σ 为数据标准差；θ 为模型的参数集合。

当样本数据是多维数据时，高斯分布的概率密度函数如下：

$$P(\boldsymbol{x}|\theta)=\frac{1}{(2\pi)^{D/2}|\boldsymbol{\Sigma}|^{1/2}}\exp\left[-\frac{(\boldsymbol{x}-\boldsymbol{\mu})^{\mathrm{T}}\boldsymbol{\Sigma}^{-1}(\boldsymbol{x}-\boldsymbol{\mu})}{2}\right]$$

式中，$\boldsymbol{\mu}$ 为数据的期望；$\boldsymbol{\Sigma}$ 为数据的标准差；D 为数据的维度。

由此，可以得出高斯混合模型的概率密度函数：

$$P(\boldsymbol{x})=\sum_{i=1}^{K}\pi_i\cdot\mathcal{N}(\boldsymbol{x}|\boldsymbol{\mu}_i,\boldsymbol{\Sigma}_i)$$

式中，K 为高斯混合模型的组分数量；π_i 是第 i 个组分的权重；$\mathcal{N}(\boldsymbol{x}|\boldsymbol{\mu}_i,\boldsymbol{\Sigma}_i)$ 是第 i 个高斯分布的密度函数；$\boldsymbol{\mu}_i$ 和 $\boldsymbol{\Sigma}_i$ 是该高斯分布的均值和协方差矩阵。每个组分中高斯分布的参数需要通过极大似然估计进行估计，其求解公式如下：

$$\hat{\theta}=\operatorname{argmax}_{\theta}\sum_{i=1}^{n}\log p\left(\boldsymbol{x}_i|\theta\right)$$
$$=\operatorname{argmax}_{\theta}\sum_{i=1}^{n}\log\sum_{k=1}^{K}\alpha_k N\left(\boldsymbol{x}_i \mid \boldsymbol{\mu}_k,\boldsymbol{\Sigma}_k\right)$$

可以看到上式含有logΣ，因此无法通过极大似然估计进一步求解，此时需要通过EM算法迭代求近似解。EM算法是一种迭代优化算法，用于在存在隐变量的情况下估计模型参数。迭代过程分为E步骤和M步骤。

- E步骤（Expectation）：在这一步，通过当前参数估计每个数据点属于每个组分的概率，即计算每个隐变量的期望。

$$P\left(z_{ik}|\boldsymbol{x}_i\right)=\frac{\pi_k N\left(\boldsymbol{x}_i \mid \boldsymbol{\mu}_k,\boldsymbol{\Sigma}_k\right)}{\sum_{i=1}^{K}\pi_j N\left(\boldsymbol{x}_i \mid \boldsymbol{\mu}_i,\boldsymbol{\Sigma}_i\right)}$$

- M步骤（Maximization）：在这一步，使用E步骤计算得到的隐变量的期望值更新模型参数，以最大化完整数据的对数似然函数。

$$\boldsymbol{\mu}_k=\frac{\sum_{i=1}^{N}P\left(z_{ik}|\boldsymbol{x}_i\right)\boldsymbol{x}_i}{\sum_{i=1}^{N}P\left(z_{ik}\right)\boldsymbol{x}_i}$$

$$\boldsymbol{\Sigma}_k=\frac{\sum_{i=1}^{N}P\left(z_{ik}|\boldsymbol{x}_i\right)\left(\boldsymbol{x}_i-\boldsymbol{\mu}_k\right)\left(\boldsymbol{x}_i-\boldsymbol{\mu}_k\right)^{\mathrm{T}}}{\sum_{i=1}^{N}P\left(z_{ik}|\boldsymbol{x}_i\right)}$$

$$\pi_k=\frac{\sum_{i=1}^{N}P\left(z_{ik}|\boldsymbol{x}_i\right)}{N}$$

上述两个步骤交替进行，直到模型参数收敛。EM算法保证在每次迭代后似然函数都会增加，但不保证达到全局最优。

高斯混合模型的关键特点是对数据进行软聚类，即每个数据点都以一定概率属于每个簇，而非被硬性地划分到一个确定的簇，这种软聚类的性质使得高斯混合模型在处理复杂数据分布和重叠簇时表现较好。因此，高斯混合模型在图像分割、语音识别、异常检测等领域都得到了广泛应用，特别是在需要考虑数据分布复杂性和对异常值敏感的场景中。

4.4.4 DBSCAN

DBSCAN（Density-Based Spatial Clustering of Applications with Noise）是一种基于密度的聚类模型。相比于其他聚类模型，DBSCAN的核心思想是通过数据点的密度来划分簇，它不需要预先指定簇的数量并能够有效处理异常值（噪声），能够在具有不同形状和密度的数据集上表现良好。DBSCAN 将数据点分为核心点、边界点和噪声点三类。

- 核心点（Core Point）：在半径 ε 内包含至少 MinPts 个数据点的数据点被视为核心点。MinPts 是一个用户定义的参数，表示一个簇中最小的数据点数量。
- 边界点（Border Point）：不是核心点，但在某个核心点的半径为 ε 的范围内。
- 噪声点（Noise Point）：既不是核心点也不是边界点的数据点。

DBSCAN 的运行过程主要包括以下步骤。

（1）遍历数据集中的每个数据点，检查其周围邻域内的数据点数量。若该数量大于或等于预设的最小点数（MinPts），则将当前数据点标记为核心点，并随之创建一个新的聚类簇。

（2）选择一个未被访问的数据点，如果该点的邻域内包含至少 MinPts 个数据点，则将其标记为核心点，并创建一个新的簇。

（3）通过核心点的连接性，将相邻的数据点加入当前簇。这一步通过迭代找到核心点的相邻数据点，将它们加入簇，然后扩展到相邻数据点的相邻数据点，以此类推，直到簇不能再扩展为止。

（4）选择另一个未被访问的数据点，重复上述过程。如果该点不是核心点，也不与任何簇相邻，则标记为噪声点。

DBSCAN 的优势体现在其对数据的自适应性和对噪声的鲁棒性上。作为一种基于密度的算法，DBSCAN 能够发现不规则形状的簇，而不受簇的几何形状的限制，这种特性使其在处理某些其他聚类算法难以应对的情况时表现非常出色。k 均值聚类模型和 DBSCAN 在处理特殊形状数据时的表现差异如图 4-19 所示，在处理特殊形状（如月牙形）的数据聚类问题时，相比于 k 均值聚类模型，DBSCAN 展现出了明显更为优越的性能。

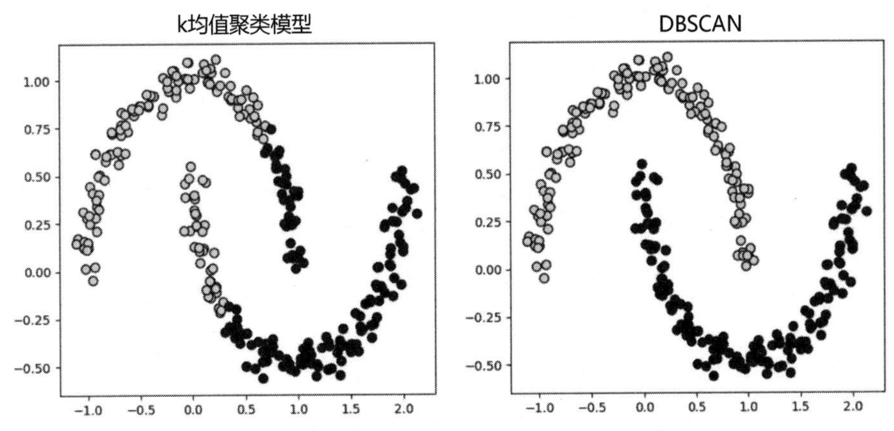

图 4-19 k 均值聚类模型和 DBSCAN 在处理特殊形状数据时的表现差异

此外，DBSCAN 对于噪声点的处理也表现出色。对于那些不属于任何簇的数据点，DBSCAN 通过将其标记为噪声点的方式使得聚类结果更加具有鲁棒性，不容易受到异常值的干扰。在实际数据集中，这种对噪声的有效处理使得 DBSCAN 在复杂背景下的聚类任务中更具可靠性。

4.5 对大数据分析技术的进一步探讨

4.5.1 神经网络

神经网络又称人工神经网络，属于机器学习领域，是深度学习算法的核心。其设计灵感源于人脑中的神经网络，旨在模仿生物神经元相互传递信号的方式。神经网络通过对训练数据的学习不断提升算法的准确性，一旦这些学习算法经过优化并具有了较高的精度，它们将成为计算机科学和人工智能领域的强大工具，让我们能够迅速而有效地对数据进行分类和聚类。

1）神经网络的结构

受到人脑的启发，神经网络的结构由节点层构成。如图 4-20 所示，神经网络通常包含一个输入层、多个隐藏层和一个输出层。节点层中的节点也被称作人工神经元，彼此在每一层之间相互连接，同时携带相应的权重和阈值。每个神经元接收其他神经元输入的数据，并根据自身的权重和阈值进行计算，然后将计算结果传递给下一层的神经元。这种分层连接的结构使得神经网络能够逐层提取特征并执行复杂的学习和推断任务。

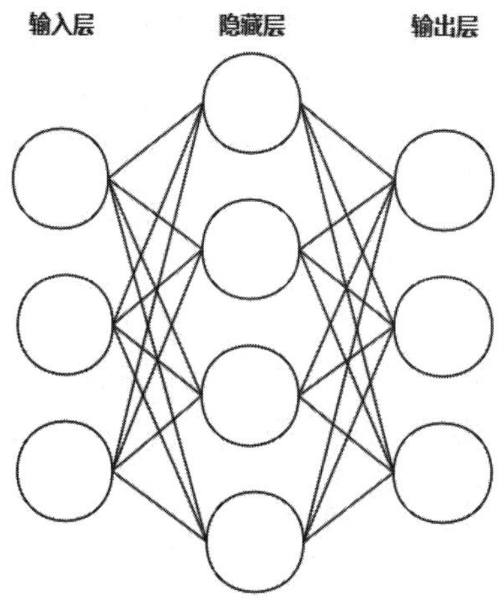

图 4-20　神经网络的结构

2）神经网络的运作原理

神经网络上的每个神经元都可以接收来自外部或其他神经元的数据输入，并计算在该神经元上的输出。神经元的每个输入都有其对应的权重，在神经元上会执行一个特定函数，对该神经元的所有输入数据进行处理，如图 4-21 所示，其中 b 代表偏置值，它为每个神经元提供了一个可训练的常量值。

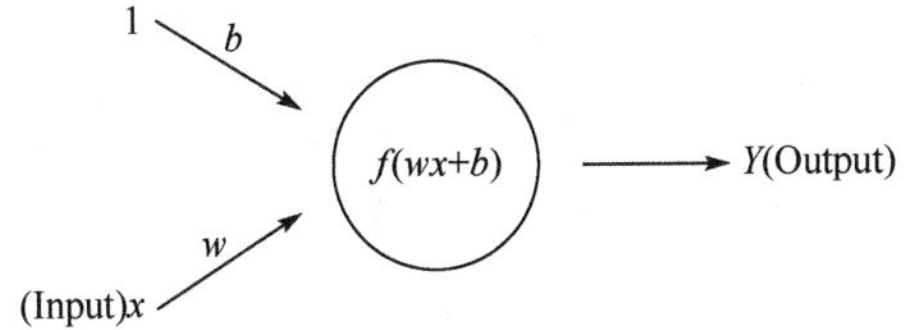

图 4-21　神经网络的动作原理

图 4-21 中的函数 f 往往是一个非线性函数，被称为激活函数，其目的是引入非线性，使得输出数据更贴合现实世界的规则。常见的激活函数如下。

- Sigmoid 函数：输出范围为[0,1]，函数表达式为

$$\sigma(x)=\frac{1}{1+\mathrm{e}^{-x}}$$

- Tanh 函数：输出范围为[−1, 1]，函数表达式为

$$\operatorname{Tanh}(x)=\frac{\mathrm{e}^{x}-\mathrm{e}^{-x}}{\mathrm{e}^{x}+\mathrm{e}^{-x}}=2\sigma(2x)-1$$

- ReLU 函数：函数表达式为

$$\operatorname{ReLU}(x)=\max(0,x)$$

通过激活函数对输入数据的处理，每个神经元将得到输出数据，当某个神经元的输出数据超过设定的阈值时，该神经元会被激活，并将其数据传送至网络的下一层。

3）神经网络的分类

神经网络可以根据其结构和用途分为多种类型，下面将介绍一些最常见的神经网络。

（1）前馈神经网络。前馈神经网络（FNN）是一种形式相对简单的神经网络，由输入层、一个或多个隐藏层及输出层组成。这种网络通常使用 Sigmoid 神经元，是计算机视觉处理、自然语言处理等多种任务的基础。

前馈神经网络的迭代过程包括前向传播和反向传播两个主要阶段。

① 在前向传播阶段，训练样本被输入神经网络的输入层，每个隐藏层神经元接收来自上一层的输入，并使用激活函数计算输出，这一输出成为下一层神经元的输入。最后，隐藏层的输出会被传递到输出层进行类似的处理，输出层的输出即为神经网络对输入的预测值。对于一个具有 L 层的神经网络，第 l 层（l=1,2,⋯,L）中每个神经元的加权输入和激活输出分别为

$$\boldsymbol{z}^{[l]}=\boldsymbol{W}^{[l]}\cdot\boldsymbol{a}^{[l-1]}+\boldsymbol{b}^{[l]}$$

$$\boldsymbol{a}^{[l]}=g^{[l]}\left(\boldsymbol{z}^{[l]}\right)$$

式中，$\boldsymbol{W}^{[l]}$ 是第 l 层的权重矩阵；$\boldsymbol{b}^{[l]}$ 是第 l 层的偏置向量；$\boldsymbol{a}^{[l-1]}$ 是上一层的激活输出；$g^{[l]}(\cdot)$ 是激活函数；最终输出层的输出 $\boldsymbol{a}^{[L]}$ 即为神经网络的预测值。

② 反向传播通过逐层调整参数，使得模型能够更好地适应训练数据。在反向传播阶段，神经网络先通过比较网络的输出与实际标签计算损失函数，该函数用于度量模型的预测结

果与实际结果之间的差距。然后通过链式法则对损失函数求微分，计算损失函数对网络参数（权重和偏置）的梯度。损失函数对权重和偏置的梯度计算公式如下：

$$\frac{\partial L}{\partial \boldsymbol{W}^{[l]}}=\frac{\partial L}{\partial \boldsymbol{a}^{[l]}}\cdot\frac{\partial g^{[l]}\left(\boldsymbol{z}^{[l]}\right)}{\partial \boldsymbol{z}^{[l]}}\cdot\boldsymbol{a}^{[l-1]}$$

$$\frac{\partial L}{\partial \boldsymbol{b}^{[l]}}=\frac{\partial L}{\partial \boldsymbol{a}^{[l]}}\cdot\frac{\partial g^{[l]}\left(\boldsymbol{z}^{[l]}\right)}{\partial \boldsymbol{z}^{[l]}}$$

式中，L 表示模型的损失函数；$\frac{\partial g^{[l]}\left(\boldsymbol{z}^{[l]}\right)}{\partial \boldsymbol{z}^{[l]}}$ 是激活函数的导数。

在反向传播阶段使用优化算法（如梯度下降）来更新网络参数，以减小损失函数。其中，α 是学习率，用于控制每次迭代中参数更新的步长。梯度的反向传播调整了网络中的权重和偏置，以降低预测误差。

$$\boldsymbol{W}^{[l+1]}=\boldsymbol{W}^{[l]}-\alpha\cdot\frac{\partial L}{\partial \boldsymbol{W}^{[l]}}$$

$$\boldsymbol{b}^{[l+1]}=\boldsymbol{b}^{[l]}-\alpha\cdot\frac{\partial L}{\partial \boldsymbol{b}^{[l]}}$$

在前馈神经网络中，前向传播和反向传播两个阶段交替进行，通过多次迭代，神经网络逐渐调整到能够更好地拟合训练数据的状态。整个迭代过程的目标是最小化损失函数，从而提高模型的预测性能。这一过程需要仔细调整学习率，选择适当的激活函数和损失函数，以确保模型能够在训练数据上收敛，并且在新数据上具有良好的泛化能力。

（2）卷积神经网络。卷积神经网络（CNN）可视作人工神经网络的一种多层感知器，它能够接受多个输入的特征图。卷积神经网络的结构如图 4-22 所示，卷积神经网络主要由输入层、卷积层、激活层、池化层、全连接层组成。

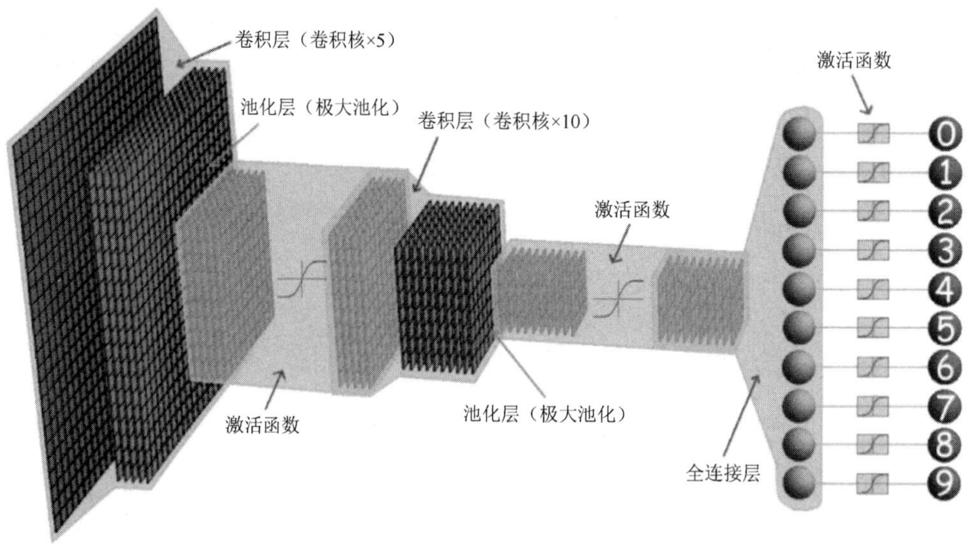

图 4-22　卷积神经网络的结构

① 输入层：该层旨在对原始图像数据进行预处理，包括去均值、归一化、主成分分析/白化等操作。

- 去均值：把原始数据的各个维度都中心化为 0，即把样本的中心拉回坐标系的原点。
- 归一化：减少各维度数据量纲不同带来的干扰，将数据幅度归一化到同样的范围。
- 主成分分析/白化：主成分分析用于数据降温，白化则用于降低输入数据特征之间的冗余性，使得所有特征方差都为 1。

② 卷积层：卷积层是卷积神经网络最重要的层次。如图 4-23 所示，卷积层的主要作用是提取输入数据中的特征，通过卷积核对输入数据进行卷积操作，从而得到卷积特征图。卷积层的卷积操作可以有效地减少参数数量，从而降低模型的复杂度，提高模型的泛化能力。

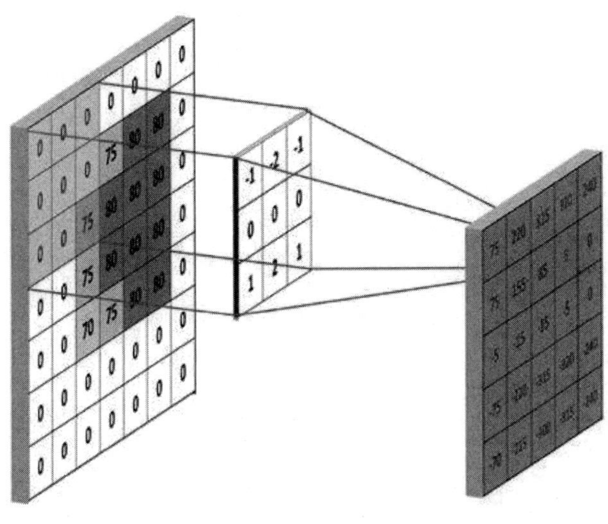

图 4-23　卷积层

③ 激活层：卷积神经网络的激活层和其他类型的神经网络类似，旨在对卷积层输出的结果进行非线性映射。卷积神经网络通常会采用 ReLU 函数作为激活函数，因为其具有收敛快、求梯度简单的优点。

④ 池化层：池化层位于连续的卷积层之间，通过从一组相邻元素中选择代表元素来压缩数据和参数的数量，从而减小过拟合的风险。常用的池化方法有最大池化（Max Pooling）和平均池化（Average Pooling），最大池化通过保留相邻元素中最大值的方式来实现池化操作，其示例如图 4-24 所示；而平均池化则保留相邻元素的均值。

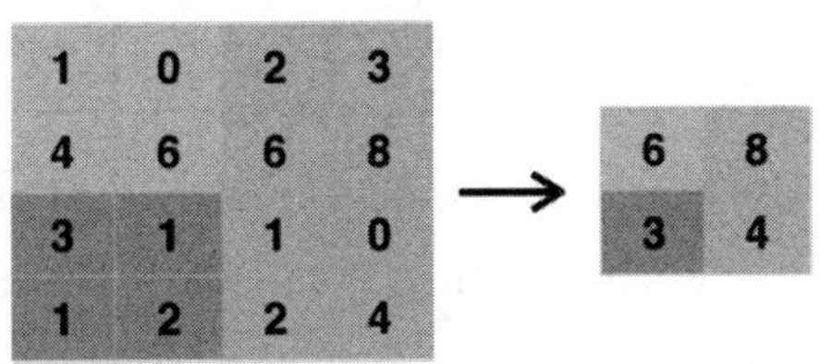

图 4-24　最大池化示例

⑤ 全连接层：全连接层通常位于卷积神经网络的最底层，其连接方式与传统神经网络中神经元的连接方式相同。在全连接层中两层之间的所有神经元都通过权重连接，并通过权重进行信息传递和整合。

卷积神经网络在语音识别和图像处理方面具有独特的优势，其局部权重共享的特殊结构使其布局更接近实际的生物神经网络。权重共享降低了网络的复杂性，特别是多维输入向量的图像可以直接输入网络，降低了特征提取和分类过程中数据重建的复杂度。

（3）循环神经网络。循环神经网络（Recurrent Neural Network，RNN）是一种具有短期记忆能力的神经网络，在处理具有序列特性的数据时表现出色，它能够充分发掘数据中的时序和语义信息，可以结合上下文信息训练模型，适用于处理视频、音频、文本等与时序相关的数据。

循环神经网络的基本结构包括输入层、隐藏层和输出层。其结构如图 4-25 所示，其中，O 为输出层，S 为隐藏层，其状态不仅受当前输入 x 的影响，还与隐藏层上一次的状态有关，权重矩阵 $\boldsymbol{W}$ 决定了隐藏层上一次的状态对本次输入的影响程度，即将上一次的值作为本次输入的权重，这种机制使得循环神经网络能够捕捉序列数据中的时序依赖关系。

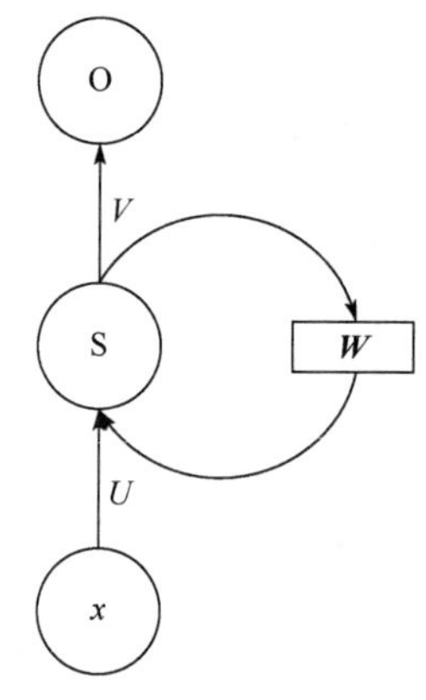

图 4-25　循环神经网络的结构

循环神经网络也存在一些缺点。例如，当网络过深时，梯度回传变化相对于输入往往很小，会出现梯度消失或爆炸的情况。此外，循环神经网络在处理长序列数据时也容易出现类似情况。这些问题可以通过使用 LSTM（长短时记忆网络）或 GRU（门控循环单元）等改进算法来解决。

4.5.2　知识图谱

知识图谱（Knowledge Graph）是一种高效且直观的知识表示方法，它基于图结构来组织和表达复杂的知识体系。知识图谱的基本组成单位是“实体—关系—实体”三元组，以及实体及其相关属性-值对，实体间通过关系相互联结，构成网状的知识结构。如图 4-26 所示，节点代表各种实体，它们可以是具体的人、事物、概念，也可以是抽象的想法、事件；

而有向边则代表了这些实体之间的关系，这些关系可以是直接的、明确的，也可以是间接的、由推断得出的。这种表示方法不仅能够展示实体之间的关联，还能够揭示实体的属性，从而提供一种丰富、多维的知识表示方式。

图 4-26　知识图谱的结构

实际上，知识图谱可以被视为一种特殊的语义网络，它能够把复杂的知识元素，如实体、概念、事件等，以及它们之间的复杂关系整合到一起，形成一个有序、有结构的知识库。这个知识库不仅规模庞大，而且具有半结构化的特性，这意味着它既可以包含结构化的数据，又可以包含非结构化的数据，从而具有极高的灵活性和扩展性。

图 4-27 所示为一个完整的知识图谱案例，该案例是一个包含深度学习、神经网络、监督学习、无监督学习、图神经网络和知识图谱等节点的知识图谱，并根据知识点之间的关联性建立了节点之间的联系。

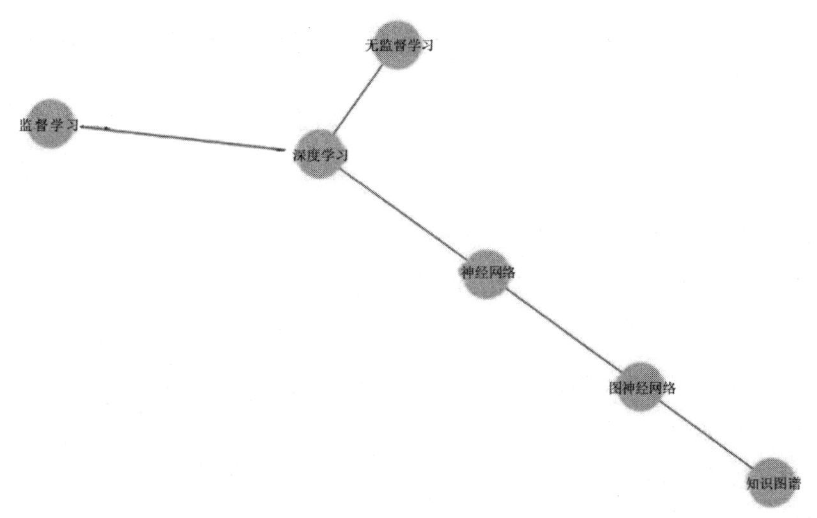

图 4-27　完整的知识图谱案例

根据功能和应用场景的不同，可以将知识图谱划分为以下两个主要类别。

- 通用知识图谱：针对通用领域，其主要目标在于涵盖尽可能多的知识领域，注重知识的广度。这类图谱通常包含多种主题和实体，涵盖从人物、地点到历史事件、科学原理等广泛而结构化的百科知识。由于覆盖的知识领域广泛，通用知识图谱主要服务于普通用户，他们可通过这类图谱获取各个领域的基础知识，满足日常学习和生活需求。
- 领域知识图谱：专注于某一特定领域，如医学、法律、金融等。这类图谱强调知识的深度，不试图覆盖所有领域，而是专注于某一特定领域，力求详尽和深入地呈现该领域的知识。因此，领域知识图谱通常需要基于该行业的数据库构建，这要求图谱的构建者具备深厚的专业知识和经验。这类图谱的主要用户为行业内从业人员及潜在的业内人士，他们可通过领域知识图谱快速获取专业领域内的知识，提高工作效率和决策的准确性。

知识图谱一旦建立，就能为各种应用提供强大的支持。例如，搜索引擎可以利用知识图谱来提高搜索的精准度和效率，用户通过搜索引擎不仅可以找到相关的网页，还可以直接获取结构化的、准确的知识。此外，知识图谱还可以用于推荐系统和智能问答系统。推荐系统通过分析用户的兴趣和行为，以及知识图谱中的实体关系，为用户推荐个性化的内容。智能问答系统也可以通过对问题的理解和分析直接在知识图谱中找到答案并提供给用户。

4.5.3 图神经网络

图神经网络（Graph Neural Network，GNN）是一类专门为图结构数据的特征提取和模式识别任务而设计的深度学习方法，被广泛用于解决各种图学习问题，包括但不限于聚类、分类、预测、分割和生成。近年来，随着深度学习的兴起和成功应用，图神经网络已成为模式识别和数据挖掘领域的一个重要研究方向。

与传统的神经网络处理向量或矩阵数据不同，图神经网络致力于捕捉和学习图结构中节点之间的关系和拓扑信息。传统的深度学习方法尽管在提取欧氏空间数据特征方面取得了显著的成功，但在处理非欧氏空间数据时表现往往不尽如人意。而非欧氏空间数据在许多实际应用场景中普遍存在，如电子商务中的图数据。因为图是不规则的，每个图包含大小可变的无序节点，且每个节点的相邻节点数量不同，这使得一些在图像上易于计算的重要操作（如卷积）不再适用于图数据；此外，现有深度学习算法通常假设数据样本之间相互独立，但在图数据中每个数据样本（节点）通过边与其他数据样本（节点）相关联，这种关联性可用于捕捉实例之间的相互依赖关系。因此，在处理图数据等非欧氏空间数据时，需要开发新的深度学习算法，以充分利用数据中的结构信息和关联性。近年来，图神经网络已成为新的研究热点。

图神经网络是一类算法的总称，可以提取和发掘图结构数据中的特征和模式，满足聚类、分类、预测、分割、生成等图学习任务的需求。图神经网络有多种类型，包括图卷积神经网络、图注意力网络、图生成网络等。

1）图卷积神经网络

图卷积神经网络（Graph Convolutional Network，GCN）是图神经网络中的一个重要类型，它源自传统的卷积神经网络（CNN），但专门针对图结构数据进行了特殊设计，使得卷积操作能够在图上进行，从而有效地提取节点的特征信息。

在 GCN 中，图的基本表示是邻接矩阵，其中矩阵元素 A_{ij} 表示节点 i 到节点 j 是否存在边。GCN 的核心任务是学习每个节点的表示，将节点映射为高维向量，以便捕获节点的结构信息和邻近节点的特征。

GCN 引入了图卷积操作，通过对节点的邻居信息进行加权聚合来更新节点的表示。GCN 的第一层表示可以通过以下数学形式描述：

$$\boldsymbol{H}^{(1)} = \sigma\left(\tilde{\boldsymbol{D}} - \frac{1}{2}\tilde{\boldsymbol{A}}\tilde{\boldsymbol{D}} - \frac{1}{2}\boldsymbol{X}\boldsymbol{W}^{(0)}\right)$$

式中，$\boldsymbol{H}^{(1)}$ 是第一层节点表示矩阵；σ 是激活函数；$\tilde{\boldsymbol{A}} = \boldsymbol{A} + \boldsymbol{I}$ 是邻接矩阵增加自连接后的版本；$\tilde{\boldsymbol{D}}$ 是对角度数矩阵；$\boldsymbol{X}$ 是输入节点特征矩阵；$\boldsymbol{W}^{(0)}$ 是权重矩阵。为了增强模型的表示能力，GCN 通常会堆叠多个图卷积层。每一层都会通过邻接矩阵更新节点表示，逐渐捕捉更广泛和深层次的图结构信息。

2）图注意力网络

图注意力网络（Graph Attention Network，GAT）是一种专门用于处理图结构数据的深度学习模型，其目的在于学习图中节点之间的复杂关系，并执行节点级别的任务。该网络引入了注意力机制，使得在进行特征提取时每个节点能够受到不同程度的加权处理。通过为各节点分配不同的权重，图注意力网络能够更灵活地捕捉图中的关键信息。

与其他图神经网络相似，GAT 以图结构为基础，包含节点和边，节点代表图中的实体，而边则表示实体之间的关系。通过有效的图结构表示，GAT 得以捕捉节点之间复杂的关联。GAT 的独特之处在于引入了注意力机制，使得模型能够动态地为不同节点分配不同的注意力权重。通过学习每个节点与其邻居之间的关系强度，GAT 能够在每个邻接节点的贡献上进行加权，从而更有效地捕捉图的全局和局部信息。为增强模型对不同关系的建模能力，GAT 通常采用多头注意力机制，允许模型并行学习多组不同的注意力权重。多头注意力的输出经过线性变换和拼接，形成最终的节点表示。

综合而言，GAT 通过引入注意力机制，使得模型能够自适应地关注图中不同节点的重要性，从而在处理图结构数据时显示了更为优越的性能，特别适用于节点分类、图分类和图表示学习等任务。

3）图生成网络

图生成网络（Graph Generative Network，GGN）是当前备受瞩目的研究领域之一，作为一种基于生成模型设计的深度学习模型，图生成网络专注于生成具有特定规律或特征的图结构数据。其核心目标是学习一个概率分布，以生成符合特定规则的新图。该网络不仅能够挖掘现有图数据中的模式，还为图的生成和合成提供了新的思路和方法。

图生成网络的重点在于对图结构进行建模，通过学习概率分布来生成具有相似结构的新图。这包含对图的节点、边，以及它们之间的关系进行概率建模。在图生成的过程中，模型需要确定如何逐步生成图的节点。这可能牵涉到节点特征的生成和节点之间连接关系的建立。对于无向图，模型需要生成边的连接关系；对于有向图，则需要生成边的方向性信息。以上生成过程通过概率分布来精确控制。

图生成网络会学习节点的潜在表示，以在生成过程中有效地捕捉节点的特征和关系。在整个图生成过程中，模型需要逐步将每个节点的表示组合成整体图的表示，以保持整体图的结构。图生成网络通常将生成损失作为模型的损失函数，生成损失可以衡量生成图与真实图之间的相似度，包括节点特征的重构损失、边连接关系的重构损失等。为了防止模型过拟合，图生成网络通常还会在损失函数中引入正则化项，如节点表示的正则化或生成图的结构正则化。

4.5.4 生成对抗网络

生成对抗网络（Generative Adversarial Network，GAN）是一种生成式深度学习框架，以生成模型为基础，通过对抗性训练的方式，使生成器网络学会生成与真实数据相似的样本，同时使判别器网络学会有效地区分真实数据和生成数据。GAN 的核心思想是基于判别器的“间接”训练：生成器网络负责将随机噪声向量映射成与真实数据相似的样本，目标是使生成样本与真实样本之间的差异最小化，使得生成样本难以被判别器区分；判别器网络用于评估输入样本的真实性，即判断输入样本是来自真实数据分布还是由生成器生成的，目标是使正确区分真实样本和生成样本的概率最大化。这个过程可以通过 GAN 机制（见图 4-28）来形象展示。

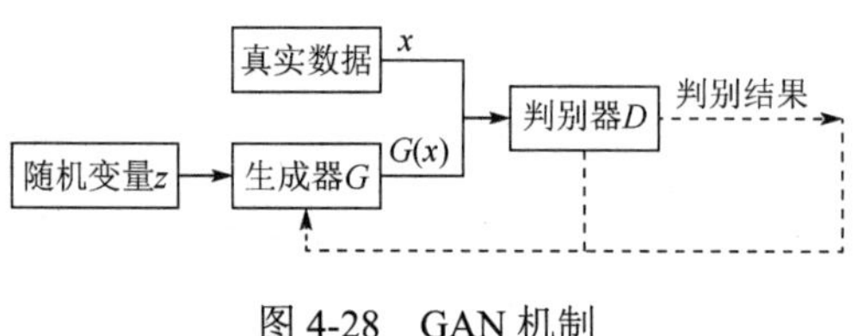

图 4-28　GAN 机制

GAN 的训练通过最小化生成器和判别器之间的对抗目标函数来实现，这个目标函数包括生成器试图最大化判别器无法区分生成样本和真实样本的概率，以及判别器试图最小化被误导的概率。

GAN 能够生成符合已知数据分布的合成数据，可用于数据增强、异常检测等多种场景。在图像、视频、音频等合成任务中，GAN 可以生成高质量、逼真的结果。此外，GAN 支持无监督学习，适用于缺少标签数据或无法获取标签数据的场景。然而，GAN 也存在一些缺点，例如，训练过程可能不稳定，对计算资源的需求较高，可能导致过度拟合，以及可能受到数据中存在的偏差的影响。此外，GAN 通常较难解释，这会影响其在一些应用场景中的使用。

案例：图学习模型与退货欺诈检测

网络购物催生了一种被称为退货保险的新型保险形式，旨在解决电子商务平台上买家和卖家之间的产品退货纠纷。然而，故意滥用保单可能会导致严重的经济损失。据阿里巴巴的保险专家估计，有成千上万的潜在欺诈性索赔未能被先前基于规则的欺诈检测系统发现，因此迫切需要更加智能、灵活的欺诈检测解决方案。

针对这一问题，蚂蚁金服实验室设计了一个设备共享网络间的索赔方案，并采用基于图学习算法的欺诈检测技术，以区分正常用户和有组织的欺诈用户。传统的欺诈用户识别方法通常基于一些用户标签的规则，虽然其结果具有一定的可信度，但不够可靠。此外，该问题还面临着“概念漂移”的挑战，即随着时间的推移，新的欺诈类型不断涌现，而这些新类型的欺诈变得越来越难以预测。

为了应对概念漂移并发现有组织的欺诈行为，蚂蚁金服构建了用户间的设备共享图，帮助揭示账户之间的密切关系。设备共享图展示了共享设备与账号之间的关系，其中顶点表示设备或账号，而边仅存在于设备顶点和账号顶点之间，用以表示历史登录活动。系统将设备共享图输入图神经网络进行学习，在阿里巴巴的应用中，与之前部署的基于规则的分类器相比，该解决方案的准确率超过 80%，可疑账户覆盖率增加了 44%。据估计，每个月可以为公司节省逾 1 万美元。

1. 为什么选择基于图学习的算法而不是传统的规则分类器？在实际应用中，这两种方法各有何优势和劣势？

2. 在金融领域，模型的可解释性至关重要。这个图学习模型如何解释其对欺诈的判断？用户和业务方如何理解和信任这个模型的决策？

3. 用户设备共享图涉及敏感信息，如何在模型训练和应用过程中确保用户数据的安全性？

参考文献

Yao Q, Wang M, Chen Y, et al. Taking Human out of Learning Applications: A Survey on Automated Machine Learning[J]. arXiv preprint arXiv: 1810.13306, 2018.

第 5 章

大数据在用户行为分析中的应用

5.1 大数据与用户行为分析概述

5.1.1 大数据与用户行为分析

1）用户行为分析

用户行为分析指的是通过收集、分析和解释用户在使用产品、服务或系统时的行为模式和动态，来了解用户的需求、偏好和行为习惯，改进产品或服务的效果及用户体验的过程。通过用户行为分析，可以获取有关用户的定量和定性数据，帮助企业或组织更好地理解用户行为，为其产品、服务或系统的设计、优化和营销提供依据，使其获得更高的营销收益并为用户提供更好的体验。

用户行为分析不仅关注用户的操作行为，还关注用户的心理、情感和反馈等方面，具体可以分为问卷调查、体验邀请、行为分析、用户画像、趋势预测等细分领域。不同领域的用户行为分析需要不同的条件来支持，如问卷调查需要设计问卷，体验邀请需要提供场地，行为分析需要技术支持等。有些行为分析需要与用户直接接触，了解用户的态度，而有些行为分析没有条件直面用户，只能通过技术手段得出结果。因此，不同领域的分析受到了不同条件的制约，导致在某些场景下，特定的用户行为分析的可行性或准确性有所降低。

2）用户在线行为分析

用户在线行为分析是用户行为分析的一个重要分支，特指对用户在在线渠道中表现出的行为进行分析，也是与大数据技术结合较为紧密的一个分支。在不同的行业领域中，用户所能产生的真实行为是不同的，如在汽车行业中用户有驾驶行为，在电商行业中用户有购买评论行为，在流媒体行业中用户有观看互动行为等。不同的用户行为由于所属的业务不同无法通过统一的理论与方法概括。但是，有一类行为在各行各业中普遍存在，那就是用户在线行为。因此，如何通过有效的技术手段追踪并分析用户在线行为，是各个行业共同关注的重点之一。

用户在线行为的分析流程一般可以拆分为获取用户在线行为数据、明确分析指标与维度、呈现可视化的分析结果。具体的模型构建方法将在 5.1.4 节中介绍。

3）大数据技术与用户行为分析

近年来，移动互联网的发展使得大数据技术提升到了更高的水平。为了实现数据采集的实时性、提高数据分析的大规模计算能力，大数据技术逐步应用到用户行为分析中。大数据技术与传统的数据处理技术有所不同，对于数据的数量、存储形式、业务含义和时效性都有更高的要求。大数据可被视为复杂的多维数据，而处理海量、复杂的数据需要相应的存储和加工技术。在用户行为分析领域，常常将分布式存储系统与计算框架、实时流处理、机器学习与深度学习等大数据技术作为数据加工和分析的手段。用户行为数据的来源不再局限于单一渠道，线上行为数据可以同时来自多台计算机、平板电脑和手机，而在线下则会结合 Wi-Fi 地理定位技术和智能手环、智能汽车、智能机器人等设备对用户行为数据进行回收。

如何统一识别这些数据？如何将一个用户在线上和线下的多种行为渠道连接起来？如何存储和处理海量的行为数据？这些问题无法仅通过简单的 Excel 文件或传统的关系型数据结构得到有效处理。大数据技术与传统的数据处理技术的原理是相通的，但大数据技术在处理大规模和多样化的数据集合时更加高效。随着业务需求的不断深化，用户行为分析面临越来越大的挑战。经营者需要在海量的行为数据中进行深入挖掘和分析，以获取更有效的信息或构思更有用的辅助策略。因此，越是丰富和细致的行为数据，越值得进行分析加工，使其成为优质的原材料。在这种趋势下，大数据技术成为进行用户行为数据分析的标准手段。

5.1.2　大数据用户行为分析的应用场景

大数据用户行为分析的应用场景十分广泛，例如，电商平台可以根据用户的购买行为和浏览行为实现个性化推荐；智能手环可以收集用户的步数、心率等数据，计算用户的热量消耗情况，为用户的运动计划提供参考。以下是几种典型的大数据用户行为分析的应用场景。

1）了解用户的使用习惯

不同用户在使用某种产品或浏览某网页时具有不同的使用习惯。例如，有些用户喜欢在碎片化时间浏览某个网站，而有些用户则喜欢在某一时间段内对网站进行集中浏览。有些用户喜欢通过搜索浏览特定内容，而有些用户更喜欢从内容推荐中获取信息。通过分析这些用户的使用习惯信息，企业可以更好地调整前端界面布局，根据不同时段用户访问量的变化制订宣传推广计划，将更重要的宣传信息投放到访问量较高的时间段，从而提升推广效率。

了解用户的使用习惯有助于产品设计更好地贴近用户，也有助于企业制定策略，合理培养用户的新习惯。例如，通过每日签到培养用户日常登录查看的习惯，以提高用户的活跃度和黏性，进而为企业创造更高的营收。

2）提升用户体验

用户体验是指用户在使用产品或服务时的感知、态度和行为反应。它是一个多维度的概念，包括但不限于产品的视觉吸引力、信息表达的清晰程度及交互过程的流畅感等。它不仅关注产品在技术上的性能表现，更注重与产品交互时用户的心理和行为因素的综合影响。用户体验不仅影响用户对产品的满意度和忠诚度，还与产品的商业成功密切相关。

用户在线行为分析可以有效评估用户的体验水平，是企业持续关注和提升用户体验的方法之一。通过考察网页打开速度、网站的平均访问时间、单页面停留时长及页面跳出率等指标，企业能够直观地评估用户体验的优劣，并有针对性地对用户体验较差的地方进行改进，让用户获得流畅的使用体验，从而提高用户的活跃度和黏性。

3）监控业务流程

业务流程是由一个个环节构成的，这些环节首尾相接构成一条转化路径，从路径的一个节点到另一个节点的过程称为转化，路径的终点即业务流程最终的转化目标。

通过对用户的在线行为数据进行分析，企业可以深入了解用户在使用产品或服务时的行为模式，进而监控业务流程的运作情况。例如，企业可以监控用户在购物网站上的浏览、下单、加购、付款等一系列购买行为，发现其中是否存在转化率降低等问题，并迅速采取措施进行调整和优化。同时，通过用户在线行为分析还可以发现业务流程中的瓶颈。例如，企业可以分析用户在注册过程中的跳出率、验证步骤的错误率等指标，进而优化注册流程，提升从访客到用户的转化效率。

5.1.3 大数据用户行为分析的数据采集与处理

1）数据采集

用户在线行为数据可通过两种常用方法采集：实时性较高的直接采集和定时获取行为日志文件的批量间接采集。

直接采集是指由第三方采集公司提供一组代码包（埋码），集成到应用程序或网站程序中，当用户访问时，行为数据会被即时发送到服务端进行存储和分析。行为数据的格式与前文所述一致，记录了用户在何时做出何种行为。

批量间接采集则不需要集成专用代码包，而是通过日志记录的方式将行为信息写入统一的文件。该文件包含大量记录，每条记录都记录了哪个用户在何时触发了何种行为。系统会定期读取该文件，获取一段时间内积累的行为数据，以便进行后续的用户行为分析。

两种方法相比，直接采集实时性较高，适用于需要及时反馈、短时间内出现大量用户交互、分析粒度比较精细的业务场景；而批量间接采集不需要集成第三方采集代码包，减少了集成和维护的资源开销，适用于不需要即时决策和长期趋势研究的业务场景。

2）数据处理

在获取用户的在线行为数据之后，需要使用一些数据统计方法对数据进行加工，以便得到易于分析的指标数据。这些方法包括求和与百分比计算、求平均值、排序和去重等基本方法，以及一些相对复杂的定向统计方法，如计算页面停留时间和用户留存率等。在用户行为分析领域，大多数指标可以通过基本方法得到，然而，一些行业内通用的统计指标需要使用特定的运算规则进行综合计算。下面是常见的数据统计方法。

（1）求和与百分比计算。求和与百分比计算是用户在线行为分析中比较常见的统计方法。通过求和，我们可以得到一些流量指标，如活跃用户量、新增用户量、首页访问量等。这些指标的数值越大，对应的应用或网站往往越有知名度。

在求和之后，我们可以使用计算百分比的方法分析不同维度的个体在整体中的占比情况。举个例子，我们可以先通过求和得到每日用户访问量，然后通过百分比计算来分析当日访问量中新用户和老用户的占比情况，这样可以了解用户的分布情况，进而分析用户的健康状况。

（2）求平均值。求平均值是分析一组数据一般水平的方法，用户在线行为分析中常常会用到一些指标，如平均访问时长、平均访问页面数等。通过求平均值，我们可以从横向和纵向两个方面进行比较和分析，从而得出一些结论。横向比较可以反映相同时间点不同事物之间的差别，而纵向比较可以反映同一个事物在不同时间段内的情况和变化趋势。

（3）排序。排序是指对有序数据进行排列，以便发现更加重要或占比更大的业务指标，从而实现关注重点和管理重点的目标。例如，可以根据用户访问量对不同页面进行排序，排序的结果可以帮助运营者了解用户的使用习惯和偏好，然后有针对性地调整运营策略，例如将重要的推广信息放在高访问量页面的显眼位置。运营者可以密切关注那些排名靠前的指标，不断改进网站或应用的内容、布局和推广策略。

（4）去重。去重是用户在线行为分析中不可或缺的一种方法，例如，常见的从页面浏览量（PV）到独立访客数（UV）的转换就是利用用户的唯一标识通过去重计算得到的。当一个用户多次访问同一个页面时，该页面的浏览量会增加，但是独立访客数不会增加。去重机制可以帮助运营者获取更加准确的数据。随着互联网技术的发展，一些欺骗手段的实施也变得相对容易。有些人可能会雇佣劳动力去恶意重复访问网站，导致网站的流量看起来增加了，但实际上只是虚假的现象。科学的去重机制可以帮助运营者识别出真实的独立用户数量，从而更客观地了解网站的真实用户群体规模。

（5）定向统计。定向统计是一种根据特定业务规则进行计算的方法，不仅仅是简单的求和或求平均值。例如，计算用户留存率需要先统计特定时间段内的用户数量，然后统计在下一个时间段内仍然使用该产品的用户数量，最后将这两种用户数量相除得到留存率，用来衡量用户的继续使用程度。常见的定向统计指标如表 5-1 所示。

表 5-1　常见的定向统计指标

指标名称	指标描述
用户流失率	衡量在一定时间内停止使用网站或应用的用户比例，用于评估用户忠诚度
转化率	衡量用户从浏览到转化（购买、注册等）的比例，用于评估营销活动效果等
用户满意度	衡量用户对产品或服务的满意程度，可以通过调查问卷、用户反馈等方式进行评估
用户生命周期价值	衡量用户在其生命周期内对企业的贡献价值，可以通过用户平均收入、用户平均利润等指标进行评估
用户行为路径	用户在网站或应用中的行为轨迹（访问页面、点击链接、提交表单等），用于了解用户的行为习惯和转化路径
用户分群	将用户根据特定的属性或行为进行分类，用于理解不同用户群体的需求和行为特征

5.1.4　大数据用户行为分析的模型构建方法

1）进行用户行为分析

用户行为分析通常分为获取用户行为数据、明确分析指标和维度、分析结果可视化三个重要阶段。

获取用户行为数据是用户行为分析的前提。行为数据通常包含时间、位置和动作等信息，在用户行为数据的采集过程中，通常会收集与用户设备相关的信息，如浏览器的型号、版本，操作系统的版本，手机的品牌、型号、版本及所处的地理位置等。用户在线行为分析可以利用这些设备信息和行为数据，对用户的在线行为进行深入挖掘。

在收集到用户行为数据后，需要设定计算的指标和维度。指标是用于度量事物发展程度的单位或方法，需要通过求和、求平均值等统计方法得出，并受到时间、地点、范围等前提条件的限制。指标可分为绝对数指标和相对数指标。绝对数指标反映规模的大小，如浏览次数、用户数量、注册数量等；相对数指标主要反映质量的好坏，如转化率、留存率、跳出率等。维度用于评估发展方向的好坏，是事物或现象的某种特征，例如，时间是一个最常用的维度，通过时间的前后对比，可以分析某个事物的发展趋势。维度可分为定性维度和定量维度。定性维度通常是文字描述型，如地区、性别等；定量维度通常是数值型，如收入、年龄、订单金额等。

在明确了指标和维度后，我们可以得出一些有意义的分析结果，而这些结果可以通过可视化的形式呈现，使其更容易被理解和解读。数据可视化可以为决策者提供直观的视觉展示，帮助他们根据数据做出决策，并发现潜在的业务机会和问题，也可以帮助团队、股东和客户进行有效的沟通，以简洁、直观的方式传达复杂的分析结果。因此，可视化的结果呈现有助于提高分析效率、支持决策和推动业务增长。常用的可视化图表包括数据表格、曲线图、饼图和柱状图等，数据表格以表格的形式直观地展示统计数据；曲线图适用于展示数据的趋势，如上升或下降的趋势和极值出现的位置；饼图常用于展示数据的占比情况，清晰显示各类数据的比例关系；柱状图常用于展示数据的分布情况，更强调个体之间的对比。除了上述常用的可视化图表，还有其他多种可视化图表可以用于呈现数据，如雷达图、漏斗图、词云图和热力图等。常用的可视化工具包括 Tableau、Power BI、Google Data Studio、QlikView 等，这些可视化工具可以将大数据转化为人们易于理解和分析的形式，不同的工具有着不同的特点和技术要求，企业可以根据自身业务和所拥有的技术选择合适的工具以提升用户行为分析的效果。

2）基于用户行为数据构建用户模型

随着大数据时代的到来，传统的用户模型构建方法过程烦琐且消耗时间长，已经无法满足现代企业的要求。此外，网络上的应用软件更新速度越来越快，对企业快速响应市场、产品迅速更新换代的要求也越来越高。为适应这些变化，一种新的用户模型构建方法应运而生，即基于用户行为数据构建用户模型。这种方法以用户行为数据为基础，运用多种软件分析工具，兼顾线上线下多个渠道，旨在快速响应市场变化，满足企业需求。基于用户行为数据构建用户模型的过程可分为五个步骤：收集整理用户信息、用户分群、分析用户数据并构建用户行为模式、调查验证、修正用户模型。

（1）收集整理用户信息。企业需要尽可能地收集所有与用户相关的信息，包括人口统计信息、填写的单据信息、企业对用户的理解及与用户互动的经验数据等，并进行初步整理和清洗。

（2）用户分群。根据用户的特征和行为，将用户分为不同的群组，以便进行更有针对性的分析。例如，将电商平台用户分成买家和卖家，将不同客户分成高价值、高潜力客户和低价值、低潜力客户等。

（3）分析用户数据并构建用户行为模式。用户行为模式的构建是用户模型构建的核心步骤之一。通过对每个用户群体进行抽样分析，深入研究样本的属性特征和行为数据，并根据经验尽可能还原用户的真实使用场景、过程和目的，从而构建候选的用户模型。例如，分析发现社区团购业务中某一类用户群体有不定期大量采购生鲜食材的行为，且该群体的复购率较高。根据用户信息可推测，这部分用户可能是饭店商户，会不定期通过社区团购进行紧急补货，对这个群体及其行为模式可以进一步分析。

（4）调查验证。建立用户模型之后，需要对模型的准确性进行验证。可以通过随机抽样的方式选择一些用户进行观察、访谈或问卷调查，以验证构建的用户模型的准确性。

（5）修正用户模型。在得到调查结果后，根据用户的真实行为进一步修正每个用户群体的用户模型，以保证模型的真实性和准确性。

5.2 大数据与电商

在电子商务高速发展的今天，大数据对电商行业的发展具有重要意义。首先，用户的浏览、点击、收藏、对比和购买等行为都会被记录在操作日志中，每天产生大量用户数据。电商企业可以利用大数据技术来收集、存储和处理这些用户数据，这些用户数据是宝贵的资产，可以为电商企业提供深入了解用户需求和市场趋势的渠道。其次，大数据分析可以揭示用户行为背后的规律和模式，为电商企业提供决策支持。电商企业可以通过分析用户的购买行为、时间分布和地理分布等信息，更好地调整产品定位、优化供应链和个性化推荐等，从而提升用户体验和销售效率。

基于对用户在线行为的分析，电商企业可以获得更多的价值和竞争优势。例如，电商企业可以通过用户健康度分析验证产品各阶段对用户的吸引力；通过用户路径分析引导用户走向期望路径；通过用户漏斗分析确定营销活动流程设计是否合理；通过用户生命周期分析建立有效的会员制度，提高用户黏性。下面从这些分析实例出发，展开讨论用户在线行为分析在电商行业的应用。

5.2.1 用户健康度分析

用户健康度是对用户行为进行深度挖掘和考察的核心指标，它在一定程度上反映了产品的健康度，为产品的发展提供预警。用户健康度主要包括两个方面：用户规模和用户质量（如用户构成和转化情况）。评估用户构成和转化情况的指标可以验证产品在各个阶段对用户的吸引力。

对用户规模和质量的分析综合反映了产品的总体运营状况，涉及的指标包括登录用户占比、页面浏览量（PV）、独立访客数（UV）、活跃用户数、交易额、付费用户数、付费率和用户平均收入等指标。对用户构成和转化情况的评估旨在通过分析不同类型用户的转化情况来衡量产品的发展潜力和健康程度。这些用户类型包括潜在用户、新注册用户、回流用户、活跃用户、忠诚用户和流失用户等。对于用户的转化情况，则可以分析用户访问的跳出率、人均停留时间、用户回访率、转化率等指标。

以某应用的新用户留存为例，我们可以从用户行为日志的半结构化数据中提取出登录日志数据，按照时间、账户和渠道等维度进行汇总，观察新增用户和活跃用户在登录 1 天、2 天、N 天、N 周和 N 个月后的留存情况，并绘制相应的留存率趋势对比图。通过组合查询渠道、地区和版本等维度，我们可以评估该应用对用户的吸引程度、渠道用户质量及投放效果等。通过考察新用户留存率的提升情况，我们可以减少获客成本的浪费，并及时调整留存策略。

通过对用户每日登录数据进行提取汇总并计算留存率，可以得到如表 5-2 所示的注册用户留存率分析统计表。从数据中可以看出，2022 年 2 月和 3 月虽然注册人数较多，但后续留存率较低。经过调整运营策略，从 2022 年 9 月开始虽然注册人数较之前有所下降，但后续留存率上升明显，用户健康度有所提升。对于新策略的改进，需要在保证用户留存率的情况下，提高拉新效率，进而增加当月的注册人数。

表 5-2　注册用户留存率分析统计表

注册年份	注册月份	注册人数	人数占比	3 月后留存率	6 月后留存率	12 月后留存率
2022	1	37958	6.03%	45.5%	41.6%	37.3%
2022	2	73021	11.61%	38.2%	32.1%	29.8%
2022	3	80191	12.74%	31.7%	26.8%	23.9%
2022	4	62102	10.03%	36.3%	30.2%	27.6%
2022	5	50302	7.99%	42.5%	38.7%	35.4%
2022	6	51342	8.16%	40.3%	33.9%	31.7%
2022	7	49438	7.86%	43.7%	38.5%	36.8%
2022	8	42672	6.62%	44.9%	39.1%	38.7%
2022	9	44196	6.87%	46.8%	44.5%	42.6%
2022	10	46248	7.03%	48.2%	43.7%	41.5%
2022	11	47846	7.60%	49.9%	43.2%	40.8%
2022	12	46903	7.45%	50.7%	44.9%	42.6%

5.2.2　用户路径分析

用户路径是指用户在网站或应用中的访问行为路径，用户路径分析主要关注的问题包括用户从哪个渠道或场景进入登录页面、访问了哪些页面、页面跳转是否符合运营设计的路径，以及用户在离开预想的路径之后实际去了哪里。用户路径分析模型可以回答这些问题，发现用户的关注焦点和干扰因素，并为运营人员进行内容改版和功能布局调整提供参考。

以电商平台为例，用户从登录到离开需要经过多个环节，包括浏览首页、点击导航栏、使用筛选按钮、查看商品详情页、收藏商品、搜索商品、将商品加入购物车、提交订单和支付订单等。运营人员在分析各个页面的访问和跳转情况时，可以选择任意页面作为根节点，分析从该节点到后续多个层级页面的跳转情况。某电商平台部分页面访问路径示意图如图 5-1 所示，从图中可以发现，首页→个人主页→签到领现金页这一路径的转化率较低。用户进入个人主页后，更多地进入了商品相关页面或直接离开平台。若运营人员希望提高签到领现金功能的转化率，可以通过改进入口的可见性等方法进行优化。

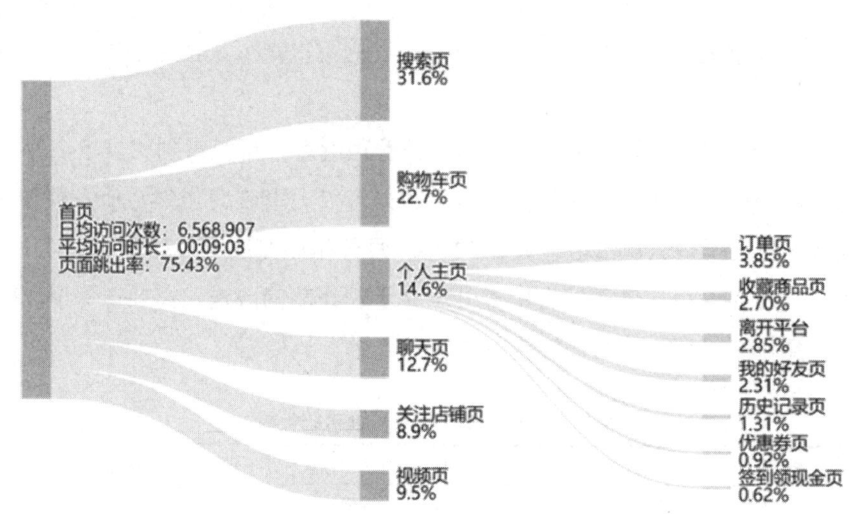

图 5-1　某电商平台部分页面访问路径示意图

通过分析用户的页面访问路径，特别是关键路径上的页面跳转和转化率，运营人员可以找到导致用户流失的页面，并比较设想路径与实际用户路径的差异，以洞察用户的意图和动机，引导用户朝预期路径前进。此外，运营人员还可以比较分析不同渠道用户之间的关键路径差异和新老用户之间的关键路径差异。

5.2.3　用户漏斗分析

用户漏斗是一种量化转化模型，它按照指定顺序触发的多个自定义事件序列来度量转化过程，考察每个步骤的触发人数、转化比例和最终转化率。通过观察每个步骤转化率的变化，运营人员可以分析关键路径，评估流程设计的合理性，并优化各个步骤以提高目标转化率。利用大数据技术，运营人员可以在搭建漏斗模型时利用全量的用户在线行为数据提升模型的准确性；通过对流程中不同节点的请求数据进行统计汇总，计算出每个步骤之间的转化率。

除此之外，基于漏斗模型，运营人员还可以识别用户关键行为节点，并在这些节点上实施个性化营销策略，以提高转化效果。例如，如果运营人员想要了解应用界面改版对电商平台订单使用流程的影响，可以使用漏斗模型来衡量转化率和完成率。转化率和完成率越高，改版效果越明显。当然，是否进行改版不仅取决于单一的漏斗模型，还需要综合考虑业务场景和其他指标。

例如，运营人员想要了解某应用界面改版对用户下单情况的影响。首先需要收集该应用界面改版前后用户购买行为的关键路径数据，并构建如图 5-2 所示的两个漏斗模型。从图中可以看出，应用界面改版后，各个环节的转化率明显高于改版前，特别是浏览到访问和下单到支付这两个环节。总体转化效果显著提升，说明应用界面改版对用户的转化效果有正面影响。

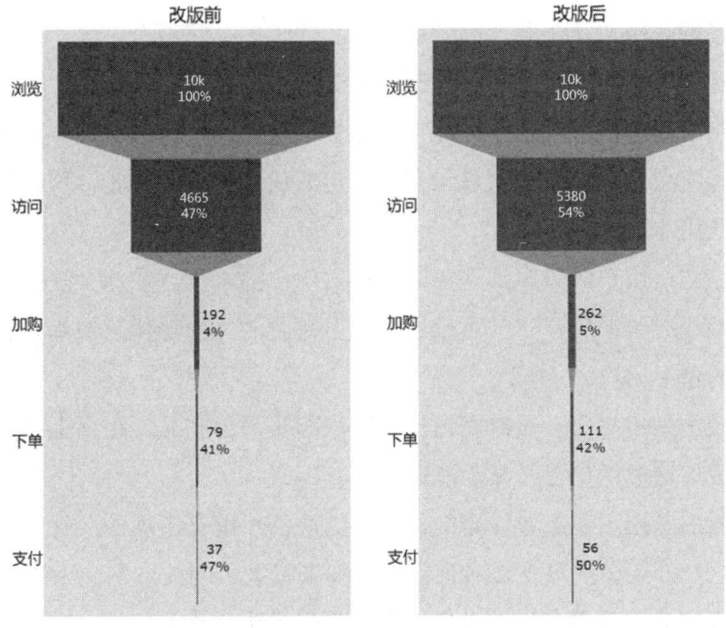

图 5-2　某应用界面改版前后下单转化的漏斗模型

5.2.4　用户生命周期分析

用户生命周期指的是用户从接触产品到流失的整个过程。用户生命周期分析可以帮助企业捕捉用户行为轨迹中的关键节点，了解用户生命周期内不同阶段用户的需求，并有针对性地制定用户策略，以提升用户的参与度和用户价值。用户生命周期可以分为引入期、成长期、成熟期、休眠期和流失期 5 个阶段。借助大数据技术，企业可以利用用户在线行为数据（如登录日志、订单数据等），结合自身业务特点，合理地量化每个用户所处的阶段，更加精确地计算用户生命周期的平均长度。用户生命周期的具体阶段如图 5-3 所示。

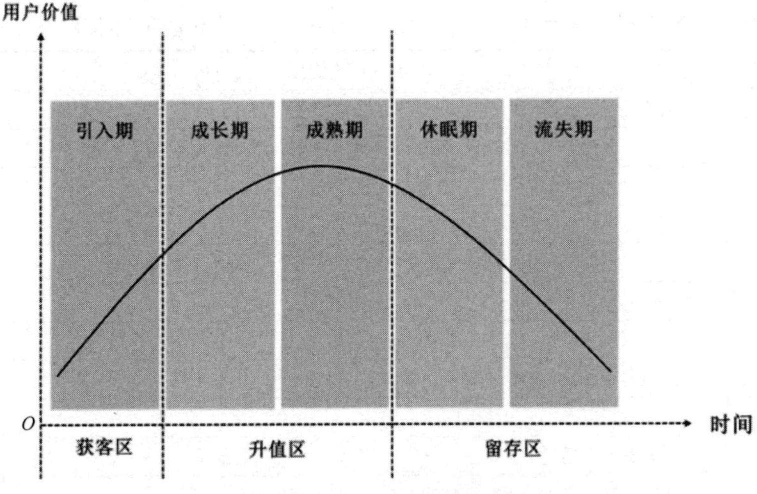

图 5-3　用户生命周期的具体阶段

- 引入期指的是用户从下载产品到使用产品的时期。在这个阶段，用户已经完成了下载产品和注册账号的过程，并且在当天活跃，但尚未进入留存阶段。
- 成长期指的是用户成功使用产品或进行多次购买的阶段。在这个阶段，用户在一段时间内多次登录，并且每次登录都有一定的使用时长。此时，用户已经从新用户过渡到活跃用户。
- 成熟期指的是用户通过多次购买成为忠实用户的阶段。在这个阶段，用户的平均登录次数高于成长期用户，并且已经完成了完整的付费转化，但尚未流失。这类用户被定义为留存用户。
- 休眠期指的是用户在一段时间内没有再次购买平台产品，距离上次活跃已有一段时间的阶段。这类用户已经显示流失趋势。
- 流失期指的是用户在超过设定的休眠时间后仍然没有出现购买行为的阶段。这类用户可能已经卸载了产品，或者已经长时间未登录，因此被定义为流失用户。

用户生命周期分析的根本目的是提高利润，为了达到这个目的，可以围绕以下三个目标展开分析：增加用户量、提高月均 ARPU（Average Revenue Per User，每用户平均收入）和延长用户生命周期。

想要构建用户生命周期模型，需要计算用户生命周期的平均长度，即用户在平台的总留存时间。可以通过用户总留存时间除以总用户数进行计算，并对用户的留存率变化曲线进行拟合，从而预测用户生命周期的平均长度。

在获得用户生命周期后，可以结合业务的关键指标和用户行为定义用户所处的具体阶段，具体指标包括购买次数、活跃度（近一个月登录次数、最近一次购买时间等）、GMV（Gross Merchandise Volume，商品交易总额）和复购率等。利用大数据技术量化式定义用户所处具体阶段的示例如表 5-3 所示。

表 5-3　利用大数据技术量化式定义用户所处具体阶段的示例

用户所处具体阶段	用户行为定义	用户类型
引入期	对产品有潜在需求，已触达产品但尚未注册的用户	潜在用户
	完成产品的下载、注册且当日活跃，但尚未进入留存阶段的用户	新用户
成长期	在一定时间（如 7 天）内平均登录次数不低于 x 次的用户	活跃用户
	平均产品使用时间不低于 x 分钟的用户	
	使用过点赞、评论、收藏等重要功能的用户	
成熟期	在一定时间（如 30 天）内平均登录次数不低于 x 次的用户	留存用户
	存在 5 天（或 7 天等）持续登录行为的用户	
	完成付费转化且尚未流失的用户	
休眠期	距上次活跃已过 x 天的用户	沉睡用户
流失期	已卸载产品的用户	流失用户
	距上次活跃已过 x 月的用户	

定义好用户所处的具体阶段后，就可以结合目标进行用户生命周期分析。对于引入期用户，电商平台可以利用优惠促使新用户完成转化，并在现有的成长期、成熟期用户中筛选出相似客群，分析这部分用户群体的偏好，从而给处于引入期的用户推送合适的产品。对于成长期和成熟期用户，他们已经有一部分购买经验，对平台渐渐熟悉，可以通过活动鼓励这类用户邀请朋友来体验，以增加平台的用户量。通过建立会员等级、会员积分和会员权益等机制，提高这类用户的黏性，延长用户生命周期。同时尽量减少这类用户出现不满意情况的次数，以减少流失。例如，从流失期用户中筛选出刚过成长期和成熟期的用户并通过分析流失原因找到改进方法。此外，还可以通过系统推送增加这类用户的消费频次，提高月均 ARPU。对于休眠期和流失期用户，可以从中筛选高价值用户实施召回策略，通过发送邮件、短信等方式为其提供优惠和感兴趣的内容，以重新培养用户的使用习惯。

5.3　大数据与流媒体（音频、视频、直播）

流媒体是一种实时传输媒体内容的传输方式，用户可以边接收边观看或收听传输的内容。流媒体应用广泛，包括视频点播、网络电视和网络直播等。流媒体的发展对娱乐产业产生了深远影响，使其不再受限于频道资源和物理空间，用户可以自主选择内容观看。目前，流媒体行业面临市场饱和及用户价格敏感度增加的问题。竞争加剧导致流媒体平台必须提供更好的内容来吸引消费者，并尽力防止用户流失。与此同时，消费者的预算有所下降，订阅疲劳现象普遍存在，用户更倾向于在添加新服务时取消现有的订阅。

因此，各类流媒体平台需要借助大数据技术提高自身的竞争力。他们需要监控平台内容，以保持良好的内容生态。通过分析用户的不同类型和偏好，实施个性化推荐和精准营销策略，提高广告变现等能力。通过分析海量用户的观看行为和反馈行为，优化平台的内容策略，更好地了解用户需求，提升用户体验，增加用户黏性。

5.3.1　用户注意力分析

用户注意力分析是用户行为分析领域的重要概念，旨在研究用户在使用产品、应用或服务时注意力的分配情况。通过分析用户的注意力，可以了解用户对特定元素、功能或内容的关注程度，从而优化产品设计、提升用户体验、提高用户的参与度和满意度。

用户注意力分析主要分析用户在网页上的浏览、点击、页面滚动、指针滑动和停留等行为数据。通过可视化方式（如热力图）呈现用户对某些信息的关注程度，进而推测用户最关注的内容。如图 5-4 所示，对于一个网页来说，用户的关注点一般集中在网页的左上部分。因此，视频等流媒体平台可以在这部分放置重要的功能按键，以提升用户使用时的便利性。同时，位于左上方的广告位售价也可以设置得相对高一些。

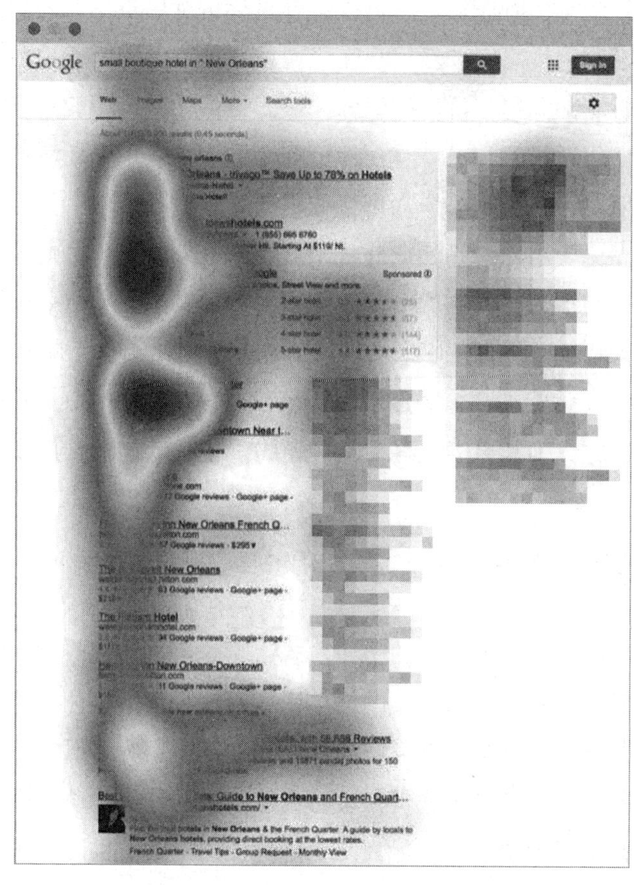

图 5-4　网页注意力热力图示例

除了分析用户的鼠标操作，目前还可以通过一些设备收集用户的眼动数据，如注视、眼跳和瞳孔直径等，通过对眼动数据的分析可以了解用户注意力的分布情况。在流媒体平台上，视频弹幕是一种非常受欢迎的交互形式，用户可以在视频播放时发送即时评论，这些评论会显示在视频上，增加了用户观看视频时的趣味性和社交性。利用眼动数据对弹幕视频进行分析，可以帮助视频网站合理选择弹幕的位置、播放方式和显示顺序，提高用户提取优质弹幕信息的效率，提升用户体验。

例如，研究人员对用户在哔哩哔哩视频弹幕网站观看一段演讲视频时的眼动数据进行采集，统计了用户对不同类型的科普弹幕的注视次数和注视时长，发现弹幕的位置和播放方式对用户提取信息的效率有显著影响。用户注视视频下方弹幕区域的次数和时长明显高于上方区域；用户对滚动弹幕的注视时长也显著高于静止弹幕。如图 5-5 所示，眼球注意力时长热点图展示了不同位置科普弹幕的眼球注意力时长，从图中可以看出，相较于上方弹幕，当弹幕位于视频底部时，热点颜色更深且更加集中，用户注视时间更长，注视次数更多，弹幕信息提取效率更高。因此，研究人员提出了将科普弹幕设置在视频画面的底部，并采用滚动播放方式的建议，以提高用户对科普弹幕信息的提取效率。

图 5-5　眼球注意力时长热点图

5.3.2　用户价值分析

用户价值分析依据用户为企业带来的价值高低对用户进行分类，可以帮助企业制定不同的营销策略，合理分配有限资源，实现利益最大化。比较经典且广泛使用的模型是 RFM 模型。RFM 模型细分了高、中、低价值用户，并针对不同用户推行不同的营销策略。该模型在电商领域应用广泛，对流媒体平台来说，也可用该模型确定用户价值，促进流量变现。

RFM 模型利用了用户行为的三个核心维度：最近消费（Recency，R）、消费频率（Frequency，F）和消费金额（Monetary，M）。对 R、F、M 这三个维度进行分档，不同档位的特征对应不同的用户群。对于流媒体平台，一般通过最近一次的登录时间、登录频率和在线时长这三个核心维度衡量用户价值。

客群划分可以采用组合法或聚类法。组合法更为精准和易于理解，适合业务人员使用，但处理多个阈值时能力有限。例如，二分法是组合法的一种，先利用中位数对 R、F、M 进行等分，大于等于中位数的标记为 1，否则为 0，然后将等分的结果组合起来形成不同的客群。聚类法在分类时可能出现个别会员分类不准确的问题，且易读性较差，但在处理多个阈值条件下的人群划分问题时表现较好，如 k 均值聚类模型等。

利用 RFM 模型，流媒体平台可以先将用户分为不同的群组，如高价值用户、低价值用户、新用户、沉默用户等，然后基于不同的用户群体制定更有针对性的营销策略，如为高价值用户提供定制化服务或特权、唤回沉默用户，或者适时放弃低价值用户等。

评估用户价值的维度正逐渐多元化。对于流媒体平台，除了用户的使用情况，还可以考虑用户的点赞、评论、偏好和消费情况，以及用户反馈和满意度等指标，将这些指标纳入评估用户价值的指标体系中。可以通过业务规则或模型来确定每个指标的权重，从而综合加权得到每个用户的价值。

例如，在一项对中国 MOOC（大型开放式网络课程）用户的价值研究中，研究人员搜集了一门课程开课后参与用户的相关观看信息。他们使用用户最近一次的学习时间、从课程开始到数据分析时间截止每天的平均学习次数和每天的平均学习时间来分别代表 RFM 模型中的 R、F、M。通过对这三个指标进行均值二等分，将用户划分为八种类型，进一步探究不同用户群体的分布及其价值。研究发现，在该课程的订阅用户中，价值最高和最低的用户占绝大多数，而一般价值的用户占很小一部分。同时，不同类型的群体之间存在转化关系。此外，不同群体的学习行为差异显著，可以有效区分。

根据上述研究结果，研究人员提出了针对不同价值的用户群体的策略。对于价值最高的用户，他们的最近学习时间间隔短，学习次数和学习时长的指标水平均较高，平台应继续关注和维护这类用户群体，并将其视为重要的发展客户群。对于只在学习次数或学习时长方面指标水平较低的用户，平台可以针对具体指标探究原因，并努力将其转化为重要的发展客户。对于最近学习时间间隔较长的用户，平台可以根据其他两个指标，对其采取适当的挽留措施。对于三个指标均低于平均水平的一般价值用户，平台可以考虑他们是否适合该课程的学习，甚至采取一些劝退策略。针对不同价值的用户群体提出的具体策略如表 5-4 所示。

表 5-4　针对不同价值的用户群体提出的具体策略

群体类型	具体策略
重要发展人群	这类群体是最需要维护和发展的人群，应继续维护与这类群体的关系
一般发展人群 1	这类群体的学习频率较低，应该分析了解他们的需求，制定针对性策略吸引这类用户，提高其学习频率，进而提升该课程的学习效果
一般发展人群 2	这类群体学习时长较短，需进一步了解其登录频次高但学习时间短的原因，为其提供针对性支持
一般保持人群	这类群体存在两种情况，一种是新注册用户，还没来得及进行学习，未来可能转化成重要发展人群中的一员；另一种是老用户偶然学习，这类用户可以划分到低价值人群
重要挽留人群	这类群体需要重点挽留，用户可能已学完全部课程，或者恰巧最近不学习，应利用适当的营销手段对其进行学习提醒或推荐相关课程，让这类群体继续学习
一般挽留人群 1	这类群体学习时长较短，同时最近学习时间间隔较长，可以从提高用户自主学习能力的角度进行策略设计
一般挽留人群 2	这类群体学习频率较低，学习存在偶然性，同时最近学习时间间隔较长，可以从提高用户自主学习能力的角度进行策略设计
低价值人群	这类群体对该课程不感兴趣或该课程不适合这类群体，可以考虑劝退或为其推荐其他课程

5.3.3　社交网络分析

意见领袖是能够在网络中起到信息桥梁作用并产生一定影响力的用户，他们能够潜移默化地影响社交网络中的其他用户，引导舆论。因此，在突发事件、公共议题、口碑效应、网络营销等方面，他们的影响力甚至大于一些媒体的传播能力。而识别意见领袖可以利用社交网络分析的方法。

社交网络分析（Social Network Analysis，SNA）是一种研究人际关系和组织结构的方法。通过分析个体之间的连接关系和网络结构，揭示人际关系对个体行为和信息传播的影响。

社交网络分析的具体步骤如下。

（1）定义研究目标和研究对象：明确研究目标和关注的社交网络对象，如影评平台用户之间的社交网络。

（2）收集网络数据：收集与研究对象相关的数据，方法包括问卷调查法、观察法、社交媒体分析法等。例如，将影评平台用户的关注和粉丝数量作为用户间的关系数据。

（3）构建和分析网络：根据收集到的数据构建社交网络模型，用图表示网络，节点代表个体，边和方向表示他们之间的关系。常用的分析方法包括计算网络中心度指标、社区检测和节点度量等。例如，计算每个用户的中心度指标以了解哪个用户在网络中处于核心位置。

（4）解释网络结果：根据分析结果解释网络中的关系和模式，包括探究网络中的子群体、影响力节点或信息传播路径等。例如，发现某些用户在不同板块起到关键的桥梁作用。

（5）检验假设和推理：根据解释的结果，进一步检验研究假设并进行推理，以验证研究结论的可靠性和有效性。例如，推断用户之间的关系网络对他们在影评平台的影响力和社交地位有一定影响。

社交网络分析一般涉及以下指标。

- 同质性：指节点之间具有相似特征的倾向。同质性是社交网络中的常见现象，即网络用户倾向于与具有相似背景、兴趣、观点等特征的用户建立连接。
- 多重性：表示两个节点之间存在多个连接。多重性反映了关系的丰富性和复杂性，有时一条连接可能代表不同的关系或不同层面的互动。
- 相互性：指连接是双向的，并且两个节点之间的连接是相互的。相互性反映了节点之间的互惠和互动关系。
- 邻近性：表示节点在网络中的接近程度。邻近性可以通过节点之间的距离、路径长度或其他指标来衡量。
- 桥接：指连接不同组群或社区的节点。桥接者在网络中起到连接不同部分的重要作用，促进信息和资源的流动。
- 中心度：衡量节点在网络中的重要性和影响力。常用的中心度指标包括度数中心度（节点的直接连接数量）、接近中心度（节点到其他节点的平均距离）、中介中心度（节点在其他节点之间传递信息的次数）等。
- 密度：反映网络节点之间连接的紧密程度。密度越高，表示节点之间的连接越紧密，信息传播越迅速。
- 关系强度：表示连接的强度或关系的紧密程度。关系强度可以通过许多指标来衡量，如互动频率、亲密程度、持续时间等。

通过社交网络分析，平台可以发现意见领袖和影响力用户，他们的观点和分享对其他用户的决策和行为有很大的影响。平台可以与这些用户合作，为其提供特殊待遇或推广，或者通过影响意见领袖来影响其大多数追随者，以增加平台的知名度和用户数量。此外，平台可以识别用户之间的群体、社区或兴趣小组，从而了解这些群体的偏好和需求，并为其提供更加个性化和定制化的内容推荐，提高用户的满意度和留存率；促进这些群体内部的交流，提升用户参与度和用户黏性。

针对国外游戏直播平台 Twitch，研究人员结合社交网络分析和使用与满足理论，对该直播平台的社交网络规模，以及不同直播类型、社区类型和游戏类型的主播之间的社交网络分布进行了研究。该研究搜集了 75 个关注人数大于 100 人的直播间，将每个直播间作为一个节点，记录它们的关注人数、直播游戏名称、直播类型（如休闲、竞技、速通、教学等）、直播游戏类型［如第一人称射击类游戏（FPS）、多人在线战术竞技游戏（MOBA）、大型多人在线游戏（MMO）等］和社区类型（如常规游戏区、竞技游戏区等，一个直播间可以不属于任何社区或至多属于三类社区）。不同节点之间的连接及边的权重由共同关注用户数确定。利用上述数据建立社交网络后（见图 5-6），研究人员得出了以下结论：相比社区类型，按直播类型对直播间进行分组更加清晰；速通类型的直播间规模较小且集中度最高，表明高技术直播在大众中的吸引力低于常规游戏直播；在研究时间段内，FPS 类型的游戏直播最受欢迎。从对单个节点的分析中发现，社区类型与用户观看直播的倾向关系不大，观看游戏速通直播的用户基本上涵盖了各大主流休闲直播间；通常具有最高中心度的是中等规模的、休闲类型的直播间。在得出上述结论后，研究人员提出了明确定义社区的建议，并建议增加直播间的筛选条件，以便用户能够方便地查找满足特定需求的直播间。

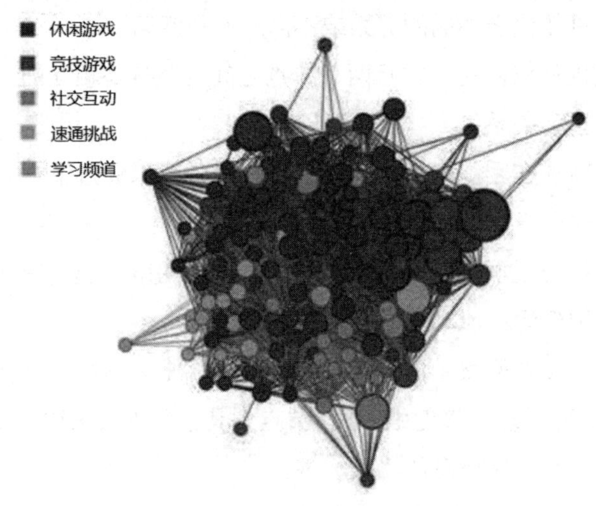

图 5-6　直播平台 Twitch 按直播类型划分的社交网络

5.4　大数据与游戏

大数据与游戏之间存在着紧密的联系。游戏行业具有庞大的用户群体，玩家行为数据也是闭环的，采集和分析相对容易。因此，游戏行业是最适合应用大数据技术的行业之一。

随着游戏行业竞争越来越激烈，玩家对游戏体验的要求也越来越高，大数据技术在游戏行业中的应用变得越来越重要。

在游戏开发过程中，大数据发挥着重要的作用。游戏开发团队可以通过收集和分析大量数据，了解玩家的喜好、游戏体验和行为模式等，从而制定更好的游戏策略。大数据可以帮助游戏开发团队了解玩家需要什么样的游戏内容、关卡难度、奖励方式等，从而提高游戏质量和玩家的满意度。大数据在游戏运营中也起着至关重要的作用。游戏公司可以通过收集和分析玩家的游戏数据，了解玩家的兴趣和需求，并根据这些数据制定运营决策。例如，根据对玩家游戏行为的分析，游戏公司可以推送个性化的游戏内容、广告和奖励，提高玩家的参与度和留存率。此外，大数据还可以帮助游戏公司预测未来的市场趋势和玩家需求，助力公司制定长期发展策略。大数据在游戏领域还可用于作弊和欺诈行为检测，通过收集和分析玩家的游戏数据，大数据可以快速发现玩家的异常行为，提高游戏的公平性和玩家的游戏体验。

本节将从游戏运营中的用户分群、用户流失预警及异常行为监控三个方面，介绍大数据在游戏行业的应用。

5.4.1　用户分群

用户分群是指根据用户的行为、偏好、兴趣等数据将用户分成不同的群体或类型，同一群体内的用户相似度较大，而不同群体间的用户差异性较大。在游戏行业中，用户分群是一种重要的分析工具，也是数据化运营的基础。例如，游戏策划人员或游戏运营人员希望了解游戏中用户的行为模式，他们可以根据用户在游戏中留下的行为日志数据进行用户分群，获得不同用户的行为模式类型。获取这些类型后，游戏策划人员可以设计更符合用户需求的游戏系统和玩法，而游戏运营人员也可以有针对性地制订运营方案。

下面通过一个用于用户留存管理的用户分群案例详细阐述在游戏行业中用户分群的步骤及作用。

搭建用于用户留存管理的用户分群模型，要先明确度量相似性的指标。在一般行业中，影响用户留存的主要因素包括竞争定价、服务质量、转换成本、社交关系，甚至包括用户性格等。此外，地理位置、人口特征（性别、年龄、受教育程度、收入水平等）、购买行为、用户价值也常常作为用户分群的划分变量。由于本案例的应用领域是游戏行业，研究人员从以下三个角度出发设置划分变量来区分用户的黏性。

- 参与特征：指用户在游戏中付出的时间和努力。用户投入的时间和努力越多，其对游戏的黏性和沉迷程度越高。衡量参与特征的一系列指标包括登录频率、登录时长、平均游戏时间等。
- 表现特征：指用户在游戏中展现的能力、成就和荣誉。表现特征可以反映用户在游戏中的地位。用户的表现越好，其在游戏中的影响力越大，这也将导致用户更愿意留在游戏中。衡量表现特征的一系列指标包括角色等级、完成的任务数量、游戏内货币的数量、货币的使用频率等。

- 社交互动特征：指用户在游戏中的社交关系强度。较强的社交关系通常意味着用户会坚持玩游戏，用户黏性较高。衡量社交互动特征的一系列指标包括游戏内好友的数量、用户是否加入公会、公会状态、用户在公会内的角色等。

在确定影响用户黏性的指标后，需要给聚类模型定义合适的距离。本案例首先对上述特征进行主成分分析（PCA）降维，其次将得到的主成分按照特征值分配到不同的特征中，最后进行欧式距离的计算。计算公式如下：

$$S\left(c_{\mathrm{i}},c_{\mathrm{j}}\right)=\sqrt{\left(\sum_{k=1}^{n^{E}}E_{\mathrm{i}k}-\sum_{k=1}^{n^{E}}E_{\mathrm{j}k}\right)^{2}+\left(\sum_{k=1}^{n^{P}}P_{\mathrm{i}k}-\sum_{k=1}^{n^{P}}P_{\mathrm{j}k}\right)^{2}+\left(\sum_{k=1}^{n^{\mathrm{SI}}}\mathrm{SI}_{\mathrm{i}k}-\sum_{k=1}^{n^{\mathrm{SI}}}\mathrm{SI}_{\mathrm{j}k}\right)^{2}}$$

式中，c_{i} 和 c_{j} 分别代表两位玩家；$E_{\mathrm{i}k}$、$P_{\mathrm{i}k}$、$\mathrm{SI}_{\mathrm{i}k}$ 分别代表玩家 i 的第 k 个参与特征、表现特征和社交互动特征；n^{E}、n^{P}、n^{SI} 分别代表参与特征、表现特征和社交互动特征的数量。

确定距离后，用户分群可以采用多种聚类模型实现，例如在第 4 章中介绍的 k 均值聚类模型、DBSCAN、高斯混合模型等。本案例采用模糊 C 均值（FCM）聚类模型。FCM 聚类模型是一种软聚类模型，与传统的硬聚类模型相比，FCM 聚类模型允许一个数据对象属于多个类，以权衡数据对象与聚类中心的相似度，使其能够处理具有模糊边界的数据。FCM 聚类模型的输出是每个样本在每个类别中的隶属度，用于确定其归属程度。此外，FCM 聚类模型还提供了一个模糊指数，用于衡量聚类结果的模糊程度。

聚类模型将游戏用户分成五种人群：进取型玩家、流失玩家、社交型玩家、探索型玩家、结果驱动型玩家。其中，进取型玩家占比很少，但是他们的价值非常高。这些用户在表现特征和社交互动特征上得分最高，在游戏社交中扮演着至关重要的角色。流失玩家的各方面特征得分最低，占比超过总用户数量的一半。在一般情况下，游戏的流失玩家多于非流失玩家，这也是大多数在线社交游戏面临的现实。社交型玩家的表现特征得分一般，但是社交互动特征得分较高，表明他们在游戏内部的社交网络中有很强的联系。探索型玩家在表现特征和社交互动特征上的得分都很低，但是他们的平均游戏时间最长，这类用户在流失之前愿意花费时间探索游戏。结果驱动型玩家的表现特征得分最高，其他特征得分一般，他们热衷于花费金币购买武器装备以获得更好的表现。

得到分群结果后，研究人员对不同群体的留存率变化情况进行了可视化（见图 5-7），分析不同群体留存率的变化特点，并针对不同群体的问题给出了改进方向。可以发现，对于进取型玩家（c1），他们的留存率较为稳定，对游戏有很高的黏性，通常也在社交互动中起领导者的作用。这类用户的流失集中在前五天，之后迅速趋于平稳。游戏运营商应该更加关注这些忠诚且有价值的玩家并采取行动留住他们，因为这类用户的流失会对其他用户产生负面影响，可以采取对这类用户进行访谈、给予他们更多游戏权力或奖励等措施来留住他们。对于流失玩家（c2），游戏运营商需要在五天之内留住这些用户，因为这类用户五天后的留存率会急剧下降至接近于 0 并趋于平稳。用户的流失说明这类游戏对这些用户没有吸引力，可以考虑向他们推荐其他类型的游戏。对于社交型玩家（c3），这类用户的留存率也会随时间下降。游戏运营商可以利用游戏内部的社交互动，增强这类用户与游戏的联系，如向其推荐游戏内好友、说服他们加入公会等，从而提高这一群体的留存率。对于探索型玩家（c4），这类玩家的平均游戏时间很长，但是游戏表现不佳，且留存率波动较小，说明他们愿意探索游戏，但在决定离开后很少再次登录。因此，游戏运营商可以探究他们离开的原因，如游戏是否太难、服务器是否稳定、游戏是否出现漏洞等，从而做出改进，以留住更多用户。对于结果驱动型玩家（c5），他们的游戏表现非常好，但是留存率波动较大，且在周五有所提高，表明这类用户可能是学生或公司员工，在周五晚上有更多时间玩游戏。游戏运营商可以根据这一情况，通过在这类用户活跃的时段设置比赛或特殊奖励等方式来吸引这类用户。

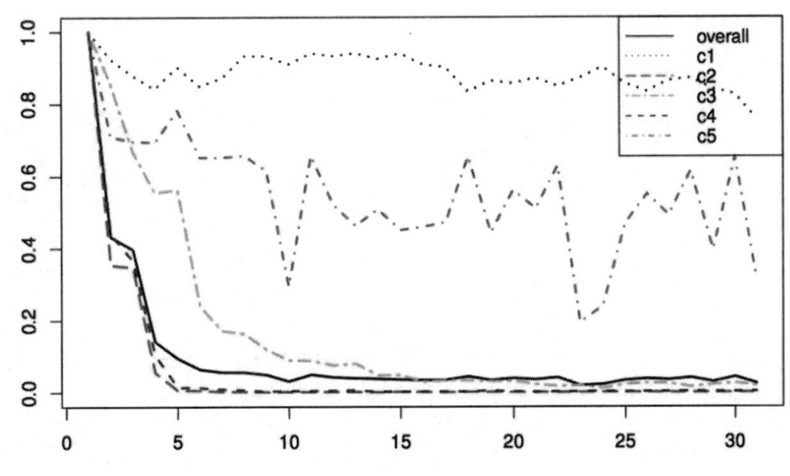

图 5-7　不同玩家群体的留存率变化情况

5.4.2　用户流失预警

当前游戏行业竞争日益激烈、获客成本日益增加，维护已有用户变得十分重要。这就需要运营人员找到潜在的流失用户，对用户的流失倾向进行预警。用户流失预警是指通过分析流失用户的特征，预测出用户流失的概率，并对具有高流失概率的人群进行标识。运营人员还需要结合用户价值筛选出需要重点关注的优质易流失用户，并采取相应的用户留存策略。

用户流失预警包含以下工作：首先，根据相关数据和实际业务客观而合理地定义用户流失行为；其次，分析导致用户流失的关键因素，对用户的游戏记录数据进行特征提取；再次，选择合适的分类算法，建立精确有效的预警模型，以预测每位用户的流失概率；最后，分析预测结果，根据用户价值筛选出需要重点关注的高价值用户，并对这类用户进行流失预警。

如何定义用户流失行为，需要视具体情况而定。随着时间的发展，用户可能在流失和非流失两个状态之间多次变动。合理定义用户流失行为可以考虑以下几项指标。

- 流失周期：将超过一定时间没有发生登录行为的用户定义为流失用户，这段时间称为流失周期。
- 流失率：在某一时间段内消费的人群中，如果其中一部分人在一个流失周期后变为流失人群，那么这一流失人群的人数与消费人群的总人数之比称为流失率。
- 回流人群：指在曾经流失的人群中，又重新购买产品或服务的人群。
- 回流率：指回流人数与流失人数之比。

如图 5-8 所示，回流率约为 10%时，可以将流失周期定义为 9 个月，即若用户超过 9 个月没有发生登录行为，则被视为流失用户。

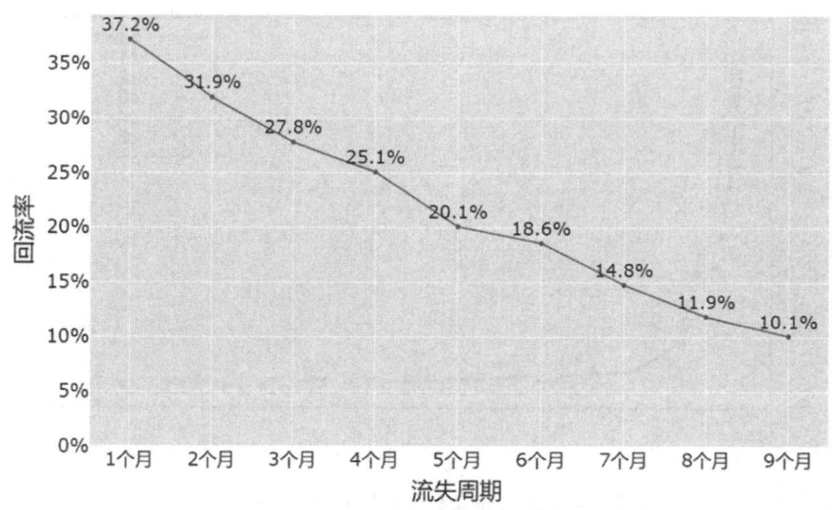

图 5-8　不同流失周期对应的回流率

特征提取时需要从用户完整的游戏记录中选择与用户流失倾向相关的状态特征，常见的特征类别包括在线情况（登录次数、登录时间）、货币花费（货币花费数量、充值情况）、互动情况（完成任务等游戏行为发生的次数）等。同时，特征提取时还可以利用信息增益、主成分分析等方法来减少特征数量，在保证训练效果的同时降低训练成本。此外，为了增强模型效果，还需要对训练前的特征数据进行处理，如归一化、调整区间、处理不平衡数据等。

在完成用户的特征提取、筛选等处理步骤之后，需要对用户进行流失预测，主要的预测方法有以下几种类型。

- 基于传统统计学的预测：主要使用决策树和逻辑回归等算法，其优势在于预测结果具有较强的可解释性。然而，这类算法在处理类别不平衡的数据、海量数据和高维数据时效果较差。

- 基于统计学习理论的预测：主要使用支持向量机，支持向量机具有很高的泛化能力和分类精度，并且可以处理高维数据。此外，使用核函数还能进一步提高分类效率，目前在实际工作中应用十分广泛。
- 基于人工智能的预测：主要使用人工神经网络（Artificial Neural Network，ANN）和自组织映射（Self Organization Map，SOM）等方法，为了保证模型效果，这类方法对训练样本的数量有一定的要求。
- 基于集成的预测：主要使用自适应增强（AdaBoost）和随机森林（Random Forest）等算法，其核心思想是，由于不同分类器在处理不同数据时具有各自的优势，因此通过组合不同分类器的优势可以综合提高分类的准确率。

在分析预测结果时，可以利用流失概率对用户进行细分。对于没有流失风险的用户，可以继续维持当前的营销策略；对于轻度流失用户，虽然他们存在一定的流失倾向，但短期内不会流失，应采取预防性的营销策略；对于流失用户，可以筛选价值较高的用户尝试挽回。

5.4.3　异常行为监控

游戏作为一个虚拟世界，其游戏体验和平衡性直接影响玩家的参与度和忠诚度。调查显示，如果玩家认为对手在作弊，77%的玩家可能会停止玩该游戏，进而导致玩家流失。因此，异常行为监控对于网络游戏运营具有重要意义。异常行为监控可以维护游戏的平衡和公正性，减少作弊行为，确保玩家获得高质量的游戏体验。此外，游戏作弊也可能导致其他玩家的账号和信息被窃取和滥用，而异常行为监控可以减少这类事件的发生，降低玩家遭受经济损失的风险。另外，一些异常行为与游戏内虚拟经济相关，通过异常行为监控可以减少非法交易和金融欺诈行为，维持游戏内虚拟经济的稳定，提高运营商的盈利能力。

传统的反外挂手段包括以下几类，但如今都有着不同的破解手段。

- 加密校验：通过对游戏程序进行加密处理，使外挂难以通过静态分析获取敏感数据。例如，加密关键游戏代码、通信协议，以及使用安全散列算法保护数据完整性等。然而，通过动态调试、反汇编等手段仍可以绕过这种保护措施。
- 可信执行环境：该方法主要通过在受保护的环境中运行游戏程序，防止外挂通过修改游戏进程或内存来作弊。例如，创建受保护的执行环境（如虚拟机、沙箱），检测游戏程序完整性，以及实时监测程序运行等。然而，目前可以通过逆向工程来破解保护机制并绕过。
- 黑名单拦截：该方法需要维护一个黑名单列表，其中包含已知的外挂程序和作弊玩家的信息，用来拦截黑名单上的程序，以达到反作弊的效果。然而，这种检测方式对于新出现的外挂程序无效，需要定期更新特征进行拦截，时效性较差。

由于外挂行业的违法利润较高，许多人选择冒险，这导致外挂也在不断发展，传统的异常行为监控方法在面对新的漏洞或更加先进的外挂时难以发挥作用。因此，基于大数据和机器学习算法的用户行为监控高级解决方案更适合当前游戏行业所面临的情况。在实际应用中，可以通过分类算法利用玩家的交互数据分析用户行为，从而找出存在异常行为的用户，实现反作弊的目的。

下面以一项识别是否在 FPS 游戏中使用比较流行的自动瞄准或自动开枪外挂的研究为例，介绍基于大数据的异常行为分析。

首先，进行数据处理。用户在游戏中的交互行为数据可以被看成是一个多元时间序列，每条原始数据包括时间戳、用户行为代码、行为值。对于原始数据，可以将时间离散化，分割成一个个相邻的时间段（如 100ms），记录每个时间段内发生的所有行为。对于键盘按压这种二元事件，可以记录当前时间段内发生的具体时间（如 40ms）；对于鼠标坐标这种实值数据，可以记录当前时间段内值的变化幅度和方差。用户行为数据处理示例如图 5-9 所示。

时间戳（毫秒）	事件	值	事件描述
1574365839854	X坐标	960	光标的水平位置
1574365839854	Y坐标	540	光标的垂直位置
1574365839854	D	1	键盘 D 键被按下
1574365839854	左键	1	鼠标左键被按下
1574365840188	A	1	键盘 A 键被按下
1574365840196	D	0	键盘 D 键被释放
1574365840392	X坐标	900	光标的水平位置
1574365840392	Y坐标	640	光标的垂直位置
1574365840392	左键	0	鼠标左键被释放
…	…	…	…

数据处理后

时间段起点	A	D	左键	X坐标变化	Y坐标变化
1574365839854	0	1	1	0	0
1574365839954	0	1	1	0	0
1574365840054	0	1	1	0	0
1574365840154	0.66	0.42	1	0	0
1574365840254	1	0	1	0	0
1574365840354	1	0	0.38	-60	100
…	…	…	…	…	…

图 5-9　用户行为数据处理示例

其次，从离散化的时间段中提取特征，如键盘按键频率、鼠标移动轨迹的变化幅度和方差等。通过分析这些特征，可以识别出异常的行为模式。例如，自动瞄准外挂通常表现为极其精确和快速的瞄准动作，与正常玩家的鼠标移动轨迹有显著区别。

再次，使用机器学习算法（如 k 均值聚类、决策树、支持向量机等）对提取的特征进行训练，建立分类模型。通过对比正常玩家和外挂玩家的行为特征，模型可以学会识别异常行为。

最后，将训练好的模型应用于实际游戏环境中，对玩家的实时行为数据进行监控。当检测到异常行为时，系统可以采取相应措施，如警告玩家、限制其游戏权限或直接封禁账号。

通过这种基于大数据和机器学习的异常行为监控方法，游戏运营商可以有效识别和防止作弊行为，维护游戏的公平性和稳定性，提升玩家的游戏体验和忠诚度。

案例：基于 RFM 修正模型的数海大数据交易平台用户价值识别

随着数字经济的快速发展，对数据资源的需求不断增加，大数据服务平台已经成为用户获取数据的主要途径。为了快速发展和提升竞争优势，有效而准确地识别用户的价值非常重要。然而，在大数据服务平台的用户价值细分场景下，传统的 RFM 模型存在一定的局限性。一方面，传统的 RFM 模型主要适用于快速消费或周期性消耗型商品。对没有周期性或具有在线互联网服务等特性的商品而言，由于购买周期较长且交易数据较为稀疏，该模型并不适用。另一方面，F 和 M 指标是随时间积累的用户购买行为数据，而在有新用户加入时，这两个指标无法很好地反映新用户的价值。

此外，大数据服务平台具有其自身的独特之处。一方面，数据资源是一种无形、稀缺且极具经济价值的商品，其生产成本高，但复制成本几乎为零。同一用户不会重复购买相同的数据资源，这导致交易数据的稀疏性。另一方面，大数据服务平台不仅是数据资源供需双方的桥梁，还提供搜索、支付、下载等功能，同时需要建立社区，为用户提供需求描述、交流和评价等功能。

基于 RFM 模型的局限性和大数据服务平台的特点，本案例构建了 ALC-RFM 修正模型，将用户活跃度（Activity）、用户忠诚度（Loyalty）和用户贡献度（Contribution）作为用户价值分类的指标，以实现用户价值的识别和细分。ALC-RFM 模型的具体指标如图 5-10 所示，其中活跃度 A 指标包括数据资源购买近度 PR（Purchase Recency）和服务平台访问近度 VR（Visit Recency），忠诚度 L 指标包括数据资源购买频率 PF（Purchase Frequency）和服务平台访问频率 VF（Visit Frequency），贡献度 C 指标包括数据资源购买值度 PM（Purchase Monetary）和平台用户评论数量 RN（Review Number）。同时，该模型假设 PR 和 VR 的取值越大，表示用户在平台上的活跃性越高，购买数据资源的可能性和用户价值就越高；PF 和 VF 的取值越大，表示用户对平台的忠诚度越高，购买的可能性和用户价值就越高；PM 和 RN 的取值越大，表示用户对于平台中的数据资源越满意，参与度也越高，购买的可能性和用户价值就越高。

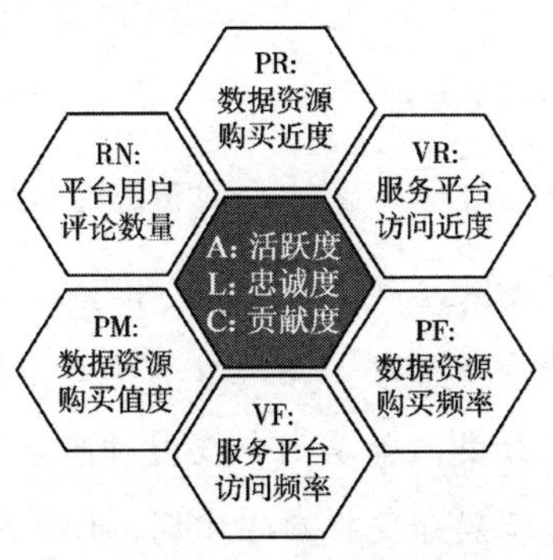

图 5-10　ALC-RFM 模型的具体指标

在用户价值识别方面，本案例利用均值对 A、L、C 三项指标进行二等分，得到 8 个类别。结合大数据服务平台自身特点，将上述 8 个类别分成 3 个大类，如表 5-5 所示。类型Ⅰ用户的最近购买时间和访问平台内容的时间间隔较短，购买和访问频率较高，说明其对平台服务内容有较高的活跃度和忠诚度。该类用户可为平台提供高额利润，因此将其认定为重要价值用户。类型Ⅱ用户具有较高的忠诚度或近期活跃度，应为其提供针对性服务，提高用户黏性和关注度，并将其转化为重要价值用户。类型Ⅲ用户可能是之前的重要价值用户或重要保持用户，但是近期活跃度不高。针对这类用户可以探究其活跃度下降的具体原因，必要时采取挽留措施。

表 5-5　ALC-RFM 模型的用户价值划分

用户类型	活跃度（A）	忠诚度（L）	贡献度（C）	用户价值
类型Ⅰ	↑	↑	↑	重要价值用户
	↑	↑	↓	
类型Ⅱ	↑	↓	↑	重要保持用户
	↓	↑	↓	
	↑	↓	↓	
类型Ⅲ	↓	↑	↑	重要挽留用户
	↓	↓	↑	
	↓	↓	↓	

在通过组合法对平台用户进行价值划分后，该案例抓取了数海大数据交易平台的部分用户在 12 个月以内的交易数据和访问日志数据。利用 k 均值聚类模型对平台用户价值进行细分，聚类结果如图 5-11 所示。

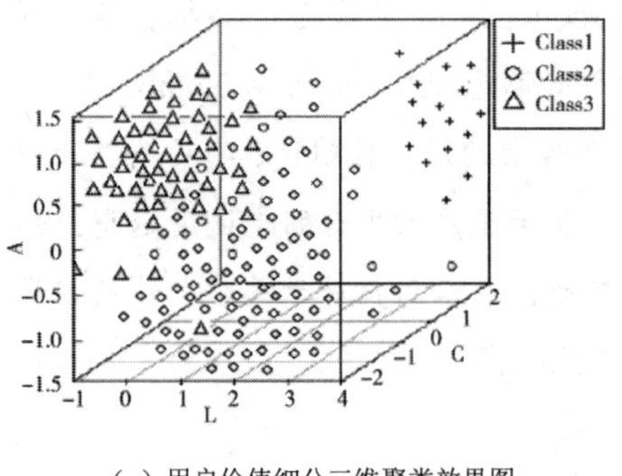

（a）用户价值细分三维聚类效果图

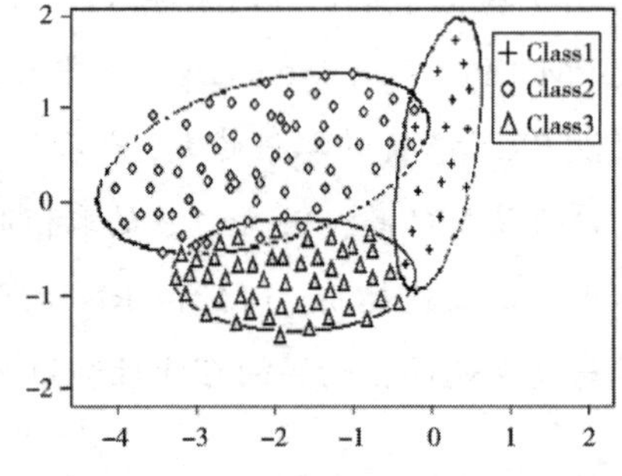

（b）用户价值细分二维聚类效果图

图 5-11　ALC-RFM 模型结合 k 均值聚类算法的聚类结果

同时，该案例将上述聚类结果与传统的 RFM 模型结合 k 均值聚类模型的聚类结果进行比较，将结果准确率作为衡量标准。结果准确率是指利用训练集和测试集训练两个模型后，对所有数据样本进行分类，如果两个模型对某个样本的分类结果一致，则认为该样本被正确分类。最后计算正确分类样本的比例，计算公式如下：

$$\text{Accuracy} = \frac{1}{|D|}\sum_{i=1}^{K} a_i$$

式中，样本总数为$|D|$，类别数为 K，被正确分到 C_i 类的样本数为 a_i。

最终对比结果如图 5-12 所示，当平台用户数量在 10～50 时，两者的准确率比较接近。随着用户数量的增加，ALC-RFM 模型结合 k 均值聚类模型的计算结果的准确率明显优于传统的 RFM 模型。

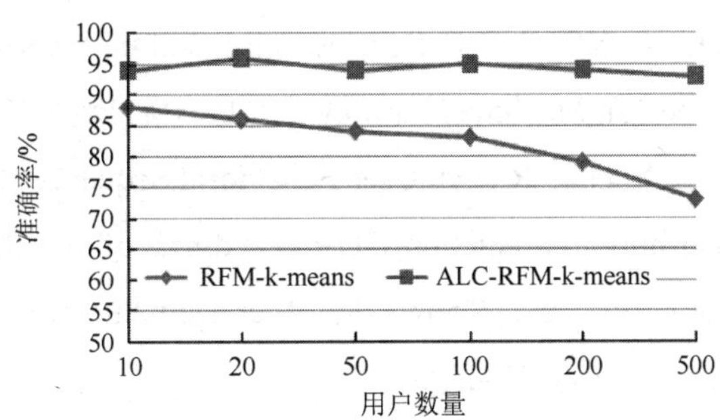

图 5-12　ALC-RFM 模型与传统的 RFM 模型准确率的对比结果

1. 相对于传统的 RFM 模型，ALC-RFM 模型有哪些优点？

2. 除了 ALC-RFM 模型中涉及的用户指标，还有哪些指标可以考虑到用户价值的度量？

3. 在该案例中，对真实数据进行实验时，还可以进行哪些改进以增强聚类的性能？

4. 针对不同用户价值的细分类别（8 类），可以制定哪些策略？

参考文献

[1] 杜晓梦，唐晓密，张银虎. 大数据用户行为画像分析实操指南[M]. 北京：电子工业出版社，2021.

[2] 张型龙. 用户画像：平台构建与业务实践[M]. 北京：机械工业出版社，2023.

[3] 白卓男. 基于大数据的消费者精准营销——以爱奇艺为例[J]. 中国商论，2020（14）：65-69.

[4] 陈柳，陈思蓉，蔡泓，等. 科普弹幕设置方式对信息提取效率的影响[J]. 厦门理工学院学报，2020，28（4）：24-30.

[5] ERNAWATI E, BAHARIN S S K, KASMIN F. A review of data mining methods in RFM-based customer segmentation[J]. Journal of Physics: Conference Series, 2021, 1869(1): 012085.

[6] 宗阳，郑勤华，陈丽. 中国 MOOCs 学习者价值研究——基于 RFM 模型的在线学习行为分析[J]. 现代远距离教育，2016（2）：21-28.

[7] DUX J. Social Live-Streaming: Twitch.TV and Uses and Gratification Theory Social Network Analysis[J]. Computer Science & Information Technology, 2018, 47.

[8] FU X, CHEN X, SHI Y T, et al. User segmentation for retention management in online social games[J]. Decision Support Systems, 2017, 101: 51-68.

[9] 过岩巍，吴悦昕，赵鑫，等. 网络游戏案例研究：用户行为分析和流失预测[J]. 中文信息学报，2016，30（1）：183-189+197.

[10] PINTO J P, PIMENTA A, NOVAIS P. Deep learning and multivariate time series for cheat detection in video games[J]. Machine Learning, 2021, 110(11): 3037-3057.

[11] FU C, WU W, ZHANG X, et al. Robust User Behavioral Sequence Representation via Multi-scale Stochastic Distribution Prediction[C]//Proceedings of the 32nd ACM International Conference on Information and Knowledge Management. New York: Association for Computing Machinery, 2023: 4567-4573.

第6章

大数据在金融与投资中的应用

6.1 大数据与金融

6.1.1 概述

1）大数据金融的内涵

互联网以数据为核心，金融更加需要用数据说话。金融业本身就是基于数据和信息的产业，作为现代经济的核心，敏锐的金融行业正在积极拥抱大数据技术。大数据金融是指运用大数据技术和大数据平台开展金融活动和金融服务，对金融行业积累的大数据及外部数据进行云计算等信息化处理，结合传统的金融理论、金融技术和金融模型，开展资金融通、创新金融服务的过程。金融机构在业务开展的过程中能够获取海量的高价值数据，基于这一特性，金融行业天然地具备将数据价值变现的巨大潜力。大数据金融相较传统金融有着无可比拟的优势，在银行业、保险业、证券投资业等行业有着广泛的应用。

结合第 2 章中介绍的 Hadoop 平台，不同类型的金融大数据都能够得到很好的处理和应用。

（1）结构化数据与 Hadoop。结构化数据是以表格的形式组织的数据，具有明确定义的数据模型，易于存储、查询和分析。金融中的结构化数据一般包括账户余额、交易记录等，通常以表格形式存在。对于结构化数据，Hadoop 的分布式文件系统 HDFS 提供了具有高可扩展性的存储服务，而 MapReduce 计算框架可以用于并行处理和分析这些数据，以支持业务决策和风险管理。

（2）半结构化数据与 Hadoop。半结构化数据不同于传统的结构化数据，它包含部分结构化的信息，但没有明确的数据库模式，通常以标记语言（如 XML 或 JSON）的格式存在。在金融大数据中，半结构化数据包括电子邮件、合同文档等。Hadoop 生态系统中的工具，如 Hive 和 HBase，在处理半结构化数据时更加灵活，可以通过定义 Schema 对这些数据进行查询和分析。

（3）非结构化数据与 Hadoop。非结构化数据是指没有预定义数据模型的数据，通常以文本、图像、音频或视频的形式存在，这类数据对于传统数据库系统来说难以处理。金融大数据中的非结构化数据一般包括社交媒体评论、新闻文章、图像等。Hadoop 的弹性和可扩展性使其成为处理非结构化数据的理想选择，不仅 Hadoop 支持存储和处理大规模的文本数据，Hadoop 的附加项目，如 Spark 和 Flink，也可以用于处理实时非结构化数据。

（4）数据整合与 Hadoop。面对海量的不同源头、不同结构的数据，金融机构通常需要进行数据整合以获得更全面的洞察。而 Hadoop 的存储和计算能力使其成为适用于数据湖架构的解决方案，可以容纳多种类型和来源的数据，并可以通过 Hadoop 生态系统中的工具进行统一管理和处理。

综合来看，Hadoop 作为大数据处理平台，通过其分布式存储和计算能力，为金融行业提供了处理不同结构和规模数据的方案，以帮助金融机构更好地管理、分析和挖掘大数据，从而优化业务流程、提高决策效率。

2）大数据对金融领域的影响

大数据在金融领域的应用场景逐步拓展，已经在风险控制、运营管理、利润创造和监管等场景得到了全面的应用，对整个金融领域产生了重大的影响。随着大数据平台安全性和软件通用性的提高、大数据共享交换标准的建立及大数据挖掘和分析技术的进步，大数据在金融领域的重要性会进一步凸显。具体来看，大数据技术为金融领域带来了以下影响。

（1）金融大数据共享水平进一步提高。

当前市场中普遍存在数据孤岛的问题，这是大数据在金融领域发挥更大的商业价值必须跨越的一道坎。一方面，缺乏大数据共享交换的统一标准，大数据基础设施不完善，存在数据泄露、丢失等安全风险；另一方面，部分数据涉及商业机密，即使采用数据脱敏等方式处理后能够大幅提高数据安全性，各个金融机构出于审慎考虑仍倾向于选择将这类数据留在机构内部。随着隐私计算等关键技术难关的不断攻克、《数字中国建设整体布局规划》等政策的出台，大数据基础设施将日趋完善，金融大数据共享水平的提高是大势所趋。

（2）大数据推动金融产业高质量发展。

过去，数字化技术只是金融业的一类工具，随着数字化技术不断渗入金融业的各个门类，其逐渐成为金融业转型的核心条件。大数据驱动金融业加速发展，深刻影响着市场参与主体，重塑金融服务格局，成为推动金融服务供给侧结构性改革和金融服务效率提升的重要推动力。数据要素与金融融合发展，为深化金融改革、推进金融产业数字化、提升金融服务效率带来了重大的发展机遇。

（3）大数据助力金融机构重塑监管体系。

受制于资源、成本和信息不对称等因素，金融监管具有一定的滞后性，监管部门很难及时采取监管措施。随着金融大数据基础设施的夯实，“金融+科创”的综合化科创金融生态体系将不断完善。构建新型数字化监管体系，可以动态监测企业经营情况、还款能力、资产变化等，准确进行风险监测，提升金融机构全生命周期的风险管控能力，降低金融服务成本。

6.1.2 数据获取

金融大数据具有海量、多维度和完备等特征，根据行业的不同可以将金融大数据分为银行大数据、保险大数据和投资大数据三个种类，不同行业的大数据有各自的特点。

1）银行大数据

随着证券行业的不断发展，银行的媒介地位逐渐降低。同时银行在支付领域也面临着第三方平台的挑战，不得不面对手机支付逐渐普及的现状。银行要想在激烈的竞争中立于不败之地，就需要认识到大数据的重要性。银行自身有着丰富的数据，包括在展开业务的过程中，通过内部系统、交易平台、ATM（自动取款机）设备等收集到的大量客户信息，如个人信用报告、个人消费记录、账户余额、贷款信息、信用卡交易记录、ATM 取款记录、汇款信息、其他金融机构的信用行为等，还包括客户关系管理（CRM）、网上银行、手机银行等渠道产生的数据。此外，税务、工商、海关等外部渠道也提供了丰富的数据。然而，目前银行大数据的治理体系建设比较匮乏，数据资源管理的整合度不高，并且非结构化数据的占比不断上升，使得数据资源的潜在价值难以挖掘。

2）保险大数据

保险行业作为金融领域的核心组成部分，负责为个人和组织提供风险保障，其重要性不可忽视。保险行业的关键数据包括通过内部系统获取的客户保单信息、理赔记录、保费缴纳历史等。保险保单是一份正式的合同文件，用于规定保险公司和被保险人之间的权利和责任。一般而言，保险保单包含投保人信息（姓名、联系方式、地址等个人或机构信息）、被保险人信息、保险合同的类型和险种（险种的名称、保额、保险期限等）、保费支付方式（年度支付、半年度支付、季度支付等）、保险费用、保险责任和范围、免赔额、保险期限、保单生效条件、保单终止条件、保单解释和定义、投保声明、特别约法律告知等信息，这使得保险行业的数据规模巨大。

此外，健康监测设备、保险合作伙伴等也会提供医疗健康数据、汽车行驶与维修数据等信息。数据整合的程度影响着保险公司的发展，恰当使用大数据技术则有助于保险公司的发展，京东、阿里巴巴等公司对保险行业的投资是保险行业走向信息化的积极信号。

3）投资大数据

证券投资行业的发展对于数据的依赖度很高，证券公司在日常的运作中不仅产生大量的数据，而且需要运用数据来指导投资，证券数据自身的特点也与大数据的特征相契合。

投资大数据包括证券交易所提供的实时和历史市场交易数据、财经网站的股票 K 线图和日均线图（见图 6-1）、公司的财务报表数据、市场行情数据、各类宏观经济指标、大宗商品价格等传统数据。此外，财经新闻和媒体报道、公司公告和年报、电话会议记录、投资者的关系活动、分析师对不同股票的研究报告等也包含海量的数据。因此，大数据的应用对证券公司的发展越来越重要，投资与科技结合是大势所趋。

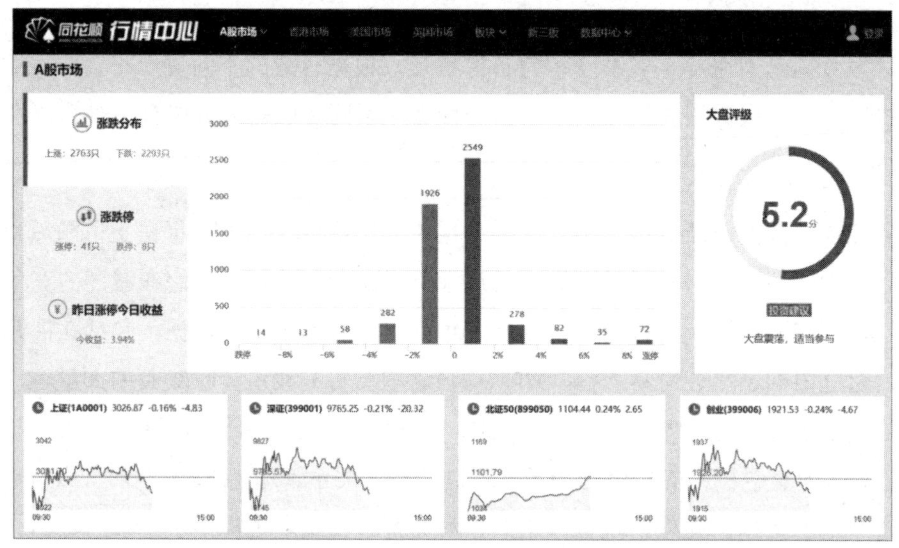

图 6-1　同花顺网站展示的 2023 年 11 月 28 日 A 股市场相关数据

总的来说，金融机构需要利用内部系统、外部数据源、合作伙伴关系等多种途径整合各类数据，以支持业务决策、提高客户服务水平和降低风险等。当然，金融机构在获取这些海量数据的过程中，应遵循相关法规和隐私政策。

6.1.3　安全治理

金融安全至关重要，是国家安全中重要而根本的内容之一，是国家发展的重要基石。金融数据的特殊性质使得对金融数据的处理也有其特殊的地方，涉及敏感信息防护、法规合规性、企业声誉维护、财产损失等方面。因此，在金融数据的处理过程中，金融机构需要能够应对复杂多变的安全威胁，确保数据的完整性、可用性和保密性，准确把握安全治理的难点。

1）规模性带来的治理挑战

金融业在数据治理方面缺乏统一的标准和协同，这不但降低了数据的利用效率，还可能增加合规风险，技术手段和管理流程的不统一也使得整合与保护海量数据资源变得极其困难。此外，金融数据安全治理人员的配置和技能培训也需要加强。尽管部分金融机构已设立数据管理相关部门，但仍局限于数据应用层面，数据安全治理人才仍十分匮乏，难以适应日趋复杂的数据安全形势要求和保护需求。另外，全方位数据安全防护体系的升级往往往伴随着重要信息系统的改造，难度高、成本高、耗时久，在确保业务连续性的前提下，实现金融高频查询和在交易场景中的数据加密等安全保护需求，对数据安全防护软/硬件产品的技术能力也提出了较高的要求。

2）敏感性带来的防护挑战

金融数据安全防护技术供给滞后于防护需求，难以应对快速变化的数据安全威胁。以终端防护为例，敏感数据极易散落于各类存储终端，相较于系统防护，终端数据管控一直是数据安全治理的难题，也是易导致数据泄露的风险点。新技术带来的敏感数据保护问题也十分严峻，人工智能技术强大的数据挖掘分析能力加大了敏感数据泄露的风险，云计算与金融业务深度融合使得数据应用边界变得模糊，形成潜在的数据集中泄露风险。隐私计算等技术的应用还处于起步阶段，能否切实有效地保障敏感数据和个人信息安全仍有待检验。加之敏感数据多涉及个人信息，《中华人民共和国个人信息保护法》出台后，配套的下位规章制度或标准尚未全面建立，各方对个人信息处理的合法性基础和匿名化标准的理解有待深入。

3）可用性带来的技术挑战

尽管多数金融机构的核心系统已形成冗余备份能力，也基本建成了异地多中心冗余备份的基础设施，但体系化的数据容灾机制仍有待完善。针对现有的冗余备份机制对数据安全可用性的精细化保障能力不足的问题，识别哪些数据是本机构独有的，无论如何不可丢失，并据此加强数据备份能力建设的思考有待加深，同时应加强数据安全事件监控、预警、响应、分析、决策、处理、恢复等能力。

4）流动性带来的管理挑战

金融数据流动导致接触金融数据的人员较多，数据泄露风险增大，传统的管理和技术措施很难全方位管控风险，流动性已成为金融数据安全治理面临的难关。金融行业与医疗、交通、零售等行业的交叉业务合作，也为各行业管理部门如何加强协作，减少风险盲区，共同实现“穿透式”数据安全管理带来了挑战。金融数据跨境流动需要权衡好安全和发展的关系，在保障安全的前提下营造合理开放的金融生态环境，以提升国际金融合作、促进金融开放。

6.2　大数据与银行

在数字化时代，大数据技术在银行业的应用成为推动其业务发展和服务水平提升的新引擎。银行可以巧妙地利用海量数据，通过先进的分析工具和算法，实现对数据的深度挖掘和分析。这不仅为银行提供了更全面、精准的客户洞察，还使其能够更有效地管理风险、改进运营流程、预测未来趋势。大数据技术的嵌入为银行业带来了前所未有的创新，塑造了更为灵活、高效的银行运营模式，为客户提供了更加智能化、个性化的金融体验。这一新时代的数据变革，不仅使银行能够更好地满足客户需求，也促使其在日益激烈的市场竞争中保持领先地位。

6.2.1 信贷风险管理

信贷业务是商业银行的核心业务。在金融行业高速发展和大数据相关技术不断成熟的背景下，商业银行的信贷业务不断得到改革和完善。目前，许多商业银行为中小微企业提供了多种创新的信贷产品和服务。例如，工商银行利用大数据技术整合政府的公共信息，结合创新产品在线评估，通过自动化的审批方式提高授信效率；农业银行通过人工智能和大数据技术进行全面的风险分析，精确提供金融支持。这些创新信贷产品不仅优化了流程，提升了银行的风控能力，还有效解决了传统金融模式中信息不对称、授信效率低下等问题，推动了信贷业务的数字化转型。

传统的信贷风险管理在面对庞大而复杂的数据时显得力不从心，而大数据技术的崛起使银行业能够借助海量数据的分析和挖掘，构建更为智能和灵敏的风险管理体系。大数据为银行提供了更全面的客户洞察，银行通过分析客户的信用历史、行为数据、社交网络数据等多维度信息，可以实现更精准的信贷评估和风险预测。这不仅提高了银行制定贷款决策的效率，还在一定程度上减轻了不良资产的风险。然而，出现这一巨大机遇的同时，也衍生了更为复杂的数据隐私安全挑战，需要银行在推进大数据信贷风险管理的道路上谨慎行事，保障客户信息的安全。具体来看，大数据时代银行信贷风险管理体系的构建包括以下措施。

1）优化信贷产品结构

信贷产品结构指在信贷资产中各个组成部分之间存在的内在联系，包括信贷产品在各个地区及各个行业之间的投放情况。信贷结构优化旨在调整和优化金融机构信贷投放的对象、行业和用途，以支持经济结构转型升级和高质量发展。所以利用大数据对信贷产品结构进行优化完善，可以提高信贷产品的实际应用效率，有效避免信贷风险。此外，利用大数据的优势对社会及客户的实际需求进行分析，简化没有发展优势的业务，拓展未来社会发展中需求量较大的业务，充分挖掘优质客户，并对其展开针对性服务，不仅能够保障银行信贷业务的有效拓展，还能够降低信贷风险，促进银行持续、健康、稳定发展。

2）客户信息搜集多样化

银行在放贷之前，需要充分全面地了解客户信息，确定客户是否具备还款能力、是否符合发放贷款的条件。传统的客户信息主要包括贷款申请人的申请信息和中国人民银行的征信信息，大数据技术拓宽了信息获取的渠道，更多非传统的客户信息能被纳入评估系统，具体可以分内、外两个信息渠道来看。外部信息渠道是指各个银行之间进行数据共享，放贷银行可以确定客户在各个银行中的实际存款及资金流水情况；还可以与数据分析公司、电子商务网站等合作，充分利用外部信息资源，对客户的收支情况及消费水平进行分析，扩大信息涵盖范围。内部信息渠道则是指建立具备主导权力的互联网金融平台，充分利用平台积累的信贷、理财交易、信用等相关数据，跟进支付宝、微信等消费数据，从而深入了解客户的信用情况，为接下来的数据分析提供条件。

3）创新银行信贷风险管理模式

在大数据时代，银行需要改变传统的信贷风险管理模式，在原有信用评价机制的基础上，将大数据技术应用其中，充分挖掘数据，并根据数据库中的用户信息建立有针对性的银行信贷风险评估模型（见图 6-2）。银行信贷风险评估模型需要利用各种数据，并对其进行统计分析和汇总管理，计算客户出现违约情况的概率，进而判断银行信贷中可能出现的亏损情况。在模型分析阶段，银行可以通过对不同情境下的信用表现进行模拟，预测企业的信用评分，进而确定是否放贷，最终依据银行数据管理和监管条例做出决策。

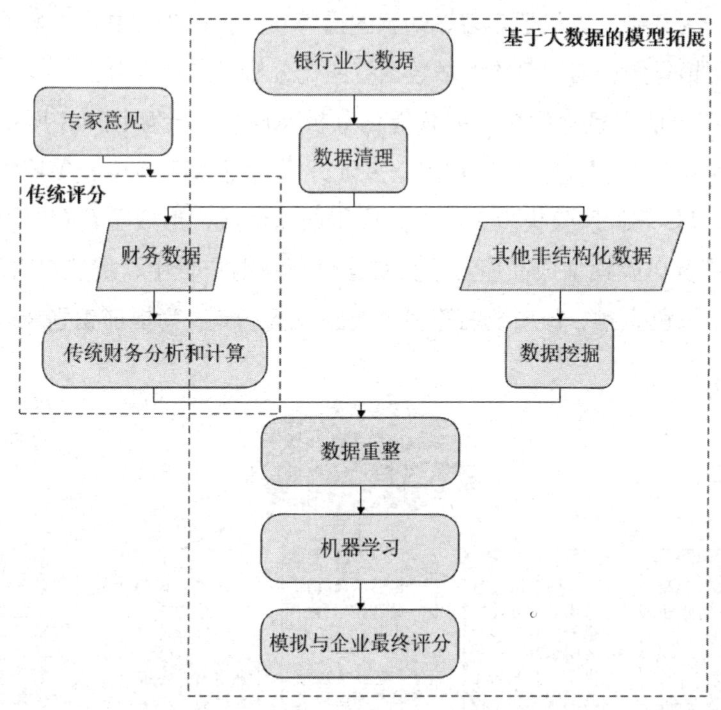

图 6-2　结合大数据的银行信贷风险评估模型

在建立银行信贷风险评估模型之前，需要对各种数据挖掘方式进行比较分析，同时确定数据库中的数据特征，进而确定最适合银行信贷实际情况的模型。在模型建立之后，需要计算模型的评估效率及准确率，如果以上两项指标没有达到标准，则需要进一步调整模型。一旦确定了银行信贷风险评估模型，就可以在该模型的基础上对信贷流程进行简化处理，不断提高开展信贷业务的效率，保证银行信贷风险管理的质量。

4）实时关注资金流动方向

在完成信贷业务之后，银行需要时刻关注客户资金的流动方向，建立远程化和自动化的资金流动监督管理中心。相较于传统业务线中存在的客户孤立、账户独立等现象，这种监管方式建立了上下联动、业务关联的管理体系，形成了全面系统的资金风险监测网点。基于此，可以实现同行业之间的信息共享，对资金在银行中的往来进行监督管理。监督内容包括资金流出情况及贷款用途等，以避免出现资金被挪作他用等情况。同时，需要分析对比客户的账户明细情况，判断贷款人员的实际收入或贷款企业的生产经营情况，确定其是否存在异常现象。另外，也需要时刻关注抵押物资的价值变动情况，分析其可能对银行收益产生的影响。

紧跟大数据时代潮流，银行业中不乏新兴的信贷风险管理平台。中国银行在 2017 年与腾讯在大数据平台、智能风控等领域进行深入合作；2020 年 8 月，中国银行又与阿里巴巴集团、蚂蚁集团在杭州签署了全面战略合作协议。此外，中国银行同多家头部金融科技企业也展开合作，构建了信用风险领域数据智能化分析及应用平台“中银智能风控”。中银金融科技以大数据为基础，以机器学习、知识图谱等新兴技术为工具，以风险指标为决策依据，搭建了中国银行统一信用风险领域数据智能化分析及应用平台。

中国银行统一信用风险领域数据智能化分析及应用平台如图 6-3 所示，平台由“万象”风险 360 全景视图、“天网”风险图谱多维分析、“洞鉴”风险预警监控平台、“神策”风险决策引擎、“妙算”风险模型工厂 5 大应用产品组成，形成了具有中国银行特色的企业级风险知识库及风险模型成品库。平台贯穿包括贷前、贷中、贷后在内的信贷全流程，覆盖科技金融、绿色金融、普惠金融等多个金融业务场景，为提前识别风险、处置风险提供有力支撑。

图 6-3　中国银行统一信用风险领域数据智能化分析及应用平台

近年来，银行在实际经营中受到了互联网金融企业的挑战，市场竞争压力逐渐增大，内部经营风险也越来越高，同时存在着监管严格、基础设施限制等困扰。在这种情况下，利用大数据技术对信贷风险进行管理，是银行信贷风险管理发展的主要方向，也是银行信贷风险管理优化的必要措施。

6.2.2　客户身份识别与反洗钱

反洗钱是指政府通过立法和司法力量，调动相关组织和商业机构，识别可能的洗钱活动、处理款项、惩罚相关机构和人员，从而达到阻止犯罪活动的目的，是一项系统工程。我国反洗钱的基本流程如图 6-4 所示，由金融机构（各商业银行和中国人民银行）、反洗钱机构和司法机构分别承担相应责任，形成反洗钱工作的完整闭环。随着数字人民币的实践推进，反洗钱的难度和必要性也进一步增大，对检测分析、风险治理的要求进一步提高。

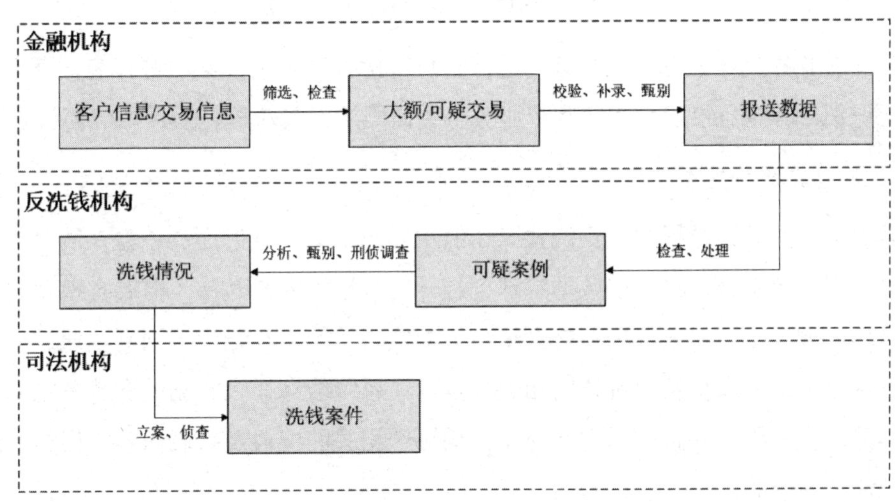

图 6-4　我国反洗钱的基本流程

1）客户身份识别

反洗钱包含反洗钱内控制度、客户身份识别、客户身份资料和交易记录保存、大额和可疑交易报告等，长期以来，客户身份识别起到了重要的管理作用，是反洗钱管理实践中的基础性工作。客户身份识别的概念有广义和狭义之分，狭义的客户身份识别即身份识别（CI 或 CIP），意指客户身份被接纳后的识别；而广义的客户身份识别即“了解你的客户”（KYC），是包括客户身份首次识别、持续识别和重新识别及账户交易监管等在内的广义概念。

我国反洗钱客户身份识别体系如图 6-5 所示，较为完善的客户身份识别机制通常由三部分内容组成：一是客户身份首次识别（First CIP），一般指首次建立业务关系时的客户身份识别，包括对新客户的必要身份信息的收集、联网核查、名单核查和记录保存等；二是客户身份持续识别（Ongoing CIP），包括客户身份信息发生变化、业务办理中发现异常迹象、对客户已获身份资料的真实性和有效性及完整性存疑这三类必须再次识别的情境；三是客户身份重新识别（Re CIP），作为客户身份持续识别的组成，主要包括上述两类客户身份识别中必须再次识别的情景。

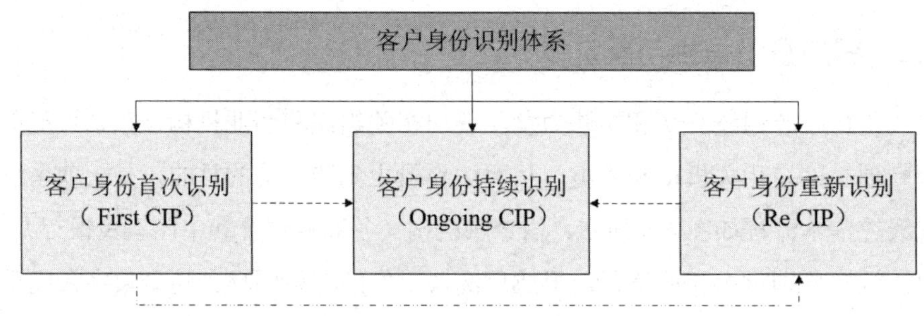

图 6-5　我国反洗钱客户身份识别体系

从银行的业务流程上看，银行首先进行客户身份首次识别，其次进行客户身份持续识别或重新识别，客户身份识别贯穿客户服务全生命周期，其流程先后用虚线箭头表示。

2）反洗钱系统构建

在商业银行的运转过程中，反洗钱工作的主要需求有以下方面：首先，需要对银行内部的相关数据进行整合，将这些数据整理到统一的数据库内；其次，需要实现相关数据的信息化处理；最后，商业银行需要在系统内部配置相关的反洗钱业务规则，通过设置定义明确的可疑交易行为项目及反洗钱的相关规范，让系统能够在大数据的支持下主动完成相关数据的筛选及分析，并且向反洗钱监管机构输送相关的资料及报表内容。根据上述需求描述，反洗钱系统的逻辑分层设计如下。

- 源数据层：来自商业银行内部各个系统的数据。
- 数据存储层：初始状态与源数据层表结构一致，但之后不随源数据层表结构的变化而变化。
- 数据汇聚层：主要完成主题数据整理，包括客户、账户和交易数据采集。
- 数据计算层：依据预定义的可疑规则，对数据汇聚层的数据进行分析计算，找出可疑交易，并生成可疑报表。
- 信息管理层：对数据计算层分析出的预警信息和报表信息进行管理，具体包含角色管理、用户管理、规则定义、白名单配置、权限管理、日志管理、报表管理等相关管理活动。
- 决策分析层：商业银行的相关工作人员对预警信息进行处理，确认可疑交易，并筛选出相关数据报送监管机构。

基于上述逻辑，可以应用大数据技术进行反洗钱系统的搭建，使用 MySQL+HBase 的方式进行数据采集，使用 HDFS+HBase 的方式实现数据存储，完整的大数据反洗钱系统架构如图 6-6 所示。其中，MySQL 集群中存储着每天的交易数据和客户数据，同时维护着一份反洗钱的配置文件。每天业务结束后，将 MySQL 中的数据导入 Hadoop 平台中。Hadoop 平台主要使用 Hive 作为数据仓库，在 Hive 中进行 ETL 操作，将数据整理转换为反洗钱计算的输入数据，进行反洗钱的数据计算，最后将计算得出的预警结果导出 MySQL。

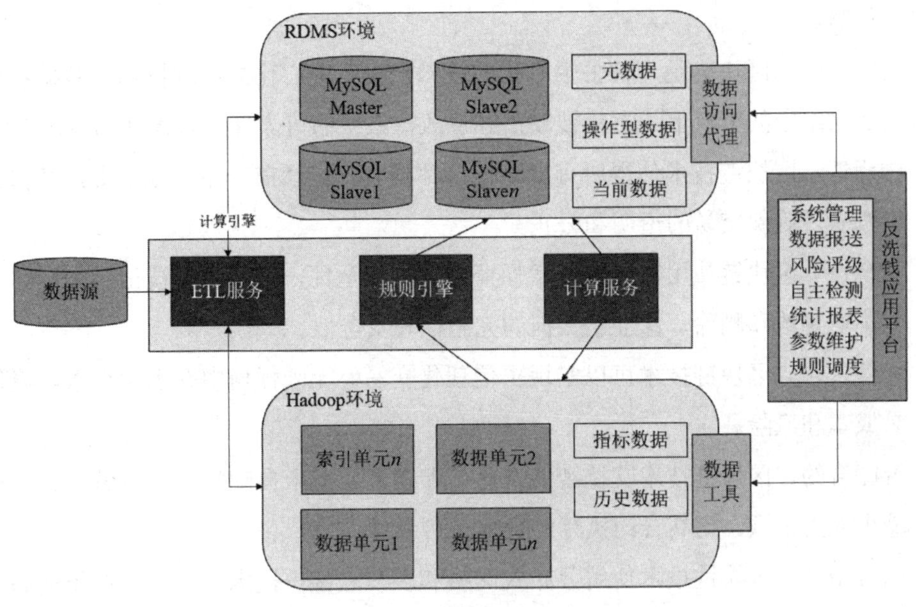

图 6-6　大数据反洗钱系统架构

就具体的数据分布而言，MySQL 主要用于当前操作型事务和少量在线数据应用，存储系统中的基础数据、元数据、当前处理数据（补录数据、案例处理数据、报告信息等）等。Hadoop 作为数据处理平台（Hive）和数据归档平台（HBase），主要用于存储海量的指标数据和历史数据（交易、报告、客户/账户、评级历史、日志等）。Hive 作为基于 Hadoop 的数据仓库，具有天然的易于扩充的海量数据存储能力，所以存储了所有的历史数据，但基于 Hive 的查询操作较慢，因此使用 HBase 来辅助查询。

6.2.3　区块链与数字货币

1）区块链

区块链（Blockchain）是由多个区块按照时间顺序链接而成的链条，每个区块中保存了一定的信息，它们依次连接，每个区块都包含前一个区块的哈希值，最终形成了一条不可篡改的记录链。区块链是一种分布式数据库技术，用于记录和追踪数字信息的交易和事件。它具备去中心化、公开、安全和可追溯的特点，没有单一的控制中心，每个节点都保存着完整的数据拷贝，并能够对数据进行验证和更新。区块链的核心思想是将数据分散存储在多个节点上，借助加密算法和共识机制来保证数据的安全性、可靠性和可信度。

每个节点都有自己的账本，所有节点的账本相同，通过共识机制保证数据的一致性和可靠性。相比于传统的网络，区块链具有数据不可篡改和去中心化两大核心特点。基于这两个特点，区块链所记录的信息更加真实可靠，可以帮助人们解决互不信任的问题，常被用于存储数据、验证身份、执行智能合约和管理数字资产等应用场景。具体来看，区块链具有以下优势。

- 去中心化。区块链是一种去中心化的技术，没有中心化的管理机构，数据被分散存储在网络中的节点上，不易被攻击和篡改，系统的可靠性和鲁棒性均有所保障。
- 透明性。区块链技术使得所有交易记录都被公开记录在分布式账本上，任何人都可以查看，确保交易的透明和公正。
- 安全性。区块链使用密码学技术保证数据的安全性，一旦数据被记录在区块链上，就不可篡改和删除，保证了数据的完整性和安全性。
- 去信任化。区块链技术可以实现去信任化交易，无须任何中介机构介入，降低了交易成本和风险。
- 智能合约。区块链技术支持智能合约，即在区块链上自动执行的可编程合约条款，减少人为干预，提高合约执行的效率和可靠性。
- 高可用性。区块链技术使用分布式网络和多节点备份技术，保证了系统的高可用性和容错能力。
- 匿名性。区块链中的参与者可以使用匿名的身份进行交易，保护用户的隐私安全，但所有的交易信息都是公开透明的，可以被网络中的任何人查看。
- 跨境交易。区块链技术可以实现跨境交易，不受国界限制，降低了跨境交易的成本。

在银行业中，供应链金融是商业银行利用区块链普惠最为广泛的应用场景，主要体现在应收账款融资方面，实现产业链上下游供应商的信用传导，破解小微企业融资难、融资贵的难题，惠及多级小微企业。贸易融资也是商业银行利用区块链普惠的重要应用场景之一，主要依托监管部门牵头创建的区块链平台或共建区块链联盟，达成多方合作共识，实现贸易业务全流程信息的互联、互通、共享，构建可信任的贸易融资环境，让海量的数据产生信用，助力解决小微企业融资难题。区块链也为信贷问题的解决提供了优化方案，重构信息共享模式，为企业、商业银行、第三方平台等参与方的数据实时共享提供了保障，形成动态数据与静态数据的结合；基于联盟链的银行业信贷联盟体系从本质上打破了银行之间的“信息孤岛”，解决了信息不对称的问题，促进银行间的数据互通，增强银行业的风险抵御能力；区块链的可溯源、防篡改、去中心化等技术优势也为数据信任网络（见图 6-7）的构建提供了支持，实现了数据溯源，降低了虚假数据给金融机构带来的风险。

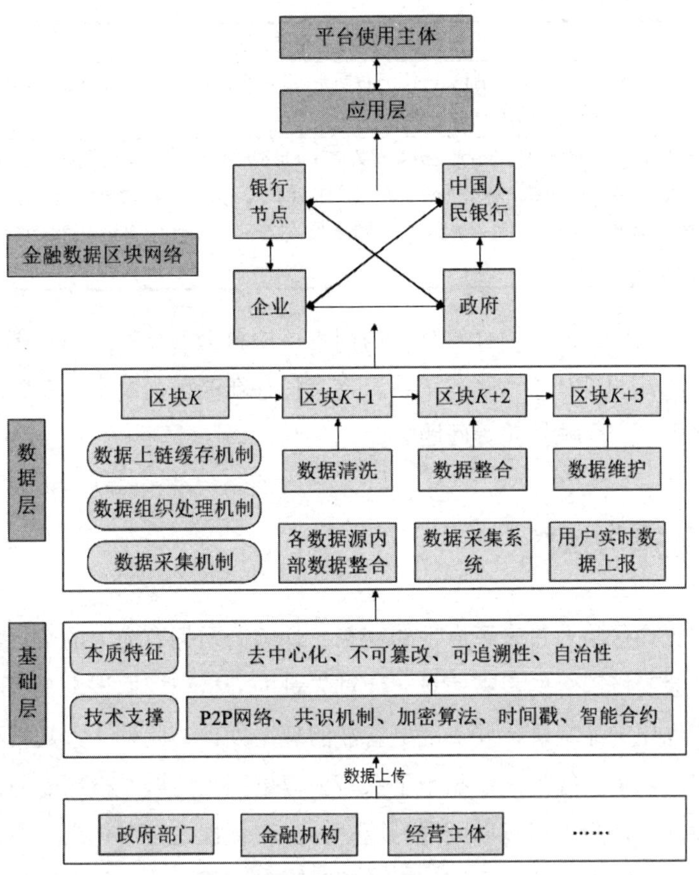

图 6-7　基于区块链的数据共享模式框架图

2）数字货币

近年来，随着科技的不断发展，货币延伸出了很多形式，除了纸币、电子货币、游戏币等虚拟货币这三种类型，数字货币的市场也逐渐火热（见表 6-1）。截至 2020 年初，根据国际清算银行发布的数据显示，在全球 66 所央行中已有 10%的央行即将发行央行数字货币，80%的央行已经开始对数字货币进行研究。中国人民银行法定数字货币研究小组成立于 2014 年，这标志着中国数字人民币正式步入官方系统的研究阶段。2016 年，数字货币研究所完成法定数字货币第一代原型系统搭建。2017 年，商业银行和有关机构在人民银行的组织带领下开展了数字人民币的研发工作。

表 6-1　部分国家央行数字货币的研究进展

国家	研究进展
美国	美国联邦储备委员会表示要加大对央行数字货币的研究，对于发行本国的央行数字货币持谨慎态度
英国	英国央行表示，在 2022 年开展央行数字货币案例咨询，如果咨询结果满足要求，英国最早将于 2030 年前推出央行数字货币
瑞典	瑞典央行于 2020 年 2 月表示，已开始与咨询公司埃森哲（Accenture）签署协议，测试电子克朗（e-krona），并表示如果电子货币最终进入市场，将被用于模拟日常的银行业务

续表

国家	研究进展
法国	2021 年 12 月，法国央行官网宣布，已成功完成了其央行数字货币银行间结算计划的最后一次试验，下一步将主要实施跨境交易的实验计划
韩国	2022 年 7 月，韩国央行已表示将开始对数字韩元原型产品进行测试，但拒绝说明是否真的打算推出央行数字货币。在 2021 年底，韩国央行一直在与包括互联网巨头 Kakao 的子公司在内的私营部门公司进行闭门测试，韩国央行表示多阶段试点的下一部分将专注于真实金融服务环境中的汇款和支付交易，因此需要更多商业银行支持

数字人民币是由中国人民银行发行、由国家信用背书的法定货币，增强了数字货币在日常生活中的可靠性和可行性，解决了第三方支付存在的种类繁多、监管难度大、宏观调控后置、通货膨胀、安全性较差等问题。

6.3 大数据与保险

大数据技术正为保险业带来革命性的变革。保险公司拥有庞大的数据集，涵盖了从客户历史记录到社会经济趋势的多维信息。通过先进的分析和挖掘技术，保险公司能够更准确地评估风险、优化产品定价，并实现更智能的理赔处理。此外，大数据不仅帮助保险公司深入了解客户的需求和行为，还赋予了保险公司更强大的欺诈检测能力，确保其业务的安全和可持续发展。保险公司正以数据为驱动力，积极探索数字化未来，以更好地适应不断变化的市场和客户需求。这一数据驱动的革新不仅为保险公司创造了新的商业机会，也为客户提供了更智能、高效的保险解决方案。

6.3.1 产品设计与定价

保险产品设计就是根据人们的风险转移和生存保障需求来设计新产品或修改现有产品。保险产品设计是一个过程，包括前期的需求分析，中期的产品具体设计，以及后期的产品定价等一系列工作。保险产品设计传统方式和新型方式的对比如表 6-2 所示。

表 6-2 保险产品设计传统方式和新型方式的对比

对比项目	设计角度	产品特点	调研方式	数据来源	定价方式
传统方式	公司利益	结构单一	调查问卷、客户回访、保险讲座等	历史经验数据、统计数据	围绕充分费率定价
新型方式	客户需求	场景化、量身定制	用户画像、网上调查等	全量数据、实时数据	动态定价、个性化定价
技术应用	云计算、大数据	大数据、人工智能、物联网	大数据、区块链、人工智能	云计算、大数据、区块链、物联网	大数据、物联网

从设计角度看，以往保险公司设计产品更多地从公司自身利益出发，忽视了客户需求，导致很多产品适用性不强。而现在，随着互联网的发展，以及大数据、云计算的应用，保

险公司能更方便、快捷地掌握客户信息，进行需求分析，设计出更符合客户需求的产品。

从产品特点来看，以往的产品结构单一，创新不足，难以吸引更多客户。随着科技的发展，产品设计逐渐趋于场景化，出现了运费险、驾考险等新兴险种，可以利用大数据相关技术对场景内数据进行分析和挖掘，从而开发新的产品。

从调研方式来看，以往的客户需求分析都是通过市场调研来完成的，采用的抽样调查方式效率低下、时间和人力成本耗费巨大且覆盖率低，无法真正了解目标市场的需求。在大数据的环境下，可以通过网络进行调研，在提高准确率、覆盖率及效率的基础上，实现客户细分，进行有针对性的产品设计，区块链技术的应用也可以保护客户隐私。

从数据来源来看，数据是精算的基础，数据的全面性、准确性和及时性决定了产品定价是否合理，同时也对销量产生影响。以往保险公司的数据来源基本都是历史经验数据及统计数据，不具备时效性，且样本数据不够准确、全面。云计算和大数据技术可以帮助保险公司进行海量、多维度、实时的数据挖掘，机器学习算法提高了对损失的预测精度，区块链技术能够保证数据的真实性和隐私性，定价的合理性和科学性得以提高。

从定价方式来看，以往的定价方式比较固定，围绕厘定好的费率定价，主要依赖于大数法则，灵活性较差，且无法根据被保险人的具体情况进行差异化定价。大数据分析技术的实际市场应用价值不仅在于能够获取多么庞大的专业数据分析信息，更在于将这些最具历史意义的数据信息进行高度综合化、专业化的分析处理。因此，大数据的出现丰富了保险定价的参考数据，保险定价的效率也有所提高。大数据在保险定价中发挥着辅助作用，保险产品的运行管理依旧遵循大数法则，而大数据技术通过采集和获取客户交易行为、对相关网络数据进行关联分析等，找寻数据背后的风险与成本、收益的匹配规律，进而优化了精算定价模型，建立了科学有效的动态定价机制。接下来，将以 UBI 车险、健康险和航延险为例，介绍大数据在保险定价上的应用。

1）UBI 车险

UBI（Usage-Based Insurance）是通过车联网、自动驾驶系统、全球定位系统收集驾驶员的驾驶行为、驾驶习惯、驾驶环境和路况信息等数据的一种物联网保险。通过收集这些数据信息，建立人、车、路和环境等多维度模型，从而进行保险定价。UBI 车险系统通过车联网、智能手机和 OBD（车载诊断系统）、行车记录仪等获取车辆信息及驾驶员的驾驶行为数据，上述数据可以存储在 MySQL 中，通过数据网关传输到分布式数据库管理系统。MySQL 具有体积小、速度快、成本低等特点，适用于车辆行驶过程中快速产生数据的情况，能够及时更新数据库中的数据，去除冗余的数据，减少网络资源的浪费。数据收集后的处理过程包含数据预处理和数据存储等，首先筛选对车险预测方案有价值的数据信息，如每日四急（急刹车、急加速、急减速、急转弯）次数、行驶总里程、出行时间、超速次数等数据。其次对这些数据进行分类、合并，并将其存储到分布式数据库 HBase 中。同时可以利用 YARN 进行集群的资源管理，使用 Spark 算法更好地利用可伸缩的硬件资源，更加高效地处理海量数据。在数据提取完成后，使用 Spark 算法进行建模分析，包括 Spark SQL、Spark Streaming、MLLib、Graph 等，它们分别提供了 SQL 查询、流式实时计算、机器学习算法、图算法和图编程框架功能，调用方便。最后，可以根据上述分析和建模结果进行风险保费的计算和保险产品设计。例如，为了实现保险费率定价的个性化，可以给每个用户每天设置一个总分数值（如 100 分），将每日四急/每日行驶总里程/每日超速次数/每日夜间行驶时间按 5∶2∶2∶1 分配总分值。依据驾驶员驾驶行为评分规则（见表 6-3），通过累计的分数判断不同驾驶员驾驶行为的优劣。

表 6-3　驾驶员驾驶行为评分规则

驾驶行为	评分规则
每日四急	2km 内发生一次扣 20 分，2～10km 发生一次扣 15 分，10km 以后发生一次扣 10 分；急刹车、急转弯按 100%比例扣分，急加速、急减速按以下规则的 90%比例扣分。市区高峰期按 100%扣分，市区非高峰期按 75%扣分，非市区高峰期按 75%扣分，非市区、非高峰期按 60%扣分
每日行驶总里程	总里程阈值为 50km，超过安全阈值小于 40km 扣 2 分，大于等于 40km 小于 60km 扣 6 分，大于等于 60km 小于等于 70km 扣 15 分，70km（不含）以上得 0 分
每日超速次数	设置城区最高速度为 80km/h，高速最高速度为 120km/h。满分 20 分，发生 1～2 次扣 5 分，3～4 次扣 10 分，5～6 次扣 15 分，6 次（不含）以上不得分
每日夜间行驶时间	夜间行车时间大于 1h 小于等于 2h 扣 2 分，大于 2h 小于等于 4h 扣 5 分，4h（不含）以上得 0 分，夜间时间规定为 0:00～06:00，23:00～0:00

2）健康险

在我国商业健康险的个人险产品中，大部分是储蓄理财型健康险，真正意义上的健康险即消费理赔型健康险只占很少一部分，这一现象是由保险公司对相关医疗费用的估算和控制能力有限，且缺乏对相关健康险进行精确定价的数据依据导致的。随着医疗信息化建设的推进，医疗大数据巨大的使用价值得到了充分的发挥。医院是获取医疗大数据的关键来源，居民健康档案是个人健康数据存储的主要渠道，此外，可穿戴设备的应用也为保险公司获取被保险人的健康信息提供了一种新的途径，可穿戴设备采集的信息包含历史心跳、心率、血压、睡眠、运动、经常出现的地区及周边空气质量等。通过对上述数量庞大的用户信息进行分析，使用隐马尔可夫模型等方法可以估测被保险人的实时健康状态，从而实现健康保险的动态定价。

3）航延险

航延险是对非物质损失的风险投保，当航班没有按照原定计划起飞时，投保人可根据保险合同的规定，向保险公司发起索赔，该险种属于商业保险的一种。由于该险种针对由时间延迟而导致的经济损失，无法凭借具体的实物损失进行估计，因此航延险的保险定价是一个难题。2011 年到 2016 年，我国保险公司航延险的保费收入增长近 46 倍，航延险成了各保险公司的必争之地。大数据和 AI 技术有效解决了“市场大、定价难”的问题：首先，在海量的历史航班数据中，利用非线性特征、时间序列特征、非线性回归、模式识别，并结合 AI 的深度学习能力，提取导致航班延误的有效因素，建立多维度的航班延误预测模型；其次，利用保险公司体制内的大量用户数据并结合 AI 技术，形成投保人的用户画像；最后，基于航班延误预测模型和用户画像，建立精准的航延险定价模型，有效地解决了航延险的定价难题。

6.3.2 精准营销

传统的保险营销针对所有的潜在客户群体，用同一个广告内容和营销手段进行营销，即以产品为中心、以市场为导向，这种单一的营销模式无法细分市场，忽视了客户的实际需求，存在着适应市场的速度慢、开发新客户存在局限、重短期利润轻长期发展等众多缺陷。近年来，保险业加速了数字化进程，大数据与保险营销的深度融合将成为保险营销是否现代化的重要衡量标准。将大数据用于保险营销，突破了原有的营销模式，实现了从人海战术向精准营销的转变，大幅提升了保险营销的能力和效率。

1999 年，美国的莱斯特·伟门提出了精准营销的概念。精准营销被定位为一门营销的学科和理论：以科学管理为基础，以消费者洞察为手段，恰当而贴切地对市场进行细分，并采取精耕细作式的营销操作方式，将市场做深做透，进而获得预期效益。通常可以将其划分成五个阶段：收集并整理目标客户的相关信息，建立客户数据库；对数据进行分析，加深对客户的理解，整理出细分客户群体的差异化需求；针对不同细分客户群体的需求，设计差异化的产品和服务；提供满足不同细分客户群体需求的差异化产品和服务；通过各种营销活动的反馈，进一步深化对客户本质需求及客户购买和使用习惯的理解。

精准营销以客户为中心、以数据为基础、以精准分析为手段，通过正确的方式向客户传达正确的营销信息。如图 6-8 所示，大数据与保险营销环节高度契合。保险公司通过大数据系统分析客户的在线浏览和交易痕迹等信息，得出客户的实际需求，将传统营销中需要通过保险业务人员完成的客户接触环节拓展出通过数据接触客户的渠道，实现与客户的实时沟通和交流，并实时掌握客户的各项特征。在与客户的后续联系中，数据的采集和传输效率也因通信技术的快速发展而得到大幅的提高。在客户赢取环节，大数据技术的应用也保证了大量客户数据的有效利用，即针对具体客户实现评估、预测、动态定价等功能。

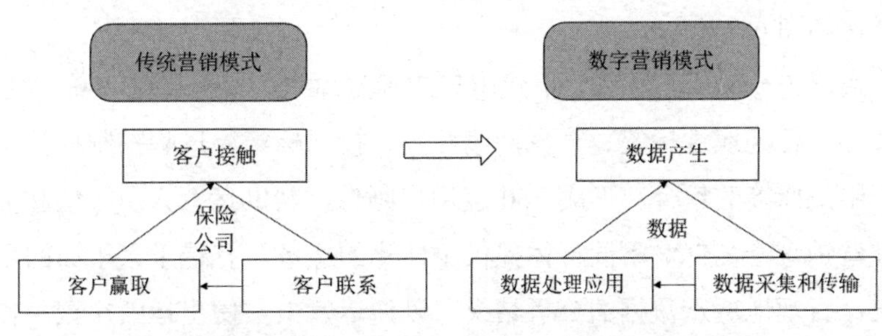

图 6-8 大数据与保险营销环节的契合

用户画像是为了达到精准营销的目的，对海量客户数据进行处理的一种方式。其理念由交互设计之父阿兰·库珀提出，本质就是给所有用户打上标签。用户画像是真实用户的虚拟代表，是建立在一系列真实数据之上的目标用户模型，是根据用户的属性及行为特征抽象出的标签拟合而成的虚拟形象，主要包括基本属性、社会属性、行为属性及心理属性等。需要注意的是，用户画像是对一类有共同特征的用户进行聚类分析后得出的，并非针对特定的某个人。

本节我们将聚焦于用户标签的建立，这是用户画像成型较为关键的一步。根据用户群体特征，保险公司可以进行用户画像的标签建模。一般标签属性可分为四类，分别为静态标签、事实标签、交集标签与趋势标签：静态标签指每个用户的基本信息，如性别、年龄、地区、职业、资金往来等；事实标签指公司的产品销量、名誉等受到用户评价影响而反馈出的真实数据，如用户购买某件保险产品的次数，对某件保险产品的满意度、投诉次数等；交集标签指用户与公司的关联度，即用户喜好与公司风格的吻合程度，表现为用户对某保险产品的购买频率、重复购买率等；趋势标签指根据近期用户的表现分析用户的流动方向，并且通过概率模型推测保险产品向哪个方向投放。根据上述标签数据，保险公司可以试探性地投放不同类型的产品，并且适度调整收益浮动率，以观测用户数据的变化。保险公司也可以通过用户标签预测用户的消费行为，估计、控制向某个用户群体投放保险产品的数量规模。

在实际应用中，需要特别注意健康险的精准营销。人们的健康管理是一项长期活动，人们在没有患病恐惧时通常不具有购买健康险的行为动机，而在患病后购买健康险又不再具有意义。因此，在健康险的精准营销中，对营销时机的把握特别重要。网上医疗咨询凭借其便捷性逐渐成为人们进行简单医疗咨询的主要方式，保险公司可以通过大数据技术即时了解其潜在客户的健康状况和主要健康顾虑，进而向特定的潜在客户推荐有针对性的健康险产品，从而实现健康险的精准营销。

在行业实践中，众安保险是把“保险”与“科技”深度结合的互联网保险公司。依托旗下的众安科技自主研发的智能营销平台，众安保险打造了一体化用户运营中心，实现对众安 App、微信公众号、视频号等多载体矩阵用户的交叉引导，基于算法及数据分析，将用户分层，为其定制不同的产品及服务，实现了集功能、内容于一体的服务体系。众安保险智能营销平台如图 6-9 所示。

众安保险实现统一的用户标识，搭建用户的标签体系，累积超过 2000 个用户标签，包括用户属性标签、行为属性标签、人身健康标签、投保标签、风险控制标签、客户满意度标签等；根据用户标签的集合，形成 360 度用户画像，帮助运营人员了解和分析用户群特征；制定精准营销策略，针对不同群体提供个性化的服务，打造千人千面的用户体验；通过可视化图表，直观地展示数据的分析结果，以便运营人员做出运营决策，使运营工作更加高效。最终，众安保险以数据驱动的营销决策，实现了获客成本降低 30%、投放效率提升 50%、运营效率提升 80%。

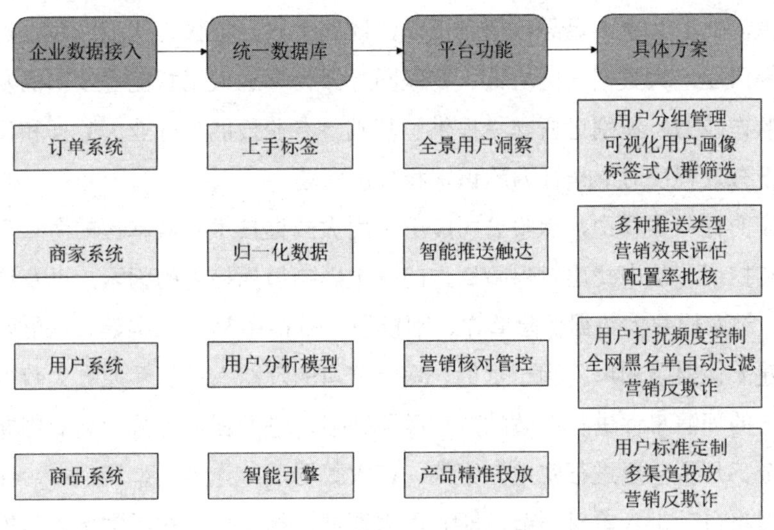

图 6-9　众安保险智能营销平台

6.3.3　智能理赔与保险反欺诈

1）智能理赔

传统的保险理赔大多数依靠人力定损，流程通常烦琐且耗时甚久。随着保险市场的快速发展，赔案量迅速增加，以人力支持为主的定损模式表现出效率低、时间长、难度高、判定误差大等缺陷，且容易产生内外联合骗保等问题，给保险公司，尤其是中小保险公司造成的负担越来越重。

随着大数据技术的发展，智能理赔不断革新升级。智能理赔是指利用人工智能、大数据分析等技术来优化理赔流程，实现快速、高效的理赔服务。对于远程定损的探索，早先受技术瓶颈制约，定损的准确率不高，但近年来，深度学习、图像识别等人工智能技术的突破极大地提升了远程定损的精度及自动化水平，为其实现进一步的商业应用提供了坚实的支撑。例如，在车险定损中，保险公司可以通过远程采集车险事故照片，采用深度学习图像识别检测技术，利用云端数据自主学习比对，对受损位置进行分解定位、角度还原、去反光等操作，在几秒钟内得出准确的定损结果。这大大降低了车险理赔中的人力及时间成本，提高了自动化程度，显著减少了客户的等待时间，有助于提升理赔服务的满意度。此外，远程定损也能帮助保险公司，尤其是新成立的保险公司迅速构建理赔能力，专注于提供差异化的理赔服务。

2）保险反欺诈

保险欺诈自保险诞生之日起就如影随形，长期以来，利用信息不对称骗保，盗卖投保人、被保险业信息，虚假理赔等事件严重影响了保险行业的健康发展。欺诈案件导致行业理赔成本畸高，损害了被保险人的利益。在传统的反欺诈业务中，存在着因依赖人工而效率低、成本高，数据共享不足导致信息孤岛，欺诈手段升级快、防范应对延迟，违法成本低屡禁不止等问题。大数据、区块链、物联网、云计算、人工智能等技术的发展，为提升保险行业反欺诈能力、识别虚假交易提供了基础。专业技能与行业大数据和反欺诈科技的结合，有助于有效解决对欺诈行为的识别和打击问题。

在反欺诈的行业实践中，保险公司能够运用大数据技术对其掌握的海量客户数据进行充分的分析和挖掘，从中找出对保险欺诈的发生影响最为显著的因素，以及这些影响因素的取值区间，进而构建大数据保险欺诈识别模型，图 6-10 所示的福建人保财险风险因子平台给出了福建人保财险的风险因子示例。保险公司的理赔人员能够通过大数据保险欺诈识别模型对具体的理赔事件进行有效的欺诈风险评估，进而根据评分的高低判断是否需要立即支付理赔金、是否需要进行实地勘察等。在大数据反欺诈的完整流程中，保险公司在收到相关申请后将自动进入审核环节，即利用大数据等相关技术对所掌握的与投保人、保险标的相关的基础数据，以及由智能勘查系统及时反馈的与状况相关的实时数据进行分析处理，识别和判断引起风险事件的主要因素；而后将上述分析结果接入智能欺诈评估系统，对该理赔案件的欺诈风险进行评估。显然，数据的完整性和多样性是保障反欺诈工作高效、准确的基础。因此，保险公司需要对理赔历史记录、保单信息、事故统计数据、征信记录、犯罪记录、社交网络数据等内部数据和第三方数据进行有效的整合和存储。

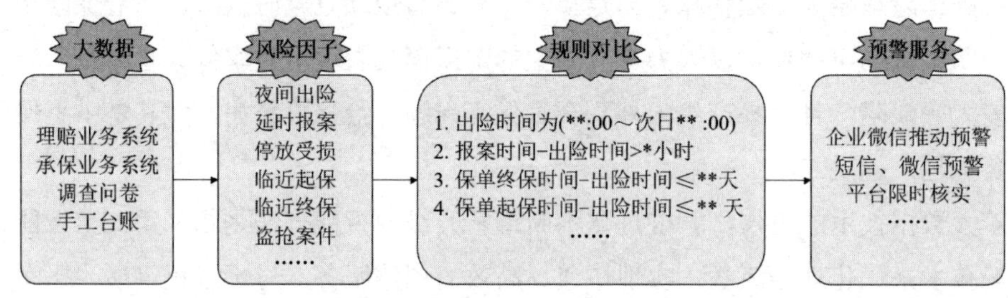

图 6-10　福建人保财险风险因子平台

国际保险监管者协会数据显示，车险欺诈在保险欺诈中占比高达 80%，呈现出多样化、专业化、团伙化的特征，并且随着打击力度的不断加大，车险欺诈行为日益隐蔽，传统的车险欺诈识别方法难以对相关欺诈风险进行防范。大数据技术的出现为车险反欺诈工作提供了更多的可能，以华安保险为代表的保险公司选择自建数据管理平台以实现风险的识别、预警和评定。具体来看，该数据管理平台包含人（驾驶证、身份证、手机号）、车（标的车、三者车）、修理厂（特约 4S 店、合作修理厂、外部修理厂）3 大主体数据，历史案件类、高频索赔类、免责风险类、伤亡案件类、欺诈风险类、渗漏风险类、重大车损类、诉讼案件类、过户风险类、异地承保类、商用车风险类、数据风险类 12 类主体数据，曾经全损出险、高频率电话报案、承保信息不符、疑似碰瓷车辆、修理厂价格偏高等 119 条风险规则。平台通过整合不同主题的数据，构建反欺诈引擎，通过大数据对复杂的案件进行回溯分析，挖掘案件欺诈风险点，从而有效识别欺诈风险案件。此外，华安保险还通过欺诈关联数据、反欺诈工具、反欺诈应用实现了反欺诈闭环管理，在减少损失的同时提高理赔效率。

以车险为出发点，保险公司可以进一步集成不同险种的理赔信息数据，扩展全域大数据平台，建立与诉讼平台、增值服务平台的联动预警机制，将风险因子纳入核保、核赔、核损等自动化流程，强化平台的反欺诈数据应用能力（华安保险内、外部数据融合应用场景如图 6-11 所示）；进一步融合数据、技术和社会资源，共建跨险种、跨行业、跨公司、跨地区的保险反欺诈联盟生态圈。

- 数据治理：深度挖掘存量数据，建立健全标准化、模块化的信息采集模式，充分利用内、外部的数据资源，发挥大数据应用工具的产品优势。
- 技术应用：对欺诈情形进行细分，有针对性地设计反欺诈模型，根据场景和应用的特性，差异化设计并精准匹配系统功能。
- 社会资源：构建起由监管部门、行业协会、保险机构、科技企业共同参与的反欺诈联盟，强化消费者权益保护机制。

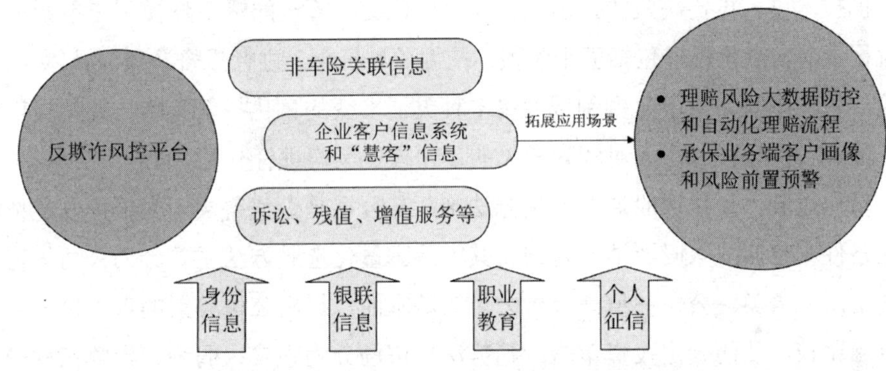

图 6-11　华安保险内、外部数据融合应用场景

6.4　大数据与投资

在投资领域，大数据的应用正在引领一场全新的革命。投资者和机构能够利用庞大的金融数据，包括市场行情、公司财务数据、社交媒体舆情等多维信息，通过先进的算法进行深度挖掘。这种数据驱动的方法不仅使投资决策更加智能和精准，还为发现市场趋势、执行交易、优化策略提供了全新的途径。大数据技术不仅是量化投资和高频交易的助力，更为投资者提供了全面、及时的信息，助力其在动态市场中做出明智决策。大数据在投资中的应用不仅为金融市场注入了创新元素，也为投资者提供了智能、高效的工具，帮助他们在竞争激烈的投资环境中取得更好的回报。这一数字化趋势正在重新定义投资领域，为行业带来前所未有的机遇和挑战。

6.4.1 量化投资与高频交易

1）量化投资

传统的投资方法依赖人工分析财务、技术及基本面信息，从而判断股票、期货、外汇等金融产品的价格走向。投资者通常参考媒体报道、分析师意见及市场趋势等因素进行决策。然而，虽然这种投资方法具有灵活性和主动性，但其投资业绩依赖于投资者的知识水平和经验，投资缺乏科学性和系统性，容易受到情绪等非理性因素的影响。

量化投资（Quantitative Investment）是一种采用数理方法和计算机技术从数据中挖掘盈利机会、制定投资决策、执行交易、预测和管控风险，以获得超额收益和长期稳定盈利的投资方法。相比之下，量化投资基于对市场大数据的分析制定决策，数据样本容量足够大，而且可以快速进行运算并排除投资者个人心理因素的影响，科学性和时效性更强。从全球市场的参与主体来看，按照管理资产的规模，全球排名前六位中的五家资金管理机构都是依靠计算机技术进行投资决策的，由量化及程序化交易管理的资金规模正在不断扩大。

从流程上看，量化投资包括五个阶段：挖掘盈利机会、进行投资决策、具体执行交易、预测风险、管控风险。当下金融领域中有多种灵活多变的量化投资策略，量化投资技术几乎覆盖了整个投资过程。下面对较为常见的量化投资策略进行介绍。

（1）量化选股。量化选股通过数量方法判断某公司是否值得买入。根据判定依据，若公司满足条件则将其放入股票池，否则将其剔除。量化选股方法主要分为公司估值法、趋势法和资金法三大类。公司估值法分析公司的基本面，得出公司股票的理论价值，并与市场价格进行比较，从而确定投资策略；趋势法将市场分为强势、弱势、盘整三种形态，投资者根据不同形态做出相应的决策；资金法根据市场主力资金流动方向进行决策。

（2）量化择时。量化择时寻找一个或多个识别趋势的因子，并采用机械化规则决定买卖时点，具体包括趋势择时、市场情绪择时、牛熊线择时、Hurst（赫斯特）指数择时等。如果判断大势上涨，则买入持有；如果判断大势下跌，则卖出清仓；如果判断大势震荡，则高抛低吸，从而获得高于简单买入持有策略的收益率。

（3）量化套利。套利行为是利用同一商品或相似商品在不同市场的差价进行低买高卖的交易行为。量化套利通过量化分析确定最优投资组合，并将其看作一种金融产品进行研究，主要包括股指期货套利、商品期货套利、统计套利、期权套利等。

（4）算法交易。算法交易又称自动交易、黑盒交易或机器交易，它通过计算机程序来发出交易指令。在交易中，程序可以决定的事项包括交易的时间、交易的价格、最后需要成交的证券数量等。根据算法交易中算法主动程度的不同，可以把算法交易分为被动型算法交易、主动型算法交易、综合型算法交易三大类。

（5）资产配置。资产配置包括资产类别选择、投资组合中各类资产的适当配置，以及对这些混合资产进行实时管理。量化投资管理将传统投资组合理论与量化分析技术结合，极大地丰富了资产配置的内涵，形成了现代资产配置理论的基本框架。应用量化投资策略的资产配置突破了传统积极型投资和指数型投资的局限，将投资方法建立在对各种资产类股票公开数据的统计分析上，通过比较不同资产类的统计特征，建立数学模型，进而确定组合资产的配置目标和分配比例。

接下来将以华泰证券的大类资产配置策略投研体系为例（表 6-4 所示为华泰证券策略开发体系），介绍实盘中的量化投资策略。近年来，华泰证券将资产配置研究从周期因子拓展到其他收益因子上，包括但不限于宏观、动量、期限结构等，在全球股票、债券、商品等大类资产中探索差异化收益来源，开发了一系列大类资产配置策略，并持续发力构建多样化、低相关性的策略池，逐渐在资产配置策略开发过程中形成了一套较为完善的投研体系。其将策略开发分为数据层、指标层、策略层和实践层四个层次，以期在复杂多变的市场中及时抓住“数据流”的变化规律，提高“资金流”的胜率。

表 6-4　华泰证券策略开发体系

层次	内容
数据层	全球宏观经济数据，如国内生产总值（GDP）、消费价格指数（CPI）、生产价格指数（PPI）、汇率等；交易数据，如日频量价、日内高频数据等；行业数据，基金数据，另类数据等
指标层	将各类数据以一定逻辑加工成指标，如全球经济周期指标、行业景气度、资金流、拥挤度指标等；选股指标、分析师预期指标、基金评价指标等
策略层	结合各类指标和数据，构建丰富的量化资产配置策略池，如 Beta 策略（周期、宏观因子、趋势配置）、Alpha 策略（期限结构、商品曲线、商品动量、利率动量）、避险策略（全球避险）及其他差异化策略
实践层	数据+指标+策略，可以多层次渗透到投资实践中，如行业景气度、宏观因子等模型可以作为主动投资的辅助性判断工具；将各类量化资产配置策略结合起来，构建更为稳健的 FOF（Fund of Fund，基金中的基金）组合

具体来看，华泰大类资产配置策略体系以 Beta 策略为主，辅助的 Alpha 策略、避险策略则提供与 Beta 策略有一定差异的收益来源。Beta 策略主要是指承担金融市场系统性风险、获取金融市场长期回报的一类策略，并不仅仅指代跟踪某个特定指数的被动策略。Beta 策略通常有全球股票、债券、商品等资产的多头敞口，各资产在组合中的配置权重可以通过风险平价、周期轮动或宏观因子等模型进行计算，这一类型的策略一般具有容量大、成本低、长期业绩表现好、回撤可控等优势。Alpha 策略主要是指与 Beta 策略相关性较低的一类策略，其中期限结构、商品曲线策略是市场中性的；商品动量、利率动量策略则根据商品或利率当前的动量因子信号决定对应资产的多头头寸和空头头寸，不一定是市场中性的，但其收益及风险来源与 Beta 策略有较大区别，因此也归入了 Alpha 策略中。避险策略能够在市场突发风险事件时提供避险收益，一般与 Beta 策略低相关或负相关，能对传统策略池进行有利补充。

2）高频交易

高频交易（High Frequency Trading）是指利用高频率的交易来捕捉正常情况下无法利用的短暂市场机会从而获利的程序化交易方式，如某种证券买入价和卖出价差价的微小变化，或者某支股票在不同交易所之间的微小价差等。高频交易被广泛应用于股票、期货和衍生品市场等，这些市场交易量大、价格波动频繁剧烈，为高频交易提供了丰富的交易机会和利润来源。市场的高透明度与可获取的交易数据是高频交易得以实现的重要信息基础。一般来说，高频交易包含以下几类。

（1）做市商策略。做市商在市场上充当流动性提供者，在有人想买/卖一个标的（如股票、期货等）时，做市商要保证买/卖方投资者能够完成交易。做市商策略本质上是均值回归，认为市场价格在短期内具有波动性。因此，做市商可以选择承担一定的风险，例如暂时从卖方投资者手中将股票买入，等价格变得有利时再卖掉。

做市商分为非合约做市商和合约做市商两类，非合约做市商又称主动型做市商，其花费大量资金聘请信息技术专家、金融专家，购买最先进的信息技术设备，开发高频交易算法和策略，打造性能优越的低延迟高频交易系统，但极少能赚钱；合约做市商又称被动型做市商，通过在盘口（在股市交易过程中看盘观察交易动向）挂限价单进行双边交易来提供流动性从而获取利润，策略收入包括买卖价差和交易所提供的返还佣金（交易所做市商的资格会带来更多的优惠和合规豁免）两部分。

（2）统计套利策略。统计套利策略是指寻找具有强相关性的资产，通过发掘暂时性的、可预测的统计偏离或定价错误来进行套利的一类交易策略。主要策略有跨期套利、跨品种套利、跨市场套利、配对交易等。

（3）方向性策略。方向性策略是指通过预测或制造价格趋势并顺势交易来获利，以速度取胜，常见方式包括事件驱动、趋势引发、指令占先等。

（4）结构性策略。结构性策略是指交易者利用不公平的交易制度获利。例如，某些交易者可能利用托管服务先于其他交易者获取到价格和订单数据，并据此下单从而交易获利。

6.4.2 投资策略优化

投资策略是投资者在证券投资活动中为避免风险、获取最理想收益而综合采取的策略，既要减少或避免风险损失，又要保证证券的流动性和收益性。传统的投资策略主要采用的是结构化数据，包括但不限于股票的开盘价、成交量等历史价格数据，道琼斯工业平均指数、市场波动率指数等市场指标数据，以及 GDP 增长率、通货膨胀率、就业数据等宏观经济数据等。而在财务报表数据、新闻和社交媒体数据、交易员和投资者评论数据等非结构化数据中，往往也蕴含着丰富的市场信息。

投资者情绪是指投资者对未来预期的系统性偏差，是个难以度量的概念，反映了市场参与者的投资意愿或预期。例如，投资者对经济的看法悲观与否，新发布的指标数据是否让投资者感觉未来市场将上涨或下跌等。投资者情绪对金融市场有着重要的影响，市场上大多数参与者的主流观点决定了当前市场的总体方向。投资者情绪分析是非结构化数据的典型应用之一，通过投资者情绪分析、技术分析和基本面分析，可以帮助投资者做出更好的投资决策。

投资者情绪可以通过指标数据来度量，根据数据的主客观性可以分为以下两类。

1）主观投资者情绪指标

主观投资者情绪指标也称直接指标，是指经过调查和访问得到的直接反映投资者对市场行情的看法和判断的指标，如各类个人投资者信心指数等。国外常见的主观投资者情绪指标包括美国投资者情绪指数（AAII Investor Sentiment Index）、投资者智慧指数（Investor Intelligence Index）等，国内常见的主观投资者情绪指标包括央视看盘指数、消费者信心指数、巨潮投资者信心指数等。

2）客观投资者情绪指标

客观投资者情绪指标也称间接指标，该类指标主要是通过采集金融市场上与投资者情绪相关的公开交易数据或通过相关的统计方法来构造的。相对于主观投资者情绪指标，客观投资者情绪指标在学术研究中的应用更加广泛。根据其来源与性质的不同，可以大致分为市场类、交易行为类、衍生变量和其他情绪代理四大类，以下介绍几个比较有代表性的指标。

（1）IPO（首次公开发行）市场相关指标。IPO 市场相关指标包括 IPO 发行数量和 IPO 首日溢价，一般认为一段时间内 IPO 发行数量越大，首日 IPO 溢价越高，投资者情绪越乐观。

（2）保证金借款比例。美国联邦储备系统每月发布的保证金借款比例常被看作牛市指示器，保证金借款比例越高，市场投资者的情绪越乐观。

（3）市场波动性指数（VIX）。市场波动性指数又称“恐怖指数”，反应期权市场对未来 30 天内标准普尔 500 指数波动性的预期。

除上述已经量化的指标能够反应投资者的情绪外，网络舆情也是影响人的情绪、态度的重要因素。几乎每个市场投资者都生活在移动互联网世界里，可以借助手机、平板电脑等实时获取各种外部信息，同时每个人又扮演着信息发布主体的角色，通过微信、微博、QQ、小红书等各类社交媒体输出个人的市场观点和言论。这类信息具有直接性、虚拟性、突发性、随意性和多元性的特点，主要以包括文本在内的非结构化形式呈现。文本情感分析的子任务众多，金融市场研究中涉及较多的是极性分类任务和情绪分析任务：极性分类任务通常将文本分成正面、负面两类或正面、负面、中性三类，若考虑情绪强度，可进一步区分强、中、弱等不同情绪；情绪分析任务对情绪的分类则更加复杂多元。针对金融市场投资者情感的文本分析研究路径如图 6-12 所示。

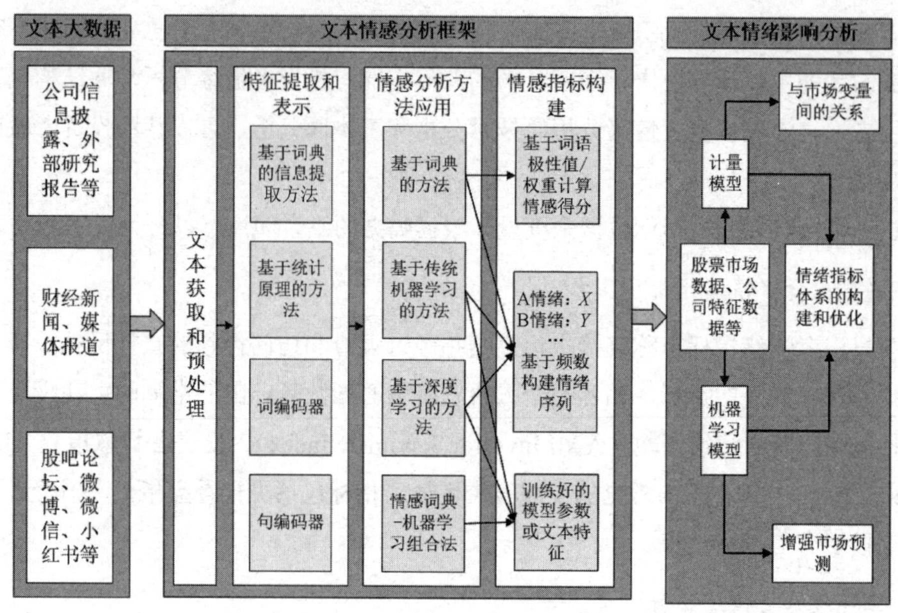

图 6-12　针对金融市场投资者情感的文本分析研究路径

（1）文本获取和预处理。文本信息主要通过网络实现存储和传播，原始文本通常需要进行预处理（文本清洗），以达到缩减篇幅、提高后续处理效率的目的。常见的预处理步骤有词性标注、停用词删减、否定词处理、短语切分等，这一过程因语言的差异而不同。中文文本由于不以空格为单词的自然分界，还需要进行分词处理。

（2）特征提取和表示。完成文本预处理后，通常需要对其进行特征提取和表示，使之转化为计算机可理解的结构化数据。特征提取和表示方法可分为基于词典的信息提取方法（如 POS Tagger 等）、基于统计原理的方法（如 N-Gram、TF、TF-IDF 等）、词编码器（如 Word2Vec、GloVe 等）和句编码器，在金融领域的应用研究中使用较为广泛的是前三种。

（3）情感分析方法应用。金融领域的文本情感分析方法可分为基于词典的方法、基于机器学习的方法和情感词典-机器学习组合法，其中基于机器学习的方法又可以分为基于传统机器学习的方法和基于深度学习的方法。深度学习是在传统机器学习的基础上发展起来的，更为复杂但性能更佳，更适合大型的数据集。近年来，深度学习领域发展迅速，已逐渐成为有别于传统机器学习的研究领域。不同情感分析方法的比较如表 6-5 所示。

表 6-5　不同情感分析方法的比较

比较维度	基于词典的方法	基于传统机器学习的方法	基于深度学习的方法	情感词典-机器学习组合法
基本原理	词汇匹配	特征表示，性能评估，模型优化	神经网络，模型优化	综合前两种方法的原理
上手难度	容易	相对容易	困难	困难
主要优点	易于理解、操作简单	可直接套用成熟模型，便捷高效、省时省力；能更精准地捕捉文本语义；可处理文本大数据	特征提取和选择不需要过多人工干预；适用于大型数据集	文本语义丢失少；可自主、高效地构建合格的训练数据集

续表

比较维度	基于词典的方法	基于传统机器学习的方法	基于深度学习的方法	情感词典-机器学习组合法
主要缺点	易丢失、可能曲解部分文本信息；人工构建词典耗时费力；可直接使用的汉语词典资源有限、专用性差	模型的好坏高度依赖训练数据集的标注质量和数量；优质公开的训练数据集比较少	涉及较多的计算机知识，难以快速上手；依赖高端硬件资源，训练时间长；存在部分传统机器学习方法的缺点	知识门槛高、理解和应用难度大；在金融领域研究中的使用效果有待进一步验证
适用范围	篇幅短小、上下文语义联系较弱的文本	数据量相对较小的文本	数据量大的文本，针对不同文本特点可以选用、改进或融合不同的模型	电影评论、产品评论等数据集
应用情况	在金融领域研究中应用广泛	在金融和计算机交叉领域研究中应用较多	在计算机视觉、自然语言处理领域应用较多	在非金融领域研究中应用更多、效果更好

（4）情感指标构建。经过上述流程，通常可以得到三种结果。第一种是数值型情感词典法的特有输出，即依据词典中单词的极性值或情感权重、按照一定规则计算得到单位采样时间内所有文本样本的总情绪得分，进而生成情绪序列。第二种是非数值型情感词典法和机器学习均可以产生的输出，即单位采样时间内所有文本样本在不同情绪类别中的分布和频数，据此可进一步计算单位采样时间内文本样本的情感倾向。第三种是机器学习和组合法的特有隐含输出，即训练好的模型参数或文本特征，后续通常和其他机器学习模型结合用于预测任务，最常见的是将训练生成的词嵌入特征作为后续模型的输入。

在完成上述的投资者情绪分析后，便可以采用合适的方式将情感指标应用于改善价格预测、优化投资策略、构建投资组合等方面。

6.4.3　智能投顾

智能投顾（Robo-Advisor），又称机器人投资顾问、智能理财、自动化理财等，起源于 2008 年的国际金融危机，2017 年开始在国内流行，是一种新兴的在线财富管理服务。它利用大数据分析、量化金融模型及智能化算法，按照投资者的风险承受水平、预期收益目标及投资风格偏好等要求，根据投资组合优化等理论模型，为投资者提供投资参考并监测市场动态，对资产配置进行自动再平衡，提高资产回报率，从而使投资者实现“零基础、零成本、专家级”的动态资产投资配置。

在智能投顾领域，大数据的主要应用包括智能客服中的自然语言处理技术（如自动分词、词性分析、句法分析和语义分析等），客户洞察中的 A/B 测试、Top-k 分析、移动平均线分析、回归分析、时间序列分析等统计分析技术，资产配置中的关联规则、分类、聚类等数据挖掘技术，以及投资组合和市场预测中的模型预测、机器学习、建模仿真和复杂网络等技术。典型的智能投顾框架如图 6-13 所示。

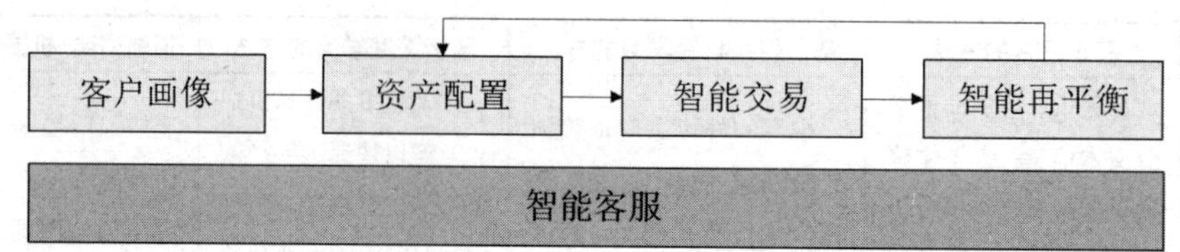

图 6-13　典型的智能投顾框架

典型的智能投顾框架包含客户画像、资产配置、智能交易、智能再平衡和智能客服五个部分。

- 客户画像：通过大数据分析进行客户画像，从多角度、多维度了解客户，完成客户财富管理咨询。客户画像的目的是识别投资的限制因素和确定投资者的投资目标，限制因素包括投资者的风险偏好水平、流动性要求、时间跨度要求、市场的投资限制、操作规则、税收等，投资目标主要是基于收益和风险平衡确定投资的预期收益率。
- 资产配置：智能投顾利用现代资产组合理论和机器学习方法，给客户提出个性化的投资组合建议。首先，投顾系统对大类资产进行研究，包括各类资产的长、中、短期收益、风险及相关性，对资产进行分类。其次，构建大类资产池，采用历史数据法与经济分析确定资产在相关持有期间内的预期收益率。再次，系统使用机器学习算法确定资产组合的有效边界，求解得到大类资产配置方案的最优解，即寻找在风险水平既定的情况下可实现预期收益最大化的资产组合，或在预期收益给定的情况下可将风险控制在最低水平的资产组合。最后，计算得出个性化的投资组合，即在满足投资者所面临的各种投资限制的条件下，找到能够实现投资者投资目标的最佳资产组合。在实际应用中，通常在深度客户画像的基础上，搭建多维度、多目标、多资产优化模型，使用二次规划、非线性规划方法求解模型，动态计算出科学合理的投资组合。
- 智能交易：根据投顾系统计算出的个性化投资组合，生成资产买卖的交易指令。智能投顾系统将在客户授权的情况下对接外部交易系统下单，下单过程中应用各种算法进行智能优化。此外，智能投顾系统还可借助量化投资工具帮助投资者进行组合优化及风险管理，避免投资者自身的信息劣势及弱点，提高投资精准度。
- 智能再平衡：智能投顾系统会实时监控投资组合情况，根据市场情况、风险控制及客户需求变化实时调整投资组合。系统在识别经济周期的基础上对各类资产的收益情况做出预测并智能择时，及时调整各类资产的投资比例和持有期限。系统也会根据客户画像结果，严格按照预设的模式执行，防止客户受虚假消息、恶意操纵及高波动走势的影响而频繁交易、非理性交易、被动交易。

- 智能客服：智能投顾综合应用大规模知识处理、自然语言理解、知识管理、自动问答、推理等技术，通过全流程的客户服务，实现了各投资环节的顾问功能，满足了客户全方位的财富管理咨询需求。特别是人工智能技术的普及和发展，使得为客户提供交互式服务成为现实，有效提升了客户体验感。

目前，国内智能投顾市场主要由三类企业构成：第一类是传统金融机构，包括商业银行、券商和基金公司，如招商银行的摩羯智投、国泰君安的君宏理财和广发基金的基智理财；第二类是互联网企业，如阿里巴巴、京东和腾讯，其利用其庞大的客户行为数据和低投资门槛，在客户体验和产品优化领域不断创新，如京东智投和腾讯理财通；第三类是互联网初创企业，这类企业通常专注于投资组合算法模型和数据分析等方面。

智能投顾的发展使得金融机构能够更好地利用海量数据，为客户提供个性化的资产配置服务。智能投顾服务不仅提升了金融机构对数据的重视程度，还拓宽了金融机构的业务范围，提高了金融机构的服务质量。然而，智能投顾的合法性问题和存在的法律监管风险仍然需要重视，包括牌照管理、信息披露和风险提示、评估反馈机制和保险机制的建立等。

案例：大数据与普惠金融

传统金融行业更多关注的是收益较高的项目，导致长期以来农村地区的金融业发展相对缓慢，针对农业、农村和农民的金融产品和服务非常有限，尤其在偏远落后的农村地区，存在不同程度的金融排斥和金融歧视现象。2005 年，联合国提出普惠金融的理念，迅速在全球金融业达成共识，为金融业未来的发展指明了方向，同时该理念也是根治金融排斥的一剂良药。

吉林省位于东北地区，是农业大省，与东南沿海地区相比，其金融业发展缓慢，金融供给不足。其农村产业融合的开展需要各方主体的参与，各类项目前期投入大、回收期长，要想提高各方参与主体的积极性，资金成为首要因素。而在经济相对落后的地区，通常存在传统金融机构尚未覆盖的人群，缺乏基础数据，难以对其信用风险进行评估。

为了解决上述问题，有一家普惠金融机构决定融合大数据和区块链技术，构建一个创新型信用评估和金融服务体系。其通过收集大量的非传统数据（如社交媒体活动数据、消费数据、农产品交易数据等），为信用评估提供丰富的数据基础；利用区块链的不可篡改和可追溯特性，确保数据的真实性和安全性，建立一个去中心化的信用评估体系；开发智能算法，对收集到的非传统数据进行分析，建立精准的信用评分模型，覆盖传统金融机构无法触及的人群；通过在线平台和移动应用提供便捷的金融服务，包括贷款申请、信用评估、资金发放等，摆脱了对物理网点的依赖。

通过大数据和区块链技术的应用，该普惠金融机构显著提升了信用覆盖率，成功覆盖了大量传统金融机构未能覆盖的人群，尤其是偏远农村地区的居民。此外，利用自动化的信用评估和数字化服务，该机构将银行的运营成本从原来的70%降至30%，大幅提高了盈利水平。借助在线平台，居民可以随时随地申请金融服务，不再受时间和空间的限制，大大提高了金融服务的普及率。请思考和讨论如下问题：

1. 大数据与区块链技术如何平衡数据隐私与数据共享？
2. 普惠金融机构如何应对大数据和区块链技术应用的成本挑战？
3. 在大数据和区块链技术的支持下，如何设计更加包容和公平的金融产品？

参考文献

[1] 何大安. 金融大数据与大数据金融[J]. 学术月刊，2019，51（12）：33-41.

[2] 陈立吾. 金融数据安全治理工作的思考[J]. 中国金融，2023（18）：38-40.

[3] 张欢. 保险科技对保险产品设计创新的影响研究[J]. 商讯，2019（15）：98-100.

[4] 杨钧钧，解志山. 浅析大数据对保险定价的影响——以寿险为例[J]. 全国流通经济，2021（24）：154-156.

[5] 马向东. 大数据时代的保险营销[J]. 中国保险，2018（04）：40-42.

[6] 郭际. 大数据环境下保险行业UBI车险定价模型构建探索[J]. 价格月刊，2022（10）：45-51.

[7] 黄晓斌，王秀明，陈文锦，等. 浅谈大数据分析在车险反欺诈的应用——以福建人保财险《风险因子平台》为例[J]. 福建金融，2023（01）：65-68.

[8] 王波，吴子玉. 大数据时代精准营销模式研究[J]. 经济师，2013（05）：14-16.

[9] 姜双双. 大数据时代下保险营销模式研究[J]. 中国战略新兴产业，2017（24）：79.

[10] 崔家阳. 技术赋能：大数据在用户画像的应用与改进——以人寿保险为例[J]. 中国商论，2021（15）：99-101.

[11] 郭建. 基于大数据与AI技术实现保险精准定价的探究[J]. 内蒙古科技与经济，2020（24）：49-50.

[12] 武婧，周楠，崔凯. 商业银行信贷模式的数字化转型研究[J]. 商展经济，2023（08）：89-91.

[13] 张有木. 大数据技术在商业银行反洗钱工作中的应用研究[J]. 信息与电脑（理论版），2015，（14）：8-9+17.

[14] 蔡宁伟. 我国反洗钱客户身份识别体系探析[J]. 福建金融，2023（03）：59-65.

[15] 官焕宇. 基于大数据的银行信贷风险管理体系研究[J]. 时代金融，2020（31）：92-94.

[16] 王雪颖，张芯萌. 基于区块链技术背景的数字货币发展路径探讨[J]. 中国集体经济，2022（33）：80-82.

[17] 林永民，张振山，段政凯. 可信数据流转：区块链赋能金融产品创新的路径研究[J]. 征信，2022，40（12）：25-33.

[18] 周彩冬，潘维民. 大数据在商业银行反洗钱的应用[J]. 软件，2016，37（02）：1-7.

[19] 芦运莉. 大数据技术在商业银行的应用研究[J]. 经济师，2022（5）：106-107.

[20] 缪仁亮，王直民，孙淑萍. 区块链技术在我国商业银行发展普惠金融中的应用研究[J]. 经营与管理，2023（10）：121-126.

[21] 谭任杰. 浅析央行数字货币对商业银行的影响[J]. 现代商业银行，2023（03）：56-59.

[22] 杨源源，李政磊，夏旭. 央行法定数字货币推行对银行体系影响路径研究[J]. 经济研究参考，2023（07）：51-62.

[23] 杨潘婷，谢宇，龙晶. 数字人民币背景下我国商业银行的发展研究[J]. 全国流通经济，2023（09）：161-164.

[24] 彭志. 量化投资和高频交易：风险、挑战及监管[J]. 南方金融，2016（10）：84-89.

[25] 张文娟. 浅谈量化投资在国内市场的发展[J]. 中国商论，2020（16）：16-17.

[26] 李合龙，任昌松，柳欣茹，等. 金融市场文本情绪研究综述[J]. 数据分析与知识发现，2023，7（12）：22-39.

[27] 彭华，李祥，廖鸿存. 智能投顾之“智”——基于大数据与机器学习的模型建设[J]. 中国金融电脑，2019（07）：30-34.

[28] 徐慧中. 我国智能投顾的监管难点及对策[J]. 金融发展研究，2016（07）：86-88.

[29] 于文菊. 我国智能投顾的发展现状及其法律监管[J]. 海南金融，2017（06）：61-67.

[30] 蔚赵春，徐剑刚. 智能投资顾问的理论框架与发展应对[J]. 武汉金融，2018（4）：9-16.

[31] 邱冬阳，蓝宇. ChatGPT 给金融行业带来的机遇、挑战及问题[J]. 西南金融，2023（06）：18-29.

[32] 黄巍，黄斌. 数字普惠金融助力吉林省农村产业融合发展的创新机制研究[J]. 产业创新研究，2023（20）：87-89.

[33] 谢平，邹传伟. Fintech：解码金融与科技的融合[M]. 北京：中国金融出版社，2017.

[34] 何平平，车云月. 大数据金融与征信[M]. 北京：清华大学出版社，2017.

第7章

大数据在消费领域中的应用

7.1 大数据与消费领域概述

7.1.1 传统消费领域与数字消费领域

1）传统消费领域

传统消费领域指的是以实体店铺中面对面交易的消费模式为主的消费领域，包括零售、餐饮、旅游等行业。大数据在传统消费领域的应用，主要是通过收集和分析消费者的行为数据来优化商业策略和提升服务质量的。近年来，我国政府对数字经济发展的重视不断加深，引起了社会各界的广泛关注。从“数字中国”战略的首次提出到如今全面推进“数字化转型”行动，这一连串的举措清晰地表明数字经济已成为中国经济增长的崭新引擎和重要方向。

在政府政策的支持下，大数据技术不断进步，应用场景不断拓宽，在传统消费领域中的应用日益突出。企业通过大数据技术创新传统消费模式和行为，提升用户的消费体验。例如，通过分析消费者的购物和浏览行为，企业可以更精准地预测消费者的购买意愿，从而实现精准营销。因此，对于传统企业而言，数字化转型不仅是一项紧迫的任务，更是企业成功的关键推动力。通过构建先进的数字化基础设施并将数字技术与传统业务无缝整合，企业能够提升运营效率、优化业务流程。在优化内部经营效率的同时，企业还能够为顾客提供更高效、更便捷的服务。此外，通过大数据技术提升消费者的消费体验已经成为一项不可或缺的企业发展战略。通过充分利用大数据技术进行数字化转型，企业可以全面提升消费者对产品和服务的感知和体验，从而创造更具吸引力的个性化消费场景。对传统消费领域的企业而言，只有深度把握大数据技术应用的机遇，才能在竞争激烈的市场中占据有利位置，为消费者创造更大的价值，实现业务的持续增长和企业的长远发展。

大数据技术还可以帮助企业实现消费形式的革新，使得企业在当今激烈的市场竞争中取得先机。结合创新的商业模式和数字技术，企业能够深刻洞察消费者的需求，推动消费形式的创新，满足消费者多样化的消费欲望，从而建立更紧密的客户关系。

2）数字消费领域

随着互联网的迅猛发展，人们的生活方式、购物习惯和娱乐方式经历了翻天覆地的变化。数字化趋势愈发明显，推动了数字消费形式的崛起。数字消费领域指的是以互联网和移动互联网为基础，通过数字化渠道进行消费的领域，包括在线购物消费、社交媒体消费等。在数字化浪潮中，消费者在互联网上留下了大量宝贵的数据，包括搜索记录、购物行为记录等，而社交媒体平台的兴起更是极大地促进了消费者的内容创造和信息分享。消费者在社交媒体上的行为数据，包含着消费者的兴趣、社交关系等重要信息，为企业提供了深入了解消费者的机会。

与此同时，云计算技术的迅速发展为存储和处理庞大规模的数据提供了更为便捷和经济的解决方案。企业可以借助云计算平台灵活地扩展其计算能力，以更好地适应不断增加的数据量。这一技术的演进为数字消费领域带来了全新的可能性。在数字消费领域，大数据的应用呈现出多层次、多样性，可根据消费场景、交易方式和技术应用进行分类。例如，从消费场景来看，大数据的应用涵盖了在线购物消费、社交媒体消费，以及数字化文娱消费等；从交易方式来看，大数据的应用可分为数字支付消费和虚拟货币消费；从技术应用来看，大数据的应用包括区块链、人工智能和机器学习、虚拟现实和增强现实、云计算和边缘计算等技术。

在数字消费领域，大数据技术的广泛应用已经激发了一系列引人注目的创新模式，其中包括数字文化消费和消费体验、消费形式的创新升级。这一潮流不仅推动了云博物馆、AR 云购物、直播电商、AI 主播等典型案例的涌现，还推动了更多更具前瞻性的数字化消费模型的发展。在数字文化消费方面，通过数字技术的整合，消费者能够获得沉浸式虚拟文化体验，如参观在线博物馆、数字艺术展览等，拓展了文化消费的边界。与此同时，消费体验和形式方面的创新也在不断演进，如个性化的购物体验、全息化的商品展示，以及通过人工智能提供的个性化的购物建议等，进一步提升了消费者的参与感和满意度。这些创新模式为数字消费领域注入了新的活力，推动着行业朝着更智能、更个性化的方向迈进。

7.1.2 消费领域的大数据获取

在大数据应用中，数据获取是整个数据处理流程中至关重要的一环。尤其在消费领域，获取高质量的数据对企业具有重要意义，因为它能够为企业带来新的商机，指引企业的创新方向。通过获取新的数据源或巧妙地结合不同的数据源，企业有机会发现新的业务模式和市场机会，从而实现业务的创新，获得在竞争中的差异化优势。这一过程不仅有助于企业更好地理解消费者的行为和需求，还能够为产品和服务的优化提供有力支持。因此，积极而有效的数据获取成为推动企业在大数据时代取得成功的重要措施之一。

1）传统消费领域中的大数据获取

在传统消费领域，数字化转型并非易事。这一变革既涉及对新技术应用的接受速度问题，也涉及早期市场与主流市场之间的差距问题。在传统消费场景中，如线下零售消费和旅游消费，数据获取面临诸多挑战。消费者的社会信息和历史行为对商家来说通常是未知的。此外，由于缺乏完善的智能系统，商家的商品信息、景区的景点信息等关键信息也难以实现数字化。这种数据获取的局限性导致商家难以深入分析消费者的个性化需求，也限制了商家丰富消费模式、优化消费体验的途径。这种信息缺失不仅影响了企业对市场的深入了解，还对商业决策的精准性和灵活性产生了不利影响。

随着科技的进步和数字化转型的推进，企业逐渐意识到传统消费模式的局限性，并开始寻求新的数据获取途径。企业可以通过升级营销手段和技术手段来拓宽数据获取的途径。例如，通过线上线下的联动，引导消费者在线注册会员、登录账号，加之结合现实购物环境中的人脸识别、生物识别等先进技术，企业能够更便捷地识别每个消费者的身份，并获取他们的个人信息和行为数据。此外，通过构建健全的数字化系统，采用扫描等信息数字化的方式，企业可以将商品等重要信息快速录入系统，并在线上对这些信息进行进一步的处理和分析。

2）数字消费领域中的大数据获取

相较于传统消费领域，数字消费领域中的大数据获取因完善的数据基础建设而变得更加便捷。在数字消费领域，各种数字化交易渠道的出现和智能设备的普及，为大数据的获取提供了更多可能性。通过在线购物平台、移动支付系统等数字渠道和应用程序中的埋点，企业可以实时获取消费者的购物记录、点击行为等数据，并能够按照业务需求和逻辑对数据进行设计，使其满足数据查询和分析的需要。同时，智能设备的广泛应用也为企业提供了更多关于消费者生活方式的数据，帮助企业更全面地洞察消费者需求。

先进的数据库管理系统、云计算技术和强大的计算能力为数字消费企业构建了更快速、安全、可靠的数据存储和处理平台。这种技术基础使得企业能够更迅速地获取大规模数据，实现对消费者行为和偏好的深度挖掘。

尽管技术进步使得数字消费领域的数据获取更加便捷，但是同时带来了隐私问题、数据安全和数据作弊等方面的一系列挑战。首先是隐私问题。随着大众对个人隐私的日益关注，数字消费领域的数据获取面临着严峻的隐私保护挑战。消费者对个人隐私的保护要求越来越严格，企业在处理和存储用户数据时必须极为谨慎，以免触犯相关法规。保护消费者隐私不仅是企业的社会责任，也是赢得消费者信任的必要条件。

其次是数据安全。数字消费领域的企业需要不断应对升级的网络威胁和复杂多变的数据安全挑战。消费者数据泄露或被恶意利用可能导致企业面临严重的声誉损害，甚至需要承担相应的法律责任。此外，消费者不仅面临个人身份信息泄露的风险，还可能面临大数据对其状态和行为预测结果的泄露风险，增加了消费者在数字环境中的隐私风险。

最后是数据作弊。在数字消费领域的数据获取过程中，数据作弊的问题尤为突出。特别是在电商场景中，大量刷单数据会干扰正常的数据分析和决策过程，不仅影响决策的准确性，还可能给企业带来极大风险。因此，如何通过风控手段有效辨别和清除作弊数据，成为数字消费领域亟须解决的关键问题。这涉及技术、算法和合规等多方面的挑战。企业需要制定切实可行的对策，以确保数据的真实性和可信度，为决策制定提供可靠的基础。

7.1.3　消费领域的大数据技术分类

在消费领域中，大数据的广泛应用为各种模型的构建提供了丰富多样的方法。常见的大数据技术涵盖了信息数字化、深度学习模型、大模型技术，以及很多的新兴技术，如云计算技术、物联网技术、区块链技术等。

1）信息数字化

信息数字化是将信息转换为数字形式的过程，包括扫描或拍摄原始材料、创建高质量的数字副本和捕获相关元数据等步骤。数字化的结果是将图像、声音、文档等信息的表示形式转换为一系列描述样本的数字。

在传统消费领域中，实际环境会生成大量数据，需要采用扫描、人工维护等特定的方法将这些数据录入系统中。在实际零售业务中，信息的数字化涉及产品的分类、定价、库存管理等多个方面的数据，这些数据的录入对企业的运营和管理至关重要。例如，对零售商而言，将商品信息准确录入系统是确保消费者能够方便地找到所需产品的基础，也有助于实现对库存的追踪和管理。因此，将传统消费领域中产生的数据录入系统是保障业务正常运作的关键步骤之一。

此外，通过 RFID（射频识别）、生物识别等技术，消费者在传统消费场景的行为也可以被捕获收集并录入数据仓库中。将数据集中存储在数据仓库中，企业可以对数据进行处理，如数据的抽取、转换和加载，并选择合适的业务分析模型进行数据分析，从而发现潜在的商业趋势和模式。这对于制订战略计划、优化业务流程和提高决策效率非常重要。

2）深度学习模型

深度学习模型的建模过程是指使用深度学习算法和技术构建、训练和优化模型的全过程，该模型的应用领域覆盖了多个行业，在消费领域中的表现尤为引人注目。这种模型被广泛运用于解决诸如识别用户偏好、预测用户行为等问题，为消费者提供更加个性化和精准的服务。深度学习模型能够与数字化系统协同工作，将企业日常运营中的数据监控、分析和预测转化为常规化流程，从而有效提升企业的日常运营效率。

在消费领域中，深度学习模型的广泛应用体现在销售预测、产品推荐等经典场景中。通过分析大量的消费者行为数据，深度学习模型能够学习和理解消费者的个性化喜好和购物习惯。这种理解为企业提供了机会，使其能够更好地满足消费者的需求，提高产品销售的精准性。例如，在销售预测方面，深度学习模型通过学习历史销售数据及其他相关指标（如商品价格、营销支出、外部环境因素等），建立回归模型，该模型能够输出对未来销售数据的预测结果。通过深入挖掘这些相关指标之间的复杂关系，深度学习模型能够更准确地捕捉销售趋势和变化，为企业提供更为精准的销售预测服务。又如，在产品推荐方面，深度学习模型可以利用消费者过去的购物行为、浏览历史和喜好等信息，构建个性化的产品推荐系统。通过分析消费者行为数据中的潜在模式和关联，深度学习模型能够为每个消费者提供符合其个性化需求的产品推荐。经典的推荐系统模型包括协同过滤模型、主题模型等，它们通过深入挖掘消费者行为背后的潜在规律，为消费者提供了更为智能化和个性化的产品推荐服务。

3）大模型技术

大模型是海量数据和强算法紧密结合的产物。一般而言，大模型的搭建需要先利用大规模的无标签数据进行训练，然后在具体应用场景中使用相对较少的标签数据对模型参数进行微调。这使得大模型能够适配多种应用场景，显著改进了传统的定制化、作坊式的模型开发方式。

大模型拥有高效的多模态信息处理机制，能够同时处理和理解不同类型的数据，包括但不限于文本、图像、音频等。在消费领域中，这种多模态的处理机制赋予了大模型多元性和更为广泛的适用性，使得消费者能够在产品推荐、购物建议和客户支持方面享受到更为个性化和全面的服务。

大模型技术在消费领域常见的应用包括 AI 电商主播、AI 导购等。大模型的应用使得消费者的操作方式发生了显著改变，例如，用户指令变得更加灵活，不再局限于简单的页面交互。在传统的页面交互中，消费者需要通过点击、输入文本或选择菜单等方式来与系统进行交互。大模型的引入使得消费者可以更加自然地表达他们的需求，仿佛在进行实际对话。这种自然对话的方式使得消费者的体验更为直接和人性化，消除了学习新系统操作方式的障碍。这种更灵活、更自然的用户指令方式为消费者提供了更为个性化的体验，使得交互过程更加流畅和愉悦，也为更多创新性应用提供了技术空间。

4）云计算技术

云计算技术是通过互联网按需提供计算资源和数据存储服务的一项技术。企业可以通过云计算平台灵活拓展计算和存储能力，以应对不断增长的数据量和复杂的计算需求。云计算为消费领域的大数据处理提供了高效、经济和可扩展的解决方案。例如，在处理海量消费者数据时，企业可以利用云计算平台进行实时数据分析和处理，从而提高数据处理效率和决策速度。

云计算技术还支持大数据的分布式存储和计算，使企业能够同时处理来自多个渠道和平台的数据。这种技术不仅提高了数据处理的速度和效率，还为企业提供了更高的灵活性和可靠性。通过云计算，企业可以更快速地响应市场变化，优化运营和管理流程，提高竞争力。

5）物联网技术

物联网（IoT）技术将各种智能设备连接起来，使得数据可被实时采集和传输。在消费领域中，物联网技术的应用极大地扩展了数据的获取范围和深度。通过智能设备，企业可以实时监测消费者的行为、偏好和需求，从而为其提供更加个性化和精准的服务。例如，智能家居设备可以记录用户的使用习惯，提供定制化的产品和服务；智能零售系统可以实时监控商品的销售和库存情况，优化补货和促销策略。

物联网技术还促进了消费领域的智能化和自动化。例如，通过智能传感器设备，企业可以实现自动化的库存管理、物流跟踪和客户服务，从而提高运营效率和服务质量。物联网技术的广泛应用为企业提供了丰富的数据来源和应用场景，推动了消费领域的数字化和智能化发展。

6）区块链技术

区块链技术通过去中心化和分布式账本技术，提供了安全、透明和不可篡改的数据记录方式。在消费领域中，区块链技术的应用可以增强数据的可信度和安全性。例如，在电商平台上，区块链技术可以用于记录和追踪商品的生产、运输和销售过程，确保商品的真实性和可追溯性，防止假冒伪劣产品的出现。

区块链技术还可以用于数字支付和虚拟货币消费，打造安全、便捷的支付方式。例如，通过区块链技术，消费者的个人信息可以被加密存储和传输，防止数据泄露和滥用。

这些技术的广泛应用，为消费领域的大数据处理提供了丰富的工具和方法，推动了消费领域的数字化、智能化和创新发展。

7.2 大数据与传统消费

传统消费领域的交易方式通常依赖于实体环境，如实体商店、百货公司和超市等。这种交易方式在一定程度上限制了企业的数据获取和分析，因此，传统消费领域的企业长期以来主要采用传统的商业模式和运营方式。然而，随着大数据技术的迅猛发展，传统消费领域的企业也在积极应用大数据技术，探索新的运作模式。大数据在传统消费领域的应用体现在传统零售企业的数字化转型、传统消费体验的多元化和传统消费形式的变革等方面。通过大数据技术的应用，企业能够实现信息的数字化，提高企业内部的运转效率，并在最大程度上满足消费者的个性化需求，从而在传统消费市场上赢得更大的竞争力。大数据技术的应用标志着传统消费领域正在积极迎接数字化时代的挑战，并以创新的方式适应不断变化的商业环境。

7.2.1 传统零售企业的数字化转型

在大数据时代，传统消费领域在解决业务问题时面临着一个重要而迫切的问题，即缺乏系统的数字化基础设施。尤其是在零售行业，仍然存在信息化程度低、数据驱动能力弱的问题，这对实现数字化转型提出了迫切要求。

零售行业作为一个庞大而多元的经济领域，其数字化转型成功的关键在于建立健全的数字基础架构。首先，零售企业需要通过先进的数据采集技术，全面搜集市场趋势和消费者的行为、购物偏好等多维度数据。其次，对这些数量庞大的数据进行有效的存储、管理和分析，需要零售企业投入更多的资源来建设数据仓库、数据湖等数据存储与处理设施。这将使企业获得全面、实时的洞察力，帮助它们更好地理解市场需求、优化供应链、提高销售效率。

如何有效地获取用户数据，并将数字化转型进一步升级为数智化转型，成为国内大多数零售企业所面临的崭新课题。在这方面，阿里巴巴、京东和拼多多等电子商务头部企业正引领我国零售行业朝着数字化的新零售模式发展。这种新零售模式强调以消费者为中心，通过数据驱动的精准营销、智能化的物流管理和个性化的服务体验，实现与消费者的深度互动和价值共创。

数字化转型的目标在于推动企业向数字经济的方向发展，使其更好地应对市场的竞争压力、满足客户需求、提高运营效率，并通过技术创新实现商业模式的变革。该过程通常包括建立数字化基础设施、优化业务流程、整合数字技术与传统业务，以及培养数字化文化等方面的工作。数字化转型强调了数字技术对提升组织业务效能和灵活性的重要性，以及数字化在塑造新型商业模式、创造新的价值链和提供个性化服务等方面的潜力。

有学者对传统企业数字化转型能力的类型进行了归纳，如表 7-1 所示。总体来看，传统企业的数字化转型能力包含多个关键领域。其中，数字化基础设施建设能力涵盖了消费者在线、数据采集、算法算力和云计算，旨在通过建设强大的基础设施来支持数字化转型。数字化治理涉及数字平台、平台治理和组织变革，目的在于协调和优化数字化资源，以确保数字化转型过程中的有效管理。数字化转型鸿沟和陷阱聚焦于市场鸿沟、信息孤岛和集成应用陷阱，强调数字化转型可能面临的障碍和挑战。数字消费者关注精准定位价值、消费生产者价值和顾客价值共创，凸显企业与消费者之间深度互动和共创价值的重要性。数字生产要素包括数字资产价值、数字自生价值和数字中介价值，强调数字化转型过程中企业内部和外部资源的关键作用。数字化生态关注构建生态体系、生态价值共创和互为生态价值，强调企业与生态系统中其他成员之间相互依存、协同创造价值。这些数字化转型能力的类型为企业提供了全面的转型框架，促使其更好地适应数字经济时代的发展趋势。

表 7-1 传统企业数字化转型能力的类型

数字化转型能力的类型	二级类目
数字化基础设施建设能力	消费者在线
	数据采集
	算法算力
	云计算
数字化治理	数字平台
	平台治理
	组织变革
数字化转型鸿沟和陷阱	市场鸿沟
	信息孤岛
	集成应用陷阱
数字消费者	精准定位价值
	消费生产者价值
	顾客价值共创
数字生产要素	数字资产价值
	数字自生价值
	数字中介价值
数字化生态	构建生态体系
	生态价值共创
	互为生态价值

在过往的研究中，有学者发现数字化转型对企业宏观和微观层面的关键要素产生了不同程度的影响。在宏观层面，企业数字化转型对资本市场效率的提高、信息环境的改善、技术市场的扩张及实体经济的发展都有显著的推动作用。在微观层面，企业数字化转型也有助于增强企业的韧性、促进出口增长、提高资本配置效率、增强会计信息的可比性。此

外，学术界还深入研究了数字化转型对企业绩效的影响，研究结果表明，企业数字化转型能够通过优化人才结构、提高创新能力、改善成本结构及提升资源配置效率等方式，全面提升企业绩效。

接下来将介绍传统消费行业中良品铺子的数字化转型案例，旨在使读者对传统零售行业数字化转型的必要性有更深入的了解。

良品铺子是一家高端休闲零食品牌运营企业，其线下门店数量已超过2000家。作为传统消费行业的一员，良品铺子成功地将数字化技术与供应链管理及全渠道销售体系融合，从而突破了传统零售模式的限制，在数字化转型中取得了显著成效。

首先，公司构建了零售大数据中台体系。2015年，良品铺子与第三方合作建立了大数据后台处理平台。2020年，公司引入了大数据中台，通过对用户每周大数据的深度分析，成功获取了精准的用户画像，并建立了全渠道用户数据库，为品牌营销、产品研发和供应链优化等提供了有力的决策支持。这一体系的建立，使得良品铺子能够从庞杂的数据中提取出有价值的信息，从而在竞争激烈的市场中占据优势。

其次，公司实施全渠道数字化应用。良品铺子采取了多元化策略，建立了多个电商平台的销售渠道，并通过智慧门店建设，将线下专卖店与线上渠道有机结合。通过整合全渠道会员数据，公司能够灵活调用不同渠道的信息和资源，实现了线上线下的无缝对接，提高了运营效率。

在供应链管理方面，良品铺子实现了更为精细化和智能化的运营。通过数字化供应链协作计划，公司深入研究各商业环节，实施了深层次的捆绑，以确保供应链的高效协同运作。通过科学的决策过程，公司将先进的算法建议有机地整合到运营过程中，实现了供应链管理的智慧化。在这一智慧化的框架下，公司依托先进的模型支持，实现了整个供应链过程的在线决策。在采购、生产、分销的各个环节中，通过实时数据分析和智能算法的运用，公司能够更迅速、更准确地做出决策，提高了运营的灵活性和反应速度。

最后，公司建立了消费需求响应体系。通过大数据分析，良品铺子发现了快速消费品寿命周期短的特点，并加速了新产品的开发与投放。自2016年起，公司每月推出30～40款新品，产品种类和质量都得到了显著提升，具备了较大的市场竞争优势。这一策略不仅满足了消费者多样化的需求，还提升了品牌的市场竞争力。

良品铺子2015年至2022年的营收情况如图7-1所示，图中清晰呈现出其在数字化转型期间盈利能力的变化，以及这8年间的营业收入增长率。值得注意的是，在数字化转型后，良品铺子公司的营业收入呈现持续稳步增长的趋势。良品铺子2015年至2022年的存货周转率如图7-2所示，数字化转型后，良品铺子公司的存货周转率从2015年的4.45%逐步提升至2022年的6.68%。在数字化转型过程中，公司优化了供应链管理的多个环节，提高了运行效率，深化了数字化程度，有效提高了整体的存货管理效率。

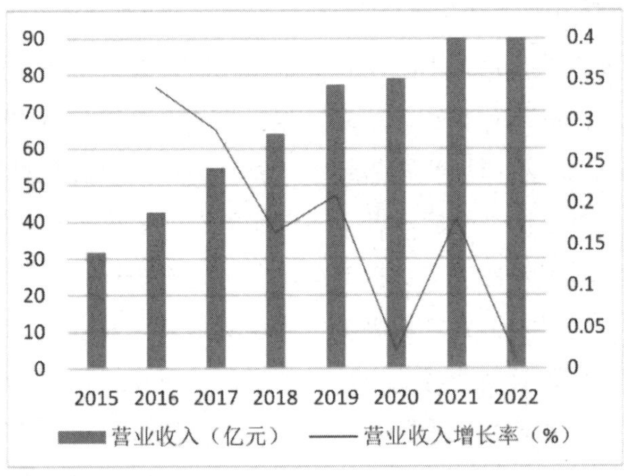

图 7-1　良品铺子 2015 年至 2022 年的营收情况

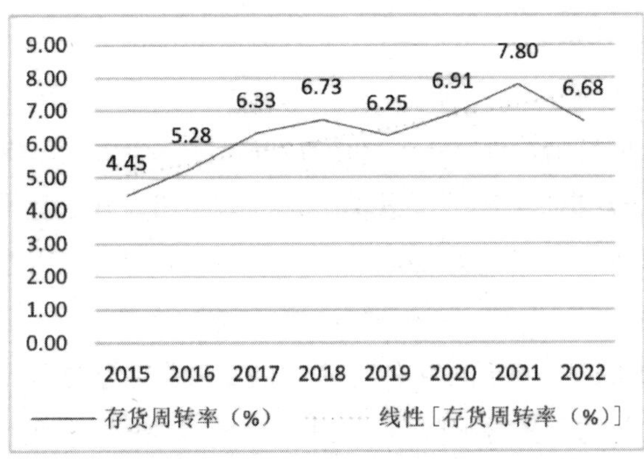

图 7-2　良品铺子 2015 年至 2022 年的存货周转率

7.2.2　传统消费体验的多元化

随着经济的蓬勃发展，人们的生活水平不断攀升，人们的消费观念也发生了深刻变化。过去人们保守的消费态度逐渐转变为更为开放和多元的消费态度，整体消费结构经历了升级和转型的过程，消费者对商品质量和服务水平的要求也日益提升。社会的不断进步和经济的持续发展使得市场结构发生了巨大的变革。“消费体验”逐渐崭露头角，成为各行各业营销的焦点。无论是零售业还是旅游业，各个行业都在积极推动消费体验的提升。体验经济正在迅速崛起，成为社会经济中备受瞩目的发展方向。

对已经非常成熟的传统消费领域而言，对消费体验的极致把控已经成为提升市场竞争力的关键要素。在动态的市场环境中，企业纷纷致力于提升服务品质、创新体验设计，以更好地满足消费者不断变化的需求。在竞争激烈的市场中，通过不断优化消费体验，企业能够巩固市场地位，赢得客户忠诚度，并实现经济的可持续增长。

1）传统线下购物的消费体验升级

随着电商的蓬勃发展，传统线下购物正面临严峻的挑战。电商平台借助大数据技术和互联网，提供个性化的商品推荐服务，从而显著优化了消费者的购物体验。随着越来越多的消费者选择在线购物，大型商场和零售超市在线下商务区中扮演的角色也在逐渐变化。如今，大型购物中心不仅是商品的提供者，还专注于提供多元化的服务。

在这一背景下，通过对消费者大数据的准确分析，传统线下购物场景有望更全面地了解和满足消费者需求。通过对消费者的兴趣、购买历史、行为模式等多维度的数据进行深入分析，商家能更充分地理解消费者的个性化需求，从而提供更符合消费者期望的商品，提升其购物体验的个性化和定制化水平。此外，大数据技术还能有效解决传统线下购物领域的一系列瓶颈问题，如冷启动问题、商品陈列优化等。通过应用大数据技术，商家能更好地了解商品销售状况、热门商品变化趋势，并及时调整商品陈列和库存，提高存货周转率，更好地适应市场的动态变化。

在传统线下购物领域，为提升购物体验，企业已经付出了大量努力，涌现了多个成功的应用案例。例如，关联规则挖掘算法（Apriori）提出后，美国沃尔玛集团引入了该算法进行 POS 机数据分析，发现男性顾客在购买婴儿尿布时常搭配几瓶啤酒，于是推出了经典的啤酒与尿布捆绑销售的促销手段。在 2002 年，日本 7-11 便利店通过关联规则挖掘算法计算气温-碳酸饮料指数、空调指数、冰激凌指数等，成功提高部分商品的销售额。2015 年，中国乐购超市通过大数据测算会员顾客的喜好，以专项购物券的形式进行商品推荐，并通过计算饼干、麦片、牛奶的交叉购买概率，推出了三种商品的打折促销活动——“早餐节”，这些举措都取得了成功。

随着零售行业的不断发展，为消费者提供更加全面和丰富的购物体验已经成为企业提高行业竞争力的关键因素之一。简单的商品捆绑已经难以满足消费者日益提升的需求。因此，如何充分利用线下零售环境中丰富的资源进一步提升消费者的消费体验，已经成为至关重要的问题。

我国的购物中心和超市普遍采用货架自选模式，货架的布局则成为吸引顾客的最直观方式。在这种模式下，顾客可以自由浏览货架上的商品，从而更加灵活地进行选择。货架的布局设计不仅直接影响商品的展示效果，还对顾客的购物体验和消费决策产生极大的影响。因此，巧妙地设计和优化货架布局，是提升购物中心和超市整体吸引力的重要方法之一。

学术界提出了许多智能设计超市货架布局的方法，例如，基于社区发现算法，引入中间度这一概念，寻找中介点，构建具有中介传递结构的子群分割网络图，最终可以通过该网络图优化超市的货架布局。

以哈尔滨市某中型超市的货架为例，该方法先使用 Apriori 算法进行关联规则挖掘，初步了解商品间的关联情况，如图 7-3 所示。

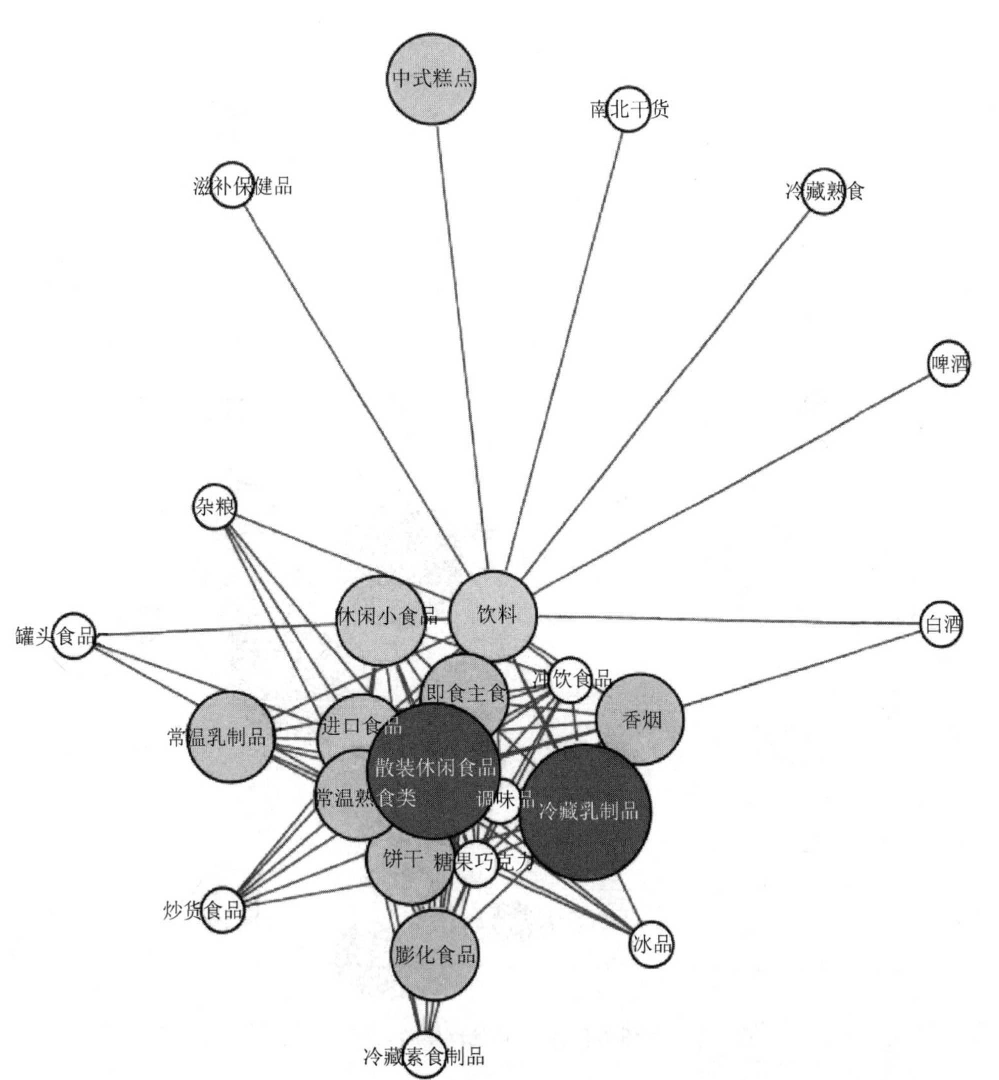

图 7-3　商品间的关联情况

这些零散的商品联系无法形成一整个商品网络，限制了对整体货架布局的优化。因此，需要进一步采用随机游走方法进行子群层次信息的挖掘，通过社区发现（Community Detection）将商品划分为不同子群。社区发现是一种网络分析方法，用于识别网络中具有较强内部连接的节点群体。在得到的网络图中，不同子群以不同颜色表示，颜色深浅体现了某一子群与其他子群的关联程度。在商品摆放时参考网络图可以更有针对性地分析商品之间的联系，进而优化货架布局。同时，引入中间度概念，找到子群间的中介点。优化后的网络关系图如图 7-4 所示。

构建出的网络结构以饮料为核心商品，白酒和罐头食品为中介商品，形成传递网络。此外，糖果巧克力和常温熟食类商品也在子群中起重要的中介作用。基于这些分析结果，在货架摆放时可以将中介商品放置在子群中心，周围摆放与其有联系的商品，形成相互联系的商品网络。

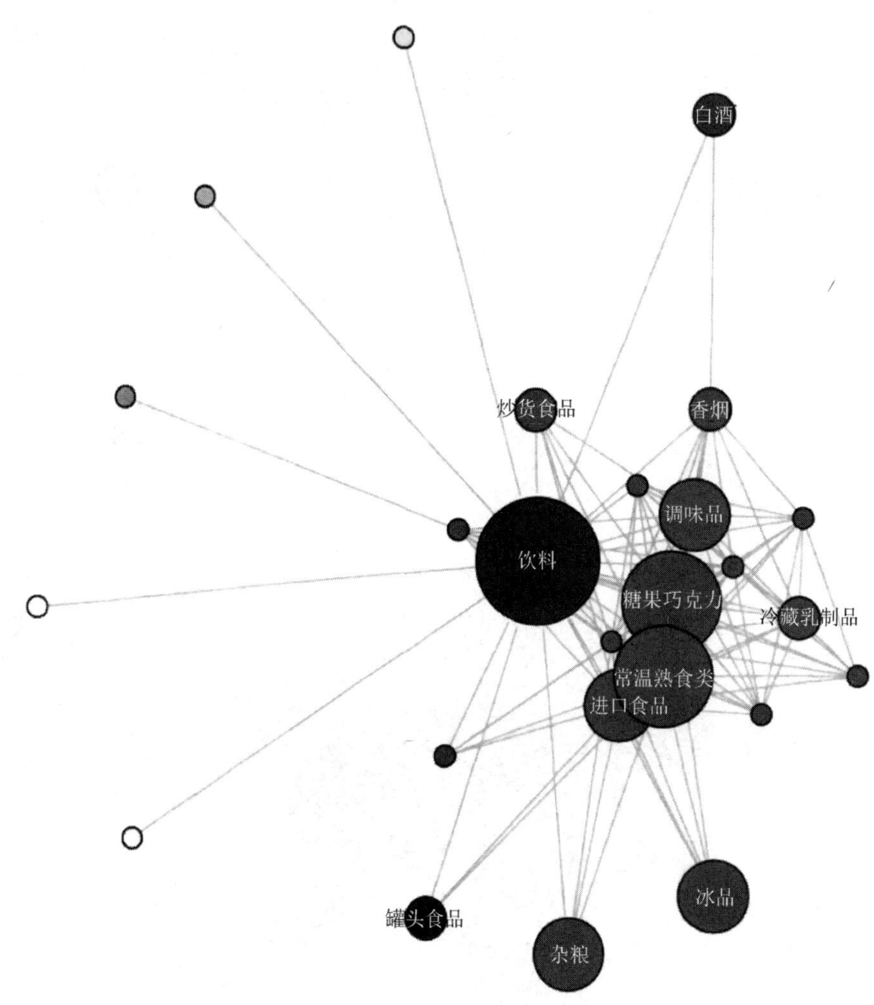

图 7-4 优化后的网络关系图

根据以上策略设计的超市货架摆放方案如图 7-5 所示，这种货架分布方法在传统消费环境中起到了商品推荐的作用，优化后的商品陈列布局为顾客提供了一种隐性的引导，使其购物体验更加流畅。

2）智慧景区的消费体验升级

随着互联网和大数据技术的发展，"一站式"旅游、电子导游和直播"云游"等线上线下体验相结合的旅游方式正逐渐获得大众的青睐，其中，智慧景区尤为引人瞩目。所谓智慧景区，其实就是运用数字技术实现高效运营、精准推广和智能服务的景区。智慧景区的建设，既有利于文物的保护和展示，提高景区的运营效率和应对紧急情况的能力，又能方便游客参观，提升游客的满意度，因此，它已经成为现代化景区建设中不可或缺的一环。

智慧景区通过构建一个全面的信息化管理平台，使景区的生态环境、社会效益和经济效益协调发展。借助这一平台，景区管理者能够高效地管理和展示文化资产，提高景区的运营效率，增强景区的应急管理能力，从而更好地应对各种突发事件。

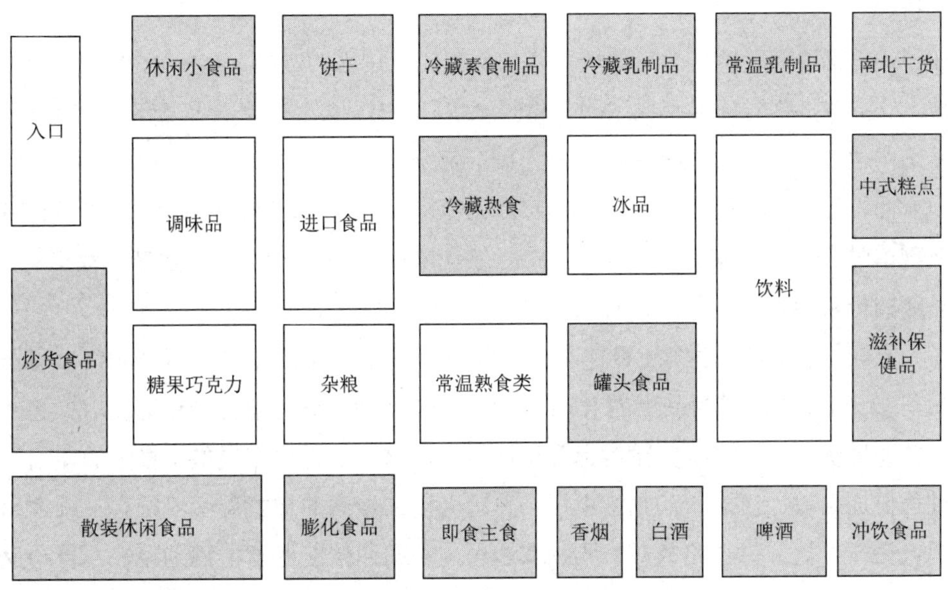

图 7-5　超市货架摆放方案

智慧景区的建设具有深远的意义。一方面，它有助于保护和展示文物等文化资产。通过高精度扫描和 3D 建模技术，可以创建文化资产的数字复制品，用于远程研究和展示，从而减少对原始文化资产的损害。另一方面，智慧景区的建设可以提高景区的运营效率。例如，使用电子票务系统可以极大地减少景区售票的时间，加快游客的入园速度。此外，智慧景区的建设能够提升景区的应急管理能力。通过智能化监控系统，景区工作人员可以实时掌握景区内的安全状况，一旦发现异常，可以立即启动应急预案，从而有效保障游客的安全。更重要的是，建设智慧景区能够促进游览便利化，提升游客的满意度。例如，通过智慧导览系统，游客可以随时随地获取景点的详细信息，使游览过程更加有趣和丰富；而虚拟旅游则可以让游客在家中体验到旅游的乐趣，这为那些无法亲自前往景区的人提供了极大的便利。

7.2.3　传统消费形式的变革

大数据在传统消费领域的广泛应用催生了全新的消费形式，通过深入分析大规模、多维度的数据，传统消费形式的多个方面都完成了革新。例如，引入无人收银系统、人脸支付等技术，极大地加快了购物结算的速度，使整个购物过程更为迅速和便利，从而显著提升了顾客的整体购物体验。

与此同时，无人超市的兴起则从根本上颠覆了传统的线下消费方式。无人超市，也被称为“无员工超市”，是一种无导购员、无收银员的自主购物超市，集成了人脸识别、物联网和人工智能等先进技术，实现了无人化运营和自助支付。顾客只需使用手机在门口扫描二维码，便能轻松进入无人超市，自由选择所需的商品，并在离开时自动完成结账，无须排队等待。

在技术方面，无人超市的运作离不开一系列高新技术的支持，包括 RFID 技术、视觉传感器技术、压力传感器技术和物联网支付技术等。RFID 技术常用于实现商品的自动计价和室内精确定位。无人超市系统的运作分为以下两个方面。

一方面，无人超市系统会识别商品上的 RFID 标签，迅速获取商品信息。当顾客将商品放入购物车时，车上的读写器会立刻扫描带有 RFID 标签的商品，实时更新商品信息，并计算出最新的价格和重量，实现即时计价。

另一方面，无人超市系统还设计了一项自助导购功能。其引入配备了 RFID 读写器的自助购物车，顾客只需扫描商品上的 RFID 标签，车载 RFID 读写器便能迅速获取标签的位置信息，并通过优化算法将定位精度提升至厘米级。这不仅为顾客提供了极大的便利，也使购物过程更加高效、便捷。购物结束后，总价会以二维码的形式展示给顾客，顾客扫描二维码即可完成付款。付款完成后，购物车通过与基站通信能够智能规划路径，自动返回到指定位置。此外，购物车的等待区还配备了无线充电系统给购物车的内置电池充电，大大延长了购物车的使用时间。

由此可见，无人超市不仅解决了传统超市结账慢、顾客等待时间长及购物体验差等问题，还降低了商家的运营成本，为顾客带来了一种全新的、自助式的购物体验。

实际生活中已有很多无人超市的例子。例如，Amazon Go 超市作为亚马逊推出的创新型无人超市，彻底颠覆了传统零售模式。它以不排队、无收银台的购物体验引发了广泛关注和热议。通过集成计算机视觉技术、传感器融合技术和深度学习技术，Amazon Go 超市为消费者提供了一种全新的购物方式。

进入 Amazon Go 超市非常简单，顾客只需使用 Amazon Go 应用程序在入口处扫描二维码进行认证，随后便可进店自由购物。店内没有传统的购物车和收银台，顾客只需携带购物袋，按照自己的需求选购商品。

当顾客从货架上取下商品时，安装在天花板上的摄像头和货架上的传感器会实时记录这一动作，每件商品的信息会自动加入顾客的虚拟购物车中。如果顾客改变主意将商品放回货架，系统会自动更新虚拟购物车，移除相应的商品。整个过程不需要人工干预，完全依靠先进的技术实时监控和记录。

Amazon Go 超市采用的核心技术共同作用，确保系统能够准确识别每位顾客及其选购的商品。超市内的摄像头通过计算机视觉技术精确跟踪顾客的每一个动作，传感器则负责监测商品的移动和位置变化。

结账过程是 Amazon Go 超市的亮点之一。顾客选购完商品后，只需径直离开商店，不需要在收银台前排队等待。系统会自动计算顾客购买的所有商品的总价，并通过 Amazon Go 应用程序直接从顾客的亚马逊账户中扣款。购物结束后，顾客会收到一份详细的电子收据，上面将列出所有购买的商品及其价格。这种无缝结账体验极大地提升了购物的效率。

尽管 Amazon Go 超市采用了无人收银的模式，但店内仍有员工为顾客提供必要的帮助。这些员工主要负责准备新鲜食品、整理货架和维护店内秩序。他们随时准备解答顾客的疑问，并为顾客提供其他所需的帮助。这种设置确保了购物的便捷性，同时保留了必要的人性化服务，满足了顾客多样化的需求。

7.3　大数据与数字消费

随着互联网和大数据技术的迅猛发展，数字消费领域的面貌焕然一新。相比传统消费领域，数字消费领域不仅信息量更为庞大，数据资源也更加丰富，使得企业能够更加精准地营销和运营。在这一背景下，大数据技术在数字消费中的应用显得尤为重要，不仅推动了消费体验的升级，还催生了全新的消费模式和业态。本节将从数字文化消费创新、数字消费体验升级及数字消费形式新业态三个方面，探讨大数据技术在数字消费领域的广泛应用。

7.3.1　数字文化消费创新

数字文化消费是以数字技术为驱动、以文化产业为载体的全新消费形式。它不仅改变了人们获取和体验文化的方式，还为文化产业带来了深刻的变革。2022 年 5 月，中共中央办公厅、国务院办公厅印发了《关于推进实施国家文化数字化战略的意见》，强调要发展数字化文化消费新场景，通过数字技术创新文化消费模式。

在数字文化消费领域，沉浸式体验和交互性是其主要特点。虚拟现实（VR）、增强现实（AR）等技术的应用，使得消费者可以深入文化场景中，获得更加真实和丰富的体验。同时，通过社交媒体和在线平台的互动，用户能够更加积极地参与、分享和创造文化内容，极大地增强了用户的参与感和体验感。

1）数字博物馆

数字博物馆是传统博物馆的数字化升级，通过虚拟现实、增强现实等技术，为观众提供沉浸式和互动式的文化展示空间。观众无须亲临现场，便可通过数字平台参观世界各地的博物馆，深入了解各种文物背后的历史故事。数字博物馆的建设不仅拓展了文化传承的方式，也为观众提供了更加便捷和丰富的文化学习途径。博物馆的数字化建设主要包括以下几个方面。

- 馆藏数字化：利用数字技术对文物进行高精度扫描和数据采集，建立详细的数字档案，便于文物的保存和管理。
- 影像数据处理和管理：通过数字影像技术，对博物馆藏品进行高清摄影和视频录制，实现影像数据的高效管理和展示。

- 多媒体展示：在博物馆展厅中，利用多媒体技术展示文物和文化内容，通过视频、动画、交互屏等形式增强观众的体验感和理解力。
- 网站平台建设：建立和维护博物馆网站，通过线上平台展示馆藏文物及其相关信息，提供在线参观和学习的机会。

敦煌博物馆是数字文化消费创新的典范，其“数字藏经洞”项目（见图 7-6）与腾讯公司合作，利用高精度扫描技术和游戏引擎技术，在虚拟空间中重现了敦煌藏经洞的历史场景。观众可以欣赏具有 4K 超清画质和现代工笔画风格的数字内容，仿佛亲临历史现场，深入感受敦煌文化的独特魅力。

图 7-6 “数字藏经洞”项目

此外，敦煌研究院在技术应用方面也有突出表现。其成功结合了增强现实技术和数字孪生技术，为著名的莫高窟景点提供了智能导览功能。游客在窟外便可通过特殊设备预览窟内的珍贵文物，这一独特体验极大地提升了游客的参观满意度。为了更广泛地传播敦煌文化，研究院还精心推出了“数字供养人”和“云游敦煌”这两款深受欢迎的数字文化产品，不仅具有教育意义，还为敦煌文化的传播开辟了新的数字化途径。

“数字藏经洞”项目不仅为公众提供了沉浸式的历史体验，更重要的是，它通过数字技术让古老的文物“活”了起来，为公众展示了敦煌文化的独特魅力和巨大价值。这个项目不仅促进了敦煌文化资源的创造性转化和创新性发展，也增强了中华优秀传统文化的传播力、吸引力和感染力。展望未来，我们期待继续通过“文物+科技”的创新方式，展示更多敦煌文化的瑰宝，探索文物展示的新模式，并借此向全球传播敦煌的故事和中国的声音。

2）元宇宙展会

随着大数据和人工智能技术的迅猛发展，用户对人机交互的需求和期望不断提升。在这一背景下，元宇宙概念应运而生，通过虚拟现实技术创造出一个极为真实且沉浸感十足的数字环境。元宇宙（Metaverse）一词源于 Meta 和 Universe 的组合，首次出现在 1992 年的科幻小说《雪崩》中，意指“超越宇宙”的虚拟数字世界。尽管元宇宙尚无确切定义，但普遍认为它是一个超越现实世界的虚拟数字空间，通过融合现实世界的人、物和信息，构建无边界的互动环境和丰富多彩的数字世界，为用户提供无限可能和令人惊艳的体验。

元宇宙在数字会展行业中发挥着至关重要的推动作用。通过重新构建“人、场、物”，元宇宙实现了会展主题身份的异构化，利用身份映射和交互体验创造出沉浸式的数字会展场景。这种创新不仅为参与者提供了更为丰富和真实的体验，也为数字会展行业注入了新的活力。

MetaCJ 元宇宙线上展（见图 7-7）以构建一个全面的线上数字世界为目标，其中线上会展作为其关键性功能之一，为展览、会议和各类活动的品牌主办方提供全新的在线解决方案和服务。ChinaJoy（中国国际数码互动娱乐展览会）主办方在 MetaCJ 元宇宙数字世界中构建了 2022 年 ChinaJoy 线上展的核心场景，这一元宇宙数字世界包含街景、展商空间、MetaCon 会议中心、Showroom（展示厅）、Live House（小型现场演出）、媒体小镇、Coser（角色扮演者）荣誉大道、SG 艺术馆、明星山庄等丰富多彩的特色主题区域和功能板块。

图 7-7　MetaCJ 元宇宙线上展

用户通过 MetaCJ 元宇宙数字世界可以轻松地跨越多端产品设计，实现无缝进入，并通过先进的云技术实现数据的即时同步。为迎合不同观众属性的需求，MetaCJ 元宇宙中设计规划了专业人士的商务对接和会议论坛场景、参展企业用于品牌展示和用户互动的虚拟展厅，以及终端用户的互动游戏和社交娱乐功能。

通过创新的数字体验、开放的创造系统、立体的社交网络和去中心化的交互模式，元宇宙为数字会展行业带来了全新的发展机遇和前景。它不仅改变了传统会展的形式，也为未来的数字消费模式注入了无限可能。

7.3.2 数字消费体验升级

随着技术的飞速发展和数字消费政策的逐步完善，电子商务已经从简单的线上交易阶段进入以消费者体验为中心的全新阶段。在这一新阶段，技术不仅是辅助工具，更是推动电子商务创新发展的核心动力。其中，AR 技术在电子商务领域的应用尤为突出，基于 AR 技术的“云购物”已经逐渐改变了消费者的购物方式和购物体验。全球知名的企业如亚马逊、沃尔玛、阿里巴巴和苹果，已经开始大胆尝试和探索 AR 技术的应用，以期通过这种新颖的技术提升客户的购物体验。其投入大量资源进行研发，利用 AR 技术打破线上和线下的界限，将实体购物的真实感和线上购物的便捷性完美结合。

通过 AR 技术，消费者不再需要亲自走进商场或店铺，只需要通过手机或平板设备的屏幕，就能在家中预览和体验各种商品。他们可以像在实体商场逛街一样，看到各种商品的详细信息和真实效果。例如，在购买家具时，消费者可以通过 AR 技术在自己的家中看到家具的虚拟摆放效果；在购买电子产品时，他们可以通过 AR 技术详细了解产品的外观、功能和操作方式；在购买衣服和配饰时，他们可以通过 AR 技术看到虚拟的试穿效果。这种全新的“云购物”方式让消费者在购买前就能对商品有更直观、更真实的了解，大大提高了购物的便捷性和舒适性。

同时，AR 技术也为消费者提供了获取更丰富的商品信息的可能。在传统的电子商务平台上，商品信息主要通过文字和图片来展示，这种方式往往难以全面展示商品的细节并呈现其全貌。而 AR 技术则可以通过 3D 模型、动态演示、互动式操作等方式，让消费者在购买前就能对商品有深入的了解。例如，消费者可以通过 AR 技术看到商品的 360 度全景视图，可以从任何角度观察商品的细节，还可以通过 AR 技术进行互动式操作，了解商品的使用方法和功能特点。这不仅有助于消费者做出更明智的购买决策，也有助于商家提供更个性化、更专业化的服务。例如，商家可以根据消费者的喜好和需求，定制专属的 3D 模型或进行动态演示，让消费者在购买前就能体验到商品的独特魅力。

阿里巴巴在淘宝平台上推出了“云上快闪店”功能，在该功能中，顾客可以在家中获得如同在实体店一样的购物体验。这一新功能的入口被巧妙地设置在手机淘宝店的“二楼”，用户只需轻轻一点，就可以直接进入一个栩栩如生的 3D 实景店，开始他们的购物之旅。利用 3D 实景克隆技术，商家可以对他们的线下店铺进行高精度的实景复刻还原，不仅店铺的布局、装饰，甚至连商品的摆放都能和实体店铺一模一样。通过这一技术，商家可以生成一个与实体店铺大小完全一致的 3D 实景店铺，并将商品打上标签后，直接在淘宝、天猫等电商平台上线。

这种全新的云购物方式具有很多优势。对商家而言，云购物有助于吸引流量、促进成交，商家可借此展示品牌特色和价值观，吸引更多的顾客，提升品牌认知度和美誉度。对顾客而言，顾客在家即可享受逛街的乐趣，实景复刻技术使商品展示更直观，可以减少顾客购物时的犹豫，增强顾客的购买信心。

此外，商家不仅可以制作场景并将其置入淘宝、天猫店铺，还可以在其他渠道，如官网和公众号上使用。这无疑为商家提供了一种全新的营销方式，使他们能够通过多种渠道吸引和接触潜在顾客。

AR 技术和“云上快闪店”代表了数字消费体验的最新发展，通过创新的技术手段和全新的购物方式，为消费者和商家带来了前所未有的便捷和可能性。这不仅提升了消费者的购物体验，也为未来电子商务的发展开辟了新的方向。

7.3.3　数字消费形式新业态

随着互联网的广泛普及和消费者行为的日益多样化，电商平台正面临着信息过载的挑战，而消费者的购物需求也变得更加复杂。传统的“人找货”货架电商模式已经难以满足消费者对快速、精准购物体验的需求。在这样的背景下，兴趣电商应运而生，尤其是直播电商模式，已然成为一种重要的创新业态。直播电商以达成交易为目的，通过即时视频和音频通信技术同步介绍、展示、说明、推销商品或服务，并与消费者进行互动。这种“货找人”的新模式，通过智能推荐和个性化推送技术，使消费者能够更便捷地找到心仪的商品，从而显著提高了交易效率和用户满意度。

在兴趣电商中，直播电商的核心优势在于其颠覆了传统的货架电商模式。在传统的货架电商模式中，消费者通常在有明确购物需求的情况下，通过搜索引擎或算法推荐来查找商品并购买。而直播电商则基于兴趣电商模式，通过内容推荐和社交推荐等方式，为消费者提供合适的直播内容。直播电商是数字化时代背景下直播与电商双向融合的产物，具有高互动性、娱乐性、真实性、可视性等特点。直播电商为消费者带来了直观的观看体验，对商家而言则有显著的带货效果，自诞生以来发展迅速，已形成庞大的产业链体系。截至 2021 年 12 月，中国直播电商用户规模达到 4.6 亿人，占网民整体的 44.9%，整体人数同比增长 19.5%。

一方面，直播电商具有更强的互动性，电商主播的语言、语音、语调、神态动作，以及与消费者的实时交互，可以极大程度地调动消费者的购买欲望。直播电商为消费者提供了陪伴式的“在场感”、沉浸式观看的“投入感”及线下场景与线上场景融合的“再现感”，潜在引导消费者建立起对主播的依赖感和对商品的信任，从而产生相应的购买动机。另一方面，对消费者而言，通过直播可以了解更全面的商品信息，且直播渠道往往有更低的活动价格，因此，相对于传统电商，消费者往往更青睐直播电商。

随着直播电商的日益崛起，其运营手法已经从最初的折扣促销逐渐过渡到通过多样化内容吸引流量的阶段，使得直播内容更为丰富和多维。这样的转变不仅让直播更有看点，也增强了消费者与电商之间的黏性。然而，随之而来的是，各大平台对直播商家的管理和监督也日趋严格，这意味着商家必须具备更全面、更精细化的运营手法才能在竞争中脱颖而出。因此，综合运营能力已经成为直播电商决胜的关键。

阿里云推出的 AI 虚拟主播系统，是一个提供全方位虚拟主播视频制作和编辑服务的综合系统。这个系统如同一个虚拟的“AI 演播室”，只需输入稿件并选择 AI 主播，就可以轻松完成视频制作和输出。

AI 虚拟主播彻底改变了依赖真人主播进行直播带货的模式，直播电商内容生成实现自动化。虚拟主播可以智能生成播报视频流内容，更能实现直播间 7×24 小时不间断直播，这无疑为直播提供了更广阔的发挥空间，品牌可依托虚拟主播打造独具特色的直播场景，打破传统直播的局限，使直播内容更加丰富多元。商家不再需要花费大量人力成本让专业主播准备直播内容、高频长时间地进行直播，有效实现了降本增效，电商直播的效率得到了显著提升。虚拟主播也为观众带来了前所未有的观看体验，消费者不再需要准点蹲守感兴趣的主播开播——虚拟主播可以随时待命，并为消费者提供有针对性的、个性化的直播服务。

阿里云依托其强大的 AI 技术，推出了虚拟数字人服务。该服务为阿里云客户提供低门槛、轻量级、易集成的 3D 和 2D 数字人驱动服务，使客户能轻松将数字人技术融入业务中，实现业务提升。此外，阿里云还提供了丰富的数字人资产形象库和一款完善的数字人视频创作 SaaS（软件即服务）产品，以满足非开发人员的使用和体验需求。虚拟数字人作为虚拟主播被广泛应用于淘宝平台，其作为虚拟主播的适配场景如下。

- 商品智能推荐：商品智能推荐运用智能算法深入研究消费者的偏好和行为，并借助 AI 虚拟主播技术为消费者提供精确的商品推荐，从而增强销售转化率并优化消费者的个性化服务体验。
- 商品多模态展示：通过虚拟主播，商品可以以多种模态进行展示，包括 3D 模型、视频和图片等。这种多元化的展示方式使消费者能够更直观、全面地获取商品信息，为购物决策提供便利。
- 用户互动运营：虚拟主播技术不仅局限于视觉表现，更使得虚拟主播拥有与真人主播相似的互动能力。利用算法和大数据技术，虚拟主播可以模拟出人类的情感和表情，与观众进行更为真实的互动。消费者可以通过弹幕、点赞和评论等方式与虚拟主播进行实时互动，营造出活跃的直播氛围，提升消费者的参与感和黏性。
- 内容持续陪伴：由于无须长期的人工成本投入，虚拟主播可以实现长期、稳定、高效的直播运营。通过与消费者的长期互动，品牌可以深化与消费者的情感联系，并在潜移默化中影响和培养用户的品牌忠诚度。
- 品牌传播：品牌可以根据自身的特点和需求定制虚拟主播，使其符合品牌的形象和风格。这些虚拟主播能够通过独特的外貌和声音、精准的语言、细腻的情感交流与观众建立深厚的互动关系。在这个过程中，虚拟主播可以作为品牌的代表，以更生动、立体的方式展示品牌的个性和魅力，从而提升品牌的知名度和影响力。

通过创新的数字体验和智能技术，虚拟主播系统不仅提升了直播电商的效率和灵活性，也为未来数字消费形式的新业态开辟了广阔的前景。

案例：京东云零售全场景解决方案

随着大模型的持续落地应用，智能交互选择商品的消费习惯正在逐渐形成，改变了用户对品牌价值的理解。智能交互和数据智能应用在品牌营销和用户运营过程中发挥着越来越重要的作用。京东云在 2023 品牌增长大会上提出了迭代零售领域的智能解决方案，京东云零售全场景解决方案如图 7-8 所示。

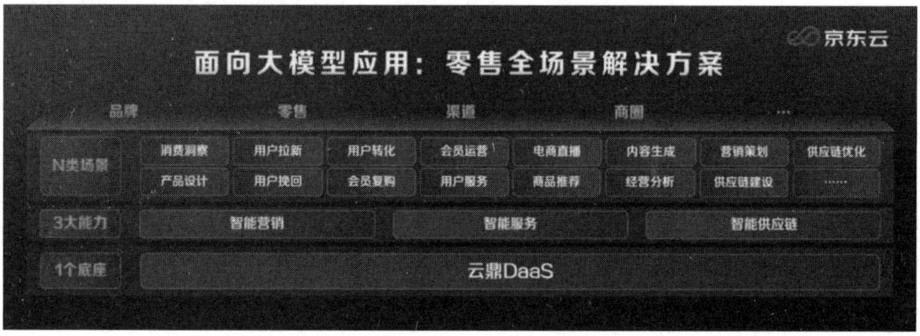

图 7-8　京东云零售全场景解决方案

在京东言犀大模型的支持下，京东云进一步升级零售全场景解决方案，以云鼎 DaaS（数据即服务）为数智底座，通过智能营销、智能服务和智能供应链三大能力，满足品牌商的多样化营销、服务和运营需求。全新升级的云鼎 DaaS 在数据智能的基础上，进一步扩展了应用智能。它为美妆、家居、家电、宠物等细分品类和业务场景提供了更高质量的数据服务，结合业务场景的算法模型，可训练出 30 多个维度、超 2000 个标签。同时，其以更开放的生态共建模式，将京东的数据资产与 AI 能力、品牌商的业务知识及生态伙伴的专业能力深度融合，为垂直、专业性的应用场景提供更便捷、更安全、更落地的支撑，帮助品牌规划长线作战的增长策略。

京东推出了一系列基于全品类、上千万 SKU（最小存货单位）数据积累的 AIGC（人工智能生成内容）营销平台，帮助商家自动化生成商品图片、卖点等营销素材，提升商家运营工作的效率和营销内容的质量。云鼎洞察通过解析多渠道消费者的原声数据，全面了解消费者的购买心智和口碑，指导品牌优化产品、营销和服务策略。言犀多模态数字人提供全域、全场景的产业智能服务，支持 4000+品牌直播间 24 小时自动开播，覆盖各类产品核心卖点。京小智是京东域内商家的服务、运营、洞察一体化平台，助力品牌实现从“千人千面”到“一人一面”的交互触达。京东京链则支持更具韧性的供应链端到端优化，优化供应链运作效率、降低成本。请思考并讨论如下问题：

1. 传统零售在数字化转型过程中具备哪些优势，面临哪些挑战？

2. 大模型在零售行业的应用给品牌营销和用户运营带来了哪些变革？如何应对这些变革？

3. 在智能营销、智能服务的具体应用中，品牌商如何利用这些技术提升用户体验和运营效率？

参考文献

[1] 李喆. 大模型赋能数字经济[J]. 质量与市场，2023（17）：13-15.

[2] 王强，王超，刘玉奇. 数字化能力和价值创造能力视角下零售数字化转型机制——新零售的多案例研究[J]. 研究与发展管理，2020，32（6）：50-65.

[3] 余泓. 数字化转型对零售企业的绩效影响研究——以良品铺子为例[J]. 中国商论，2023（21）：100-104.

[4] 贺阳，冉隆楠. 多点 DMALL 如何助力实体零售数字化转型[N]. 中国商报，2023-12-22（005）.

[5] 邓文豪. 新零售——无人超市对传统零售业的冲击与启示[J]. 中国集体经济，2018（32）：157-158.

[6] 晏军，刘鸿源，曹阳. 基于 RFID 技术的无人超市系统设计与实现[J]. 电子技术与软件工程，2019（24）：72-73.

[7] 齐骥，陈思. 数字化文化消费新场景的背景、特征、功能与发展方向[J]. 福建论坛（人文社会科学版），2022（12）：35-43.

[8] 何升强，孙斌，张兴晔，等. 元宇宙在会展场馆中的应用研究[J]. 中国信息化，2023（9）：83-84.

[9] 李治，姚羽轩，李小欢. 大数据时代下电商直播带货的数据化营销模式及策略研究[J]. 数字技术与应用，2021，39（9）：195-197.

[10] 王航. 场景视角下抖音电商直播优化策略[J]. 西部广播电视，2023，44（7）：82-84.

第 8 章

大数据在财税与贸易中的应用

8.1 财税与贸易大数据概述

8.1.1 财务大数据的组成

财务泛指一个组织或个人在经济活动中涉及的财务活动和财务关系，对企业而言，一般会专门设立相关的财务部门以组织领导整个企业的财务管理工作；对国家而言，中央会下设财政机关作为国家或地方政府管理财政事务的主要部门。这些机关或部门在日常办公和事务处理过程中所涉及的数据均为财务数据，本节将从企业与国家或政府机关两个方面分别对财务大数据进行介绍。

1）企业侧财务大数据

企业需要在每个会计期间结束后依法上报本会计期间内的财务报告，向所有者、债权人、政府、其他有关各方及社会公众等人员反映会计主体的财务状况和某一特定时期内的经营成果、资金流动情况等信息。财务报表可以按照编制时期分为月度、季度、年度财务报表，一套完整的财务报表需要包括资产负债表、利润表、现金流量表、所有者权益变动表及附注等信息。以下将对其中最为关键的三张表进行详细介绍。

（1）资产负债表。资产负债表亦称财务状况表，是体现企业在各会计期末的财务状况的主要会计报表，是企业财务报告三大主要财务报表中较为基础的静态报表。资产负债表的表头部分通常包含企业名称、财务报表名称和日期，主体包含“资产”、“负债”与“所有者权益”这三大板块，且资产总值等于负债与所有者权益之和。其中，资产分录记录了所有由过去的交易或事项形成的、由企业拥有或控制的、预期会给企业带来未来经济利益的资源，在绝大多数情况下能使经营主体获得收益并体现为正的现金流量，如建筑、器材、机械设备、商品存货等均属于资产的范畴，此外，有价的法律要求权或权益等无形所有物，如专利、应收账款等属于无形资产。负债分录记录了所有由企业过去的交易或事项形成的、预期会导致经济利益流出的企业现时义务，如长短期借款、应付账款、应交税费等。所有者权益分录记录了所有企业资产扣除负债后由所有者享有的剩余权益，代表了企业的净资产。

（2）利润表。利润表也被称为损益表或营业利润表，用于展示企业在特定会计期间内的收入、成本、费用和利润情况。企业在经营过程中从事各种创造收入及为赚取这部分收入而产生必要费用的交易均会反映在利润表中。利润表通常包括收入部分、成本和费用部分及利润部分。收入分录一般记录由企业盈利性活动导致的资产增加或负债减少，这些经营活动将产生正的现金流量；成本和费用分录记录由企业盈利性活动带来的资产减少或负债增加，这些经营活动将产生负的现金流量；利润即企业在一定会计期间收入与费用的差额。

（3）现金流量表。现金流量表是用于显示企业在一定会计期间内实际现金流入和现金流出情况的财务报表，反映了企业财务状况在两个会计期间内的变化情况。现金流量表可以帮助投资者和财务分析师更加全面地了解公司的现金流情况，判断公司的偿债能力、盈利能力和发展方向，是投资者和债权人评价企业的重要参考因素，也是财务大数据分析的一大重点。现金流量表通常包括三部分：经营活动现金流量代表了收入和费用交易对现金的影响，投资活动现金流量代表了购买和出售资产对现金的影响，筹资活动现金流量则代表了所有者对企业的投资、债权人向企业的贷款，以及企业对上述两方进行偿还或补偿对现金的影响。

2）国家或政府机关侧财政大数据

国家或政府机关侧财政大数据指的是与财政相关的各种数据，包括国家财政收支数据、财政预算数据、税收数据等。这些数据可以用来指导政策的制定和执行，帮助政府更好地了解财政体系的运行情况，优化资源配置，提高财政管理的效率和服务水平。

（1）财政收支数据。财政收入主要包括中央政府和地方政府的税收收入、非税收入及其他财政收入等，涵盖了多种渠道。例如，税务机关通过纳税人按期地申报和缴纳，可以获得海量的税收数据记录，普遍集中在纳税服务平台的后台数据库中；由央行所属的各大银行承销国债后，国债购买记录会以结构化数据的形式留存在承销银行的数据库中，并在财政收入年报中体现。

财政支出是指政府为维护经济、社会和公共利益而进行的资金支出，通常通过财政报表和财政执行报告等文件来体现，主要包括经济建设支出、文教科卫支出、国防安全支出、抚恤和社会福利救济支出、行政管理支出等。

（2）预算执行数据。预算执行是指经法定程序审查和批准的预算的具体实施过程，预算执行数据便是在此过程中涉及的所有数据信息。这些数据主要用于评估政府预算的执行情况和效果，以便调整和改进预算。预算执行数据一般以历史真实值为参考，根据国家发展战略和政策目标及政府部门和其他相关机构提出的预算申请进行调整，反映了政府在一定时间内的实际预算金额、预算执行进度、预算执行率、预算超支情况等信息。

（3）财政政策数据。财政政策是政府通过调节财政收支、调整税制等手段来影响宏观经济运行的一种经济政策。财政政策可以通过增加政府支出或减少税收来刺激经济增长，也可以通过减少政府支出或增加税收来抑制通货膨胀。因此，财政政策在刺激经济增长、控制通货膨胀、刺激就业与消费等方面都扮演着非常重要的角色。财政政策数据包括央行利率、存款准备金率、汇率、政府的公开市场操作、财政赤字与债务等。

8.1.2　税收大数据的组成

税收是政府最为重要的财政收入来源之一，通过征税，政府可以筹集资金用于公共服务和基础设施建设，支持经济发展和社会事业，提供教育、医疗、安全等各项公共服务，满足广大人民群众的生活需求，提升人民的生活质量。一般而言，税收大数据通常包括以下几个方面。

1）税务登记数据

税务登记是税务机关依据税法规定，对纳税人的生产、经营活动进行登记管理的一项法定制度，也是纳税人依法履行纳税义务的法定手续。我国税务登记制度的种类包括开业税务登记、变更税务登记、注销税务登记、外出经营报验登记及停业、复业登记等。根据税务登记类型的不同，办理税务登记业务所涉及的数据也有所差异。一般而言，企业需要进行税务登记的数据主要包括单位名称，法定代表人姓名及其身份证，护照或其他合法证件的号码，法定代表人住所，企业经营地点，资金核算方式，生产经营方式，生产经营范围（包括主营和兼营），注册资金，投资总额，生产经营期限，财务负责人及其联系电话等信息。

2）纳税申报数据

纳税申报是指纳税人按照税法规定的期限和内容向税务机关提交有关纳税事项书面报告的法律行为，目前各地备有相应的纳税申报平台方便纳税人进行在线申报和缴纳税款。纳税申报的具体内容会因不同国家和地区税法规定的不同而有所不同。在我国，纳税申报数据主要包括纳税申报表和扣缴税款报告表、财务会计报表及其说明，以及其他纳税资料。其中，纳税申报表和扣缴税款报告表是纳税人和扣缴义务人依据税收法律、法规的有关规定，计算应纳税款或代扣代收税款，以及缴纳或扣缴税款的主要凭证。这些数据可以帮助税收管理人员直观地了解企业经营的收入、成本、利润等信息，并判定企业的纳税情况是否正常。税收大数据的使用通常需要经过税务机关或相关部门的合法授权，由于税收数据涉及个人和企业的隐私，因此在获取和使用税收大数据时需要遵守相关法律法规，并确保数据安全和隐私安全。

3）发票数据

发票是一种由上游企业开具给下游消费者或其他企业的证明，作为交易完成和记录交易的金额、时间、商品或服务等基本信息的凭证。在商业活动中，发票往往作为纳税凭证使用。发票的种类和用途是由税法规定的，不同类型的发票有不同的功能和特点。在我国目前主要使用以下三种类型的发票。

- 增值税专用发票：增值税一般纳税人之间销售货物或提供应税劳务的凭证，采用统一的格式和编号，由国家税务总局监制设计印制，有严格的管理和监督措施，并具备较高的防伪功能。增值税电子专用发票的样票如图 8-1 所示。

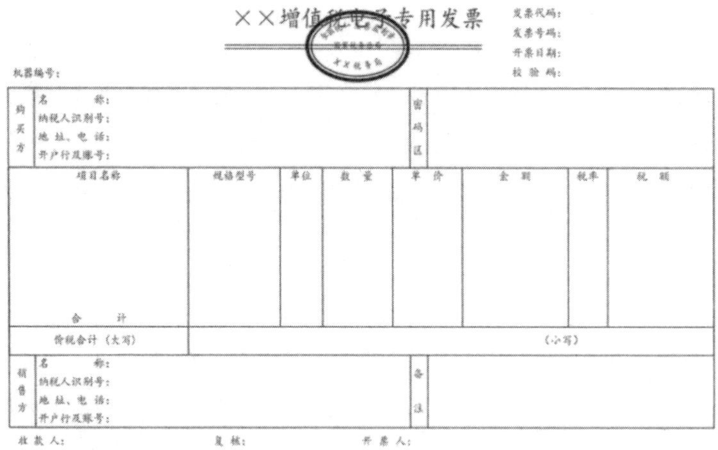

××增值税电子专用发票

发票代码：
发票号码：
开票日期：
校验码：

机器编号：

购买方	名称： 纳税人识别号： 地址、电话： 开户行及账号：	密码区					
项目名称	规格型号	单位	数量	单价	金额	税率	税额
合计							
价税合计（大写）					（小写）		
销售方	名称： 纳税人识别号： 地址、电话： 开户行及账号：	备注					

收款人：　　复核：　　开票人：

图 8-1　增值税电子专用发票的样票

- 增值税普通发票：增值税纳税人在销售货物或提供一般服务时开具的一种发票，一般由营业税纳税人和增值税小规模纳税人使用，也可以由增值税一般纳税人在不能开具专用发票的情况下使用。增值税电子普通发票的样票如图 8-2 所示，具有较为简化的格式和内容，主要包括发票代码，发票号码，购买方和销售方的基本信息，商品或服务项目的名称、金额、税率和税额等内容，在某些情况下开具增值税普通发票不需要购买方详细的资料信息。

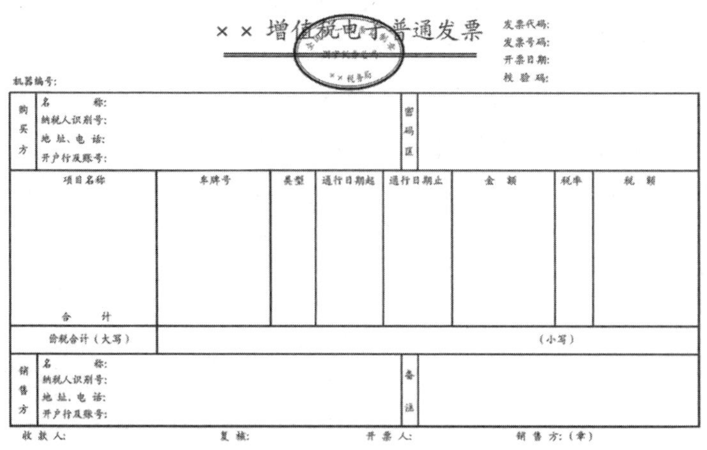

××增值税电子普通发票

发票代码：
发票号码：
开票日期：
校验码：

机器编号：

购买方	名称： 纳税人识别号： 地址、电话： 开户行及账号：	密码区					
项目名称	车牌号	类型	通行日期起	通行日期止	金额	税率	税额
合计							
价税合计（大写）					（小写）		
销售方	名称： 纳税人识别号： 地址、电话： 开户行及账号：	备注					

收款人：　　复核：　　开票人：　　销售方：（章）

图 8-2　增值税电子普通发票的样票

- 专业发票：在一些特殊行业或领域使用的特殊种类的发票，不套印发票监制章，包括但不限于国有金融、保险企业的存贷、保险凭证，国有邮政、电信企业的邮票、话务的收据，国有铁路、国有公路的客票、货票等。作为特殊行业或领域交易的特殊凭证，专业发票没有统一的格式和内容，需要根据各个行业或领域的具体情况确定。

4）税务稽查数据

税务稽查是指税务机关对纳税人的税务行为进行审查、核对和检查的过程，以确认纳税人是否按规定申报缴纳税款，以及是否存在逃税和偷税行为。税务稽查所涉及的数据一般包括税务档案资料、会计记录、纳税人的合同协议、纳税人的银行账户信息及进销存货记录等。

8.1.3　贸易大数据的组成

本节对贸易大数据的介绍将从微观贸易层面到宏观贸易层面，分别列举所需要关注的贸易数据。

1）微观贸易数据

从微观层面来说，贸易即实际发生的商品交换和货物流通过程。微观贸易按照交易的参与主体和交易范围可以分为对外贸易和对内贸易。对外贸易是指一个国家与其他国家之间的商品和服务的买卖活动，涉及货物、服务、资本和技术的跨国交流，通常可以进一步细分为进口贸易与出口贸易。对内贸易则是指在一个国家或地区范围内进行的贸易活动，包括不同地区之间的贸易，如城市间贸易、省际贸易等。对外贸易的形式比对内贸易要更为复杂，所涉及的数据也更为广泛。

接下来，将以贸易发起流程为顺序介绍微观贸易数据的组成。首先涉及的内容是购销双方的贸易合同。贸易合同是商业交易中的法律文件，用于规定买卖双方之间的权利和义务，涉及的数据主要包括购销双方的身份信息、商品描述信息、价格条款、交货方式和期限等。当贸易合同确定后，卖方可能会委托货代公司提货，其中便涉及运费发票。关于发票的介绍可以参考上一节有关发票数据的内容，运费发票作为运输商品时所产生的费用清单，需要特别注明运输信息、运费计算方式等。

特别地，如果涉及对外贸易，贸易公司还会有报关的要求，即在海关进行申报并完成海关的查验、审核、征税等手续。在报关时通常涉及报关单、装箱单和无纸化放行通知书等。报关单详细记录了报关单编号、报关日期、运输方式、起始国家及最终抵达国家、税收征免情况等信息。不同国家和地区的报关单格式和要求可能有所不同，我国出口货物报关单示例如图 8-3 所示。装箱单是指在装箱时详细记录货物装箱情况的单据，主要用于说明货物的包装情况，如品名、数量、包装方式等，某一从我国发往美国纽约的装箱单示例如图 8-4 所示。

中华人民共和国海关出口货物报关单

223320230001246108

预录入编号： 海关编号：223320230… （浦东机场） 页码/页数：1/1

境内发货人 上海	出境关别 (2233) 浦东机场	出口日期 2023/9/9	申报日期 2023/9/6	备案号
境外收货人 PT.	运输方式 (5) 航空运输	运输工具名称及航次号	提运单号 11270501900	
生产销售单位 (91310120MA7B8U1367) 上海大泽流体科技有限公司	监管方式 (0110) 一般贸易	征免性质 (101) 一般征税	许可证号	
合同协议号 DP20230731_01	贸易国（地区） (IDN) 印度尼西亚	运抵国（地区） (IDN) 印度尼西亚	指运港 (IDN000) 印度尼西亚	离境口岸 (310302) 上海浦东国际机场

包装种类 (22) 纸制或纤维板制盒/箱	件数 1	毛重（千克） 41	净重（千克） 30	成交方式 (3) FOB	运费	保费	杂费

随附单证及编号

标记唛码及备注

备注： 集装箱标箱数及号码：

项号	商品编号	商品名称及规格型号	数量及单位	单价/总价/币制	原产国（地区）	最终目的国（地区）	境内货源地	征免
1		驱动单元 关闭装置等 lux&wa ES-02	12千克 2件	12500.0000 25000.00 人民币	美国 (USA)	印度尼西亚 (IDN)	(31179)奉贤	照章征税 (1)
2		lux&wa	18千克 1件	15300.0000 15300.00 人民币	美国 (USA)	印度尼西亚 (IDN)	(31179)奉贤	照章征税 (1)

……有限责任公司 报关专用章 (上海)

特殊关系确认：否 价格影响确认：否 支付特许权使用费确认：否 公式定价确认：否

暂定价格确认：否 自报自缴：

报关人员 报关人员证号 电话 兹声明对以上内容承担如实申报、依法纳税之法律责任 海关批注及签章

申报单位 (91310109132289635R) 上海航联报关有限责任公司 申报单位（签章）

免责声明：本单据内容由"申报单位"授权提供，仅供阅览，不承担任何法律责任。格式依据：中国国际贸易单一窗口。 是中华人民共和国海关徽标。

图 8-3 我国出口货物报关单示例

NANTONG BLANKET TRADING COMPANY

Address: TRADING MANSION, ZHONGSHAN RAOD NANTONG, JIANGSU, CHINA

PACKING LIST

To: LAWRENCE TRADING CO., LTD.
1206 FINANCIAL BUILDING, MAHATTEN, NEW YORK, U.S.A.

Invoice No.: NBTC5562134
Invoice Date: JAN. 24, 20XX
S/C No.: NT-LT001
S/C Date: JAN. 4, 20XX

From: NANTONG, CHINA To: NEW YORK, USA

Marks and Numbers	Number and kind of package Description of goods	Quantity	Package	G.W	N.W	Meas.
				GS/CTN	KGS/CTN	1X0.6X0.5M/CTN
S/C NEW YORK C/NO.1-250	CARTON BLACKET (RED)	1000PCS	100CTNS	0KGS	KGS	30CBMS
	CARTON BLACKET (YELLOW)	1500PCS	150CTNS	KGS	KGS	45CBMS
			250CTNS	KGS	KGS	75CBMS
	ONE PC WRAPPED IN PLASTIC, ONE PC IN A BOX, TEN PCS TO A CARTON					
	TOTAL:	PCS	CTNS	0KGS	KGS	BMS

SAY TOTAL: SAY TWO THOUSAND AND FIFTY HUNDRED CARTONS ONLY

NANTONG BLANKET TRADING COMPANY

ZHANG SAN

图 8-4 某一从我国发往美国纽约的装箱单示例

根据贸易合同、报关单、装箱单等内容，海关将依据货物的申报情况和风险评估结果发出放行通知书。如今无纸化放行通知书代替了传统的纸质放行通知书，实现了报关手续的电子化和自动化。某贸易公司的通关无纸化出口放行通知书示例如图 8-5 所示，除了货物的详细信息、贸易的运输方式等基础信息，还有用于标识放行通知书的唯一编号、处理放行通知的海关编号、放行通知书的状态（放行、查验、扣留等）及相应处理要求等信息。

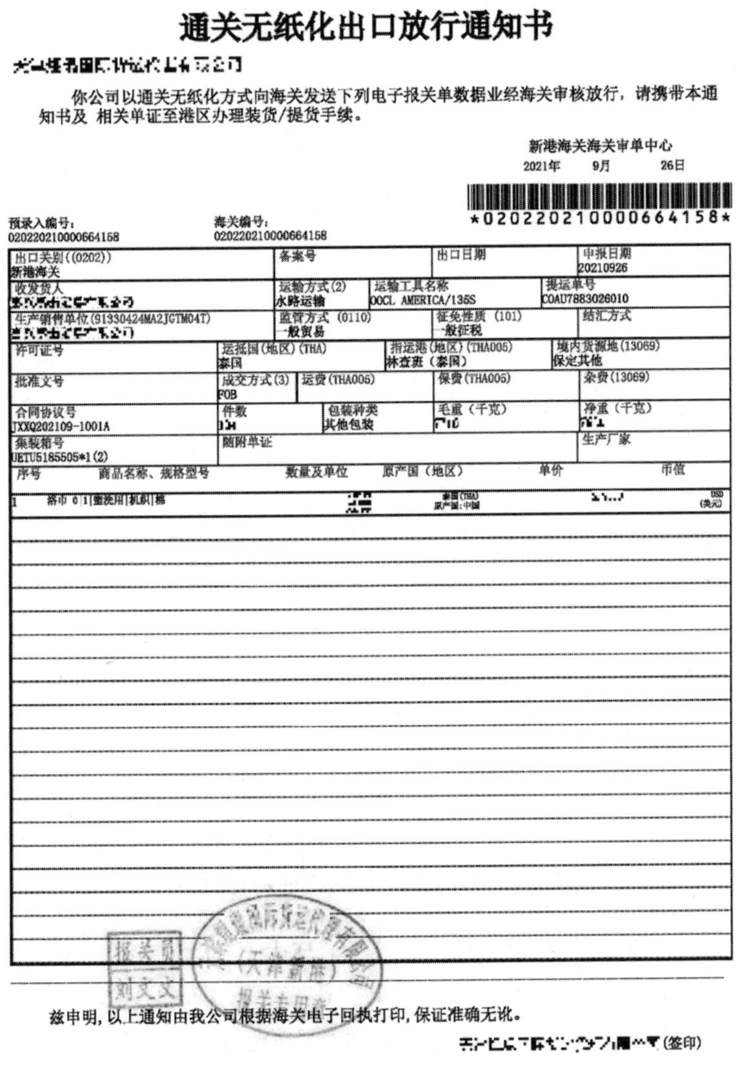

通关无纸化出口放行通知书

你公司以通关无纸化方式向海关发送下列电子报关单数据业经海关审核放行，请携带本通知书及 相关单证至港区办理装货/提货手续。

新港海关海关审单中心
2021年　9月　26日

02022021000066415 8

预录入编号：02022021000066415 8　　海关编号：02022021000066415 8

出口关别((0202)) 新港海关	备案号	出口日期	申报日期 20210926
收发货人	运输方式(2) 水路运输	运输工具名称 OOCL AMERICA/135S	提运单号 COAU7883026010
生产销售单位(91330424MA2JGTM04T)	监管方式 (0110) 一般贸易	征免性质 (101) 一般征税	结汇方式
许可证号	运抵国(地区)(THA) 泰国	指运港(地区)(THA005) 林查班（泰国）	境内货源地(13069) 保定其他
批准文号	成交方式(3) FOB　运费(THA005)	保费(THA005)	杂费(13069)
合同协议号 JXXQ202109-1001A	件数　包装种类 其他包装	毛重（千克）	净重（千克）
集装箱号 UETU5185505*1(2)	随附单证		生产厂家

序号	商品名称、规格型号	数量及单位	原产国（地区）	单价	币值
1	浴巾 0|1|盥洗用|机织|棉		泰国(THA) 原产国:中国		USD (美元)

报关员 刘文文

（天津新港） 报关专用章

兹申明，以上通知由我公司根据海关电子回执打印，保证准确无讹。

(签印)

图 8-5　某贸易公司的通关无纸化出口放行通知书示例

在货物交付货运公司以后，承运人需要根据货物的实际情况和运输合同的约定发放提单，用于证明承运人已经收到货物并同意按照约定履行将货物从发货地运输至收货地并交付给收货人的义务。在实际使用中以海运提单最为常见，空运提单次之。某商船运输公司出具的海运提单示例如图 8-6 所示，包括发货人提供的发货人和收货人的姓名与地址、运输目的地、货物描述等相关数据。

1. Shipper
RIZHAO HUIHUANG IMPORT AND EXPORT
CORPORATION, RIZHAO HUANGHAIYILU NO. 888, CHINA

B/L No. EW 20

中远集装箱运输有限公司
COSCO CONTAINER LINES
TLX: 33057 COSCO CN
FAX: +86(021) 6545 8984
ORIGINAL

2. Consigned TO
TO ORDER OF SHIPPER

Port-to-Port or Combined Transport
BILL OF LADING

RECEIVED in external apparent good order and condition except as otherwise noted. The total number of packages or unites stuffed in the container, The description of the goods and the weights shown in this Bill of Lading are Furnished by the Merchants, and which the carrier has no reasonable means Of checking and is not a part of this Bill of Lading contract. The carrier has Issued the number of Bills of Lading stated below, all of this tenor and date, One of the original Bills of Lading must be surrendered and endorsed or signed against the delivery of the shipment and whereupon any other original Bills of Lading shall be void. The Merchants agree to be bound by the terms And conditions of this Bill of Lading as if each had personally signed this Bill of Lading.
SEE clause 4 on the back of this Bill of Lading (Terms continued on the back Hereof, please read carefully).
*Applicable Only When Document Used as a Combined Transport Bill of Lading.

3. Notify Party Insert Name, Address and Phone
(It is agreed that no responsibility shall attach to the Carrier or his agents for failure to notify)
JIM KING TRADING CORPORATION, NO. 206 CHANGJ NORTH
STREET SINGAPORE

4. Combined Transport * Pre - carriage by	5. Combined Transport* Place of Receipt
6. Ocean Vessel Voy. No. EAST WIND V19	7. Port of Loading QING DAO
8. Port of Discharge BANGKOK	9. Combined Transport * Place of Delivery

Marks & Nos. Container / Seal No.	No. of Containers or Packages	Description of Goods (If Dangerous Goods, See Clause 20)	Gross Weight Kgs	Measurement
NHIT BANGKOK NO 1-9	900 dozen Tri-Circle Brand Brass Padlock in 9 wooden cases of 100 dozen each	900 dozen Tri- Circle Brand Brass Padlock		
		Description of Contents for Shipper's Use Only (Not part of This B/L Contract)		

10. Total Number of containers and/or packages (in words) Nine wooden cases only

Subject to Clause 7 Limitation

11. Freight & Charges	Revenue Tons	Rate	Per	Prepaid	Collect
				prepaid	
Declared Value Charge					

Ex. Rate:	Prepaid at	Payable at	Place and date of issue
	QINGDAO		[illegible]
	Total Prepaid	No. of Original B(s)/L	Signed for the Carrier, COSCO CONTAINER LINES
	USD [illegible]	THREE	

LADEN ON BOARD THE VESSEL
DATE [illegible] BY COSCO CONTAINER LINES

图 8-6　某商船运输公司出具的海运提单示例

收货方在收到货物后，会根据实际货款开具发票并补足货款。此环节如果涉及对外贸易，国外合作方会开具“形式发票”，其样式近似商业发票，但更类似于单方面合同，用于报价和确定交易。除了记录和商业发票相同的内容，形式发票还可以根据需要在空白处以“附注（Remark）”的形式增加条款，如交货期等，以进一步落实交易。

2）*宏观贸易数据*

宏观贸易数据是指反映一个国家或地区整体贸易状况的数据，包括进出口总额、贸易顺差、贸易伙伴等，这些数据对于政府经济政策制定、企业市场规划和竞争分析等都具有重要的参考价值，下面将详细介绍部分宏观贸易数据。

（1）进出口总额。进出口总额是指一个国家或地区在一定时期内进口和出口的货物与服务的总价值，是衡量一个国家或地区与国际贸易的联系程度和经济活力的重要指标。进出口总额的增加通常表示该国家或地区的经济发展水平和国际竞争力的提高。

（2）出口额。出口额是指一个国家或地区在一定时间内向其他国家或地区出售的商品和服务的总价值，通常是一个国家或地区 GDP 的重要组成部分，能够反映该国家或地区在国际市场上的竞争力和出口质量。

（3）进口额。进口额是指一个国家或地区在一定时间内从其他国家或地区进口的商品和服务的总价值。进口额可以反映一个国家或地区的资源状况和经济结构，进口额增加可能会带来一定的贸易逆差压力，但能够在一定程度上满足该国家或地区的经济发展和居民生活需要。

（4）贸易顺差和贸易逆差。贸易顺差是指一个国家或地区的出口额减去进口额的差额，通常被认为是一个国家或地区经济强劲和竞争力强的表现，但可能引起贸易摩擦和国际关系问题，过高的价格差也可能破坏买方国家或地区的贸易商品结构和贸易内循环。相反，贸易逆差则是指一个国家或地区的进口额减去出口额的差额。长期持续的贸易逆差可能对国家或地区的经济产生负面影响，增大买方国家或地区的财政压力，继而影响该国家或地区的经济实力，刺激该国家或地区形成贸易保护主义倾向，引发贸易争端和贸易战等。

（5）贸易伙伴。贸易伙伴是指一个国家或地区与其他国家或地区之间的贸易关系，反映了该国家或地区对外贸易的主要方向和依赖程度。贸易伙伴可以按照进出口额或贸易顺差等指标进行分类，在市场规划、竞争分析等方面具有重要的参考价值。

8.1.4　财税与贸易大数据的获取

1）财务大数据的获取

（1）企业侧数据。企业侧的财务数据可以从每年企业披露的年度、半年度、季度财务报表中进行挖掘，上市公司的财务数据会以 PDF 文件的形式发布于公司官网，也有如东方财富网（东方财富网的财务数据如图 8-7 所示）、同花顺财经、巨潮资讯网等平台对各企业的数据进行汇总。

（2）国家或政府机关侧数据。国家或政府机关侧的财政政策数据可以通过以下途径获取。

- 财政部门：财政部门会定期发布财政预算、财政执行报告、财政统计年鉴等文件，其中包含了大量与财政政策相关的数据。
- 政府信息公开平台：政府有关部门会在官方网站或政府信息公开平台上公布财政政策文件，供公众查询和使用。
- 学术研究机构：一些独立的学术研究机构、智库或大学经济研究中心也会发布与财政政策相关的数据和报告，提供给研究人员作为参考（中国知网平台上的《中国财政年鉴》期刊如图 8-8 所示）。

- 国际组织：国际货币基金组织（IMF）、世界银行等国际组织也会发布关于世界各国财政政策的数据和报告。
- 媒体报道：经济类报纸、财经网站等媒体会对各地实行的财政政策进行报道，获取财政政策数据时，需要对这些非结构化数据进行关键信息的提取。

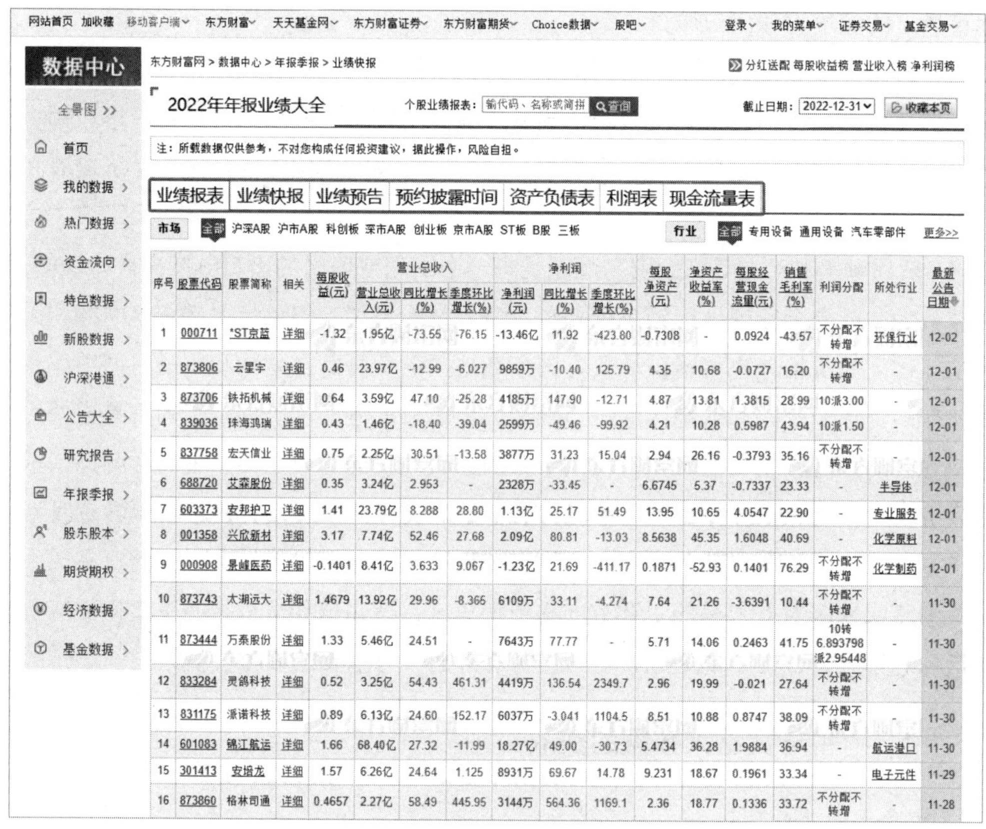

序号	股票代码	股票简称	相关	每股收益(元)	营业总收入			净利润			每股净资产(元)	净资产收益率(%)	每股经营现金流量(元)	销售毛利率(%)	利润分配	所处行业	最新公告日期
					营业总收入(元)	同比增长(%)	季度环比增长(%)	净利润(元)	同比增长(%)	季度环比增长(%)							
1	000711	*ST京蓝	详细	-1.32	1.95亿	-73.55	-76.15	-13.46亿	11.92	-423.80	-0.7308	-	0.0924	-43.57	不分配不转增	环保行业	12-02
2	873806	云星宇	详细	0.46	23.97亿	-12.99	-6.027	9859万	-10.40	125.79	4.35	10.68	-0.0727	16.20	不分配不转增	-	12-01
3	873706	铁拓机械	详细	0.64	3.59亿	47.10	-25.28	4185万	147.90	-12.71	4.87	13.81	1.3815	28.99	10派3.00	-	12-01
4	839036	珠海鸿瑞	详细	0.43	1.46亿	-18.40	-39.04	2599万	-49.46	-99.92	4.21	10.28	0.5987	43.94	10派1.50	-	12-01
5	837758	宏天信业	详细	0.75	2.25亿	30.51	-13.58	3877万	31.23	15.04	2.94	26.16	-0.3793	35.16	不分配不转增	-	12-01
6	688720	艾森股份	详细	0.35	3.24亿	2.953	-	2328万	-33.45	-	6.6745	5.37	-0.7337	23.33	-	半导体	12-01
7	603373	安邦护卫	详细	1.41	23.79亿	8.288	28.80	1.13亿	25.17	51.49	13.95	10.65	4.0547	22.90	-	专业服务	12-01
8	001358	兴欣新材	详细	3.17	7.74亿	52.46	27.68	2.09亿	80.81	-13.03	8.5638	45.35	1.6048	40.69	-	化学原料	12-01
9	000908	景峰医药	详细	-0.1401	8.41亿	3.633	9.067	-1.23亿	21.69	-411.17	0.1871	-52.93	0.1401	76.29	不分配不转增	化学制药	12-01
10	873743	太湖远大	详细	1.4679	13.92亿	29.96	-8.366	6109万	33.11	-4.274	7.64	21.26	-3.6391	10.44	不分配不转增	-	11-30
11	873444	万泰股份	详细	1.33	5.46亿	24.51	-	7643万	77.77	-	5.71	14.06	0.2463	41.75	10转6.893798派2.95448	-	11-30
12	833284	灵鸽科技	详细	0.52	3.25亿	54.43	461.31	4419万	136.54	2349.7	2.96	19.99	-0.021	27.64	不分配不转增	-	11-30
13	831175	派诺科技	详细	0.89	6.13亿	24.60	152.17	6037万	-3.041	1104.5	8.51	10.88	0.8747	38.09	不分配不转增	-	11-30
14	601083	锦江航运	详细	1.66	68.40亿	27.32	-11.99	18.27亿	49.00	-30.73	5.4734	36.28	1.9884	36.94	-	航运港口	11-30
15	301413	安培龙	详细	1.57	6.26亿	24.64	1.125	8931万	69.67	14.78	9.231	18.67	0.1961	33.34	-	电子元件	11-29
16	873860	格林司通	详细	0.4657	2.27亿	58.49	445.95	3144万	564.36	1169.1	2.36	18.77	0.1336	33.72	不分配不转增	-	11-28

图 8-7　东方财富网的财务数据

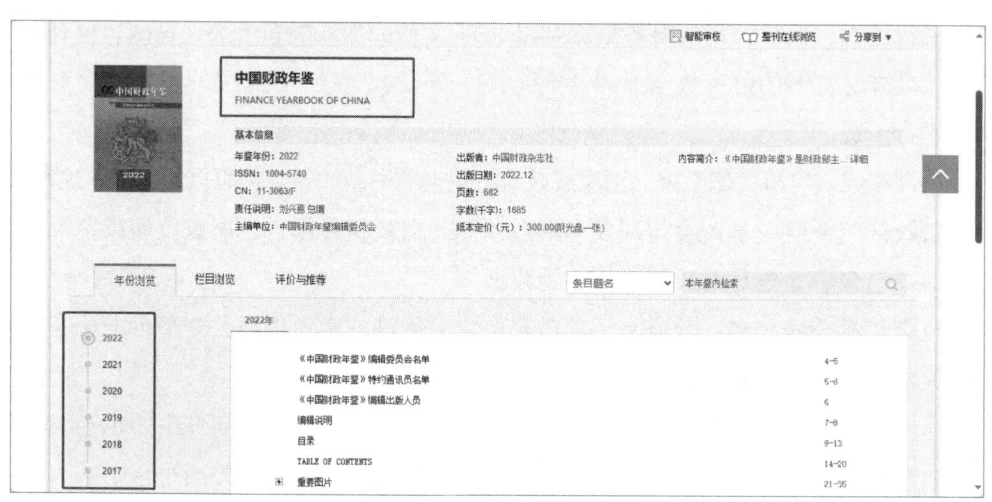

图 8-8　中国知网平台上的《中国财政年鉴》期刊

2）税收大数据的获取

（1）内部渠道来源。我国税务机关内部税收大数据的主要来源是金税系统。金税系统是我国国家税务总局推行的一套现代化税收管理信息系统，旨在整合税收管理、征管和服务功能，推动税收征管的现代化和智能化。税务专管员可以通过金税系统访问分管企业的涉税数据，这些数据囊括了 8.1.2 节中介绍的所有税收数据类型，也包括纳税人的信用状况、企业评级、纳税申报明细等其他数据。非税务机关人员可以通过税务 UKey 登录金税系统访问本企业的涉税数据，包括历史申报记录和纳税结果等。

（2）外部渠道来源。外源性税务数据指的是没有通过纳税系统填报并录入国家税务档案的涉税数据，具体可以被细分为以下两类。

- 第二方涉税数据：通常指与纳税个体相关的信息，包括但不限于行业经营发展情况、企业发展战略、组织架构、ERP（企业资源计划）系统流转信息、涉税生产经营指标等数据。大型企业会专门建立自己的门户网站传播与共享有关信息，公众可以通过这些官方渠道获取数据。
- 第三方涉税数据：来自征纳双方之外的税务大数据，其主要获取渠道包括政府行政机构、事业机构、行业管理部门、统计平台等。第三方涉税数据的获取需要得到信息所有者或提供方的认可，并遵守一定的使用条约。较为权威的第三方涉税数据提供平台包括会计师事务所、税务师事务所、媒体，以及巨潮资讯网、东方财富网、“天眼查”等互联网数据资讯平台。

3）贸易大数据的获取

（1）微观贸易数据。国际贸易的微观数据可以从 US Imports 网站上获取。US Imports 是一个提供国际进出口数据的在线平台，详细记录了外贸商品录入海关时登记的基础信息。US Imports 网站的数据详情如图 8-9 所示。

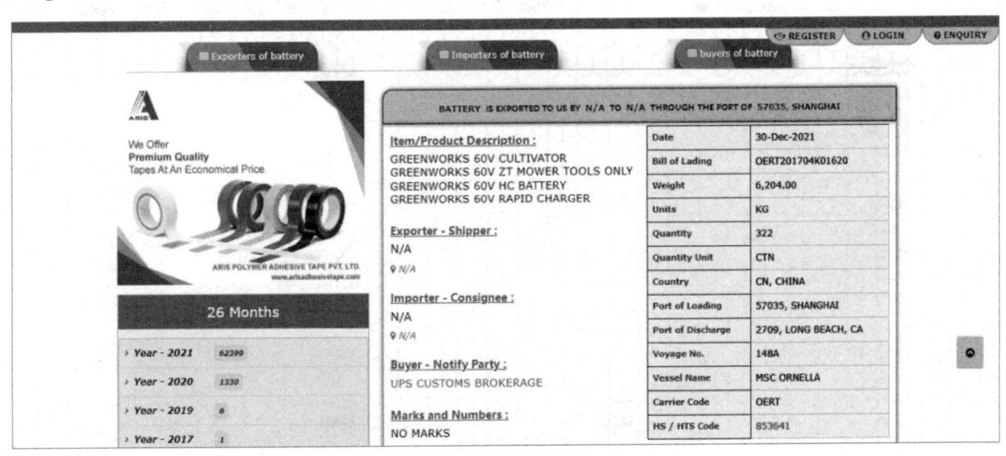

图 8-9　US Imports 网站的数据详情

我国的进出口贸易数据则可以通过 AB 客平台获取。AB 客平台共采集了近 12 亿条海关贸易数据，涉及 80 多个国家和地区，统计数据信息全面，可信度高。AB 客平台的贸易信息如图 8-10 所示。

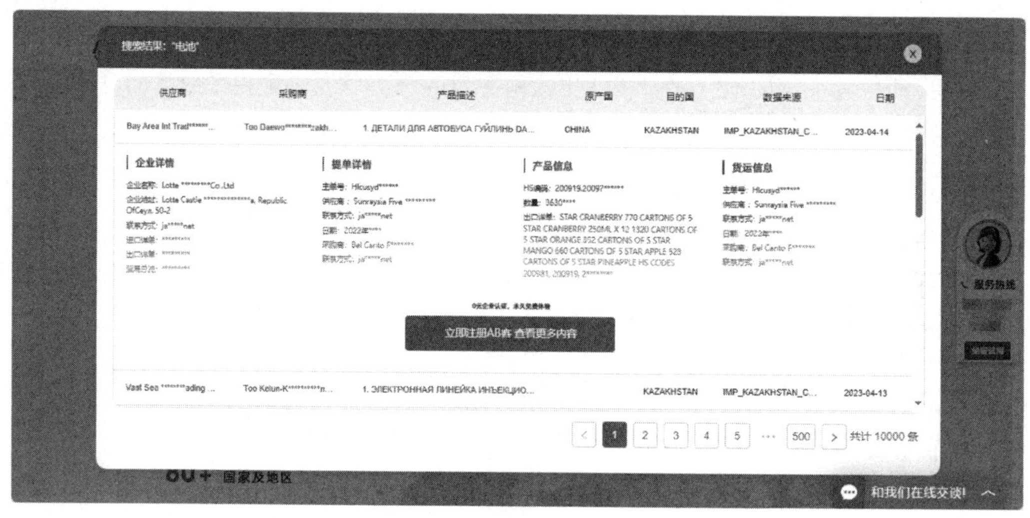

图 8-10　AB 客平台的贸易信息

（2）宏观贸易数据。许多国家的政府机构会提供宏观贸易数据，如美国国际贸易委员会（USITC）、我国的海关总署、欧盟统计局（EuroStat）等，这些机构会发布关于进出口数据、贸易平衡、贸易伙伴国等方面的报告和数据。一些国际组织如世界贸易组织（WTO）、国际货币基金组织（IMF）等也会提供宏观贸易数据，包括全球贸易趋势、贸易政策分析等方面的报告和数据。

ComTrade 是联合国贸易和发展（UNCTAD）会议开发和管理的一个数据库平台，拥有超过 18 亿条与各地国际贸易有关的数据信息，也是公认体量最大的官方开源贸易类数据库之一。ComTrade 平台的贸易数据如图 8-11 所示。

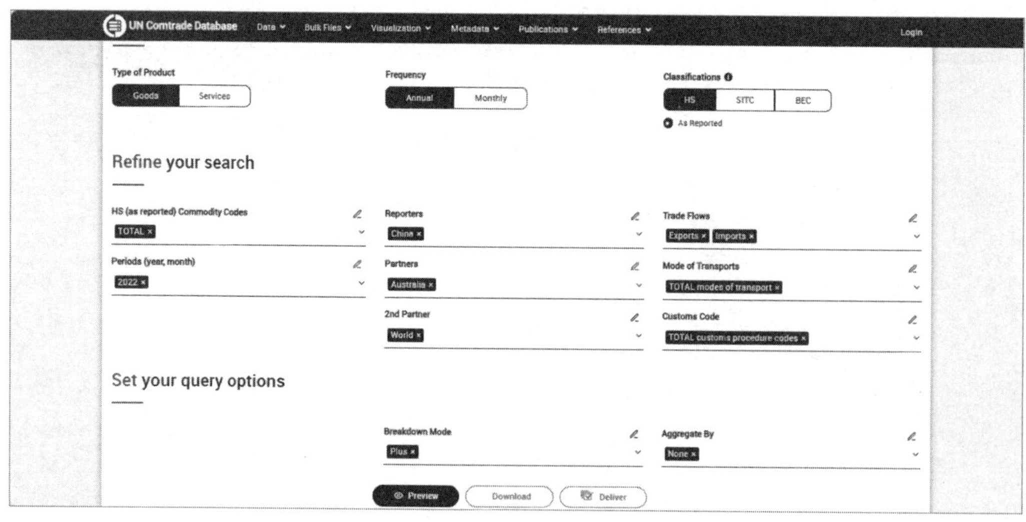

图 8-11　ComTrade 平台的贸易数据

如果只想将数据范围限制在中国，那么可以通过我国的海关总署或国家统计局获取对应的宏观贸易数据，这些平台的所有数据均为开源类型，且均能保证有效更新。我国海关总署的海关统计数据在线查询平台如图 8-12 所示。

图 8-12　我国海关总署的海关统计数据在线查询平台

本节介绍了一些财税与贸易大数据的官方统计平台与获取方法，涉及多种维度。当然，除此之外还有许多其他的数据获取渠道，随着时间的推移，这些开源信息会越来越丰富，数据口径也会越来越精细。无论选择何种渠道，获取数据时都应确保信息来源的可靠性和权威性，并且遵守相关的数据使用规定。对于特定的需求，需要结合多种数据来源进行综合分析。

8.2　大数据与财务管理

8.2.1　财务管理面临的挑战

1）企业财务管理面临的挑战

对企业而言，随着信息技术更新速度的持续加快，以会计核算、记账为主的传统财务模式已无法满足现代企业的发展需要。在新形势下，随着业务数据量的增大，有一些在传统财务管理过程中未能暴露出来的问题逐渐显露。现代企业迫切需要转变传统的财务管理模式，以适应信息技术的快速更新和业务环境的变化。在此过程中，企业难免会遇到一些从传统视角无法解决或难以解决的财务管理困境，现将其归纳为以下几个方面。

（1）单一的评价标准。一方面，传统财务管理倾向于以财务绩效指标为主要评价标准，从而忽视了其他非财务因素对企业绩效的影响。多数企业的业务部门与财务部门之间缺乏沟通，财务管理人员不了解企业的业界布局和产业的最新动态，财务管理活动也因此只能依赖于财务部门所经手的财务数据。以利润为中心的评价标准容易使管理者过分关注短期财务绩效，忽视了长期价值的创造。另一方面，在企业传统财务管理的模式中，对于财务信息的挖掘和收集更多地依靠人工操作。使用单一的方法收集结构性的数据，将导致财会信息的种类和数量不足，基于这样的评价标准获得的财务反馈非常具有局限性，对制定企业财务管理策略的参考价值也难以提升。

（2）信息滞后严重。传统财务工作的主要任务就是对企业阶段性的运营成果进行事后汇报，财务管理人员过分依赖于历史性的财务数据，在多数情况下会选择相对静态的统计与分析方法，因而无法及时而全面地掌握企业整体的运营状况。当管理人员意识到问题时，该问题往往已经在业务层面产生了负面的影响。同时，数据获取的时效性也是决定企业会计核算质量的重点，一旦数据的信息反馈出现延迟，会对业务跟踪的准确性造成不利的影响。

（3）预算管理一体化缺位。在传统财务管理中，预算控制是相对薄弱的环节。企业进行预算分配时缺乏科学详细的成本控制和资金运用规划，仅凭借经验制定部门预算会导致预算超支、资金浪费等不良情况。具体来看，传统企业财务的预算管理一体化缺位体现在以下三点：首先是企业在编制预算的过程中，未能结合业务实际需求制定切实可行的预算编制指标，导致预算执行过程指标缺失，影响了预算管理效果；其次是企业在考虑预算覆盖范围时没有考虑全体人员或部门，不少企业存在部门壁垒，未能将所有可参考数据纳入预算范围；最后是预算执行不到位，缺少有效的监督和考核机制，无法严格按照相关流程实施，对资金的流向也无法溯源。

2）政府财政管理面临的挑战

近年来，政府的财政信息化水平不断提高，但传统的财政管理思维并没有随着硬件水平的上升而改变。虽然财政信息化得到了较快发展，但在应用层面仍存在不少的问题，主要集中于以下几个方面。

（1）数据利用率低下。国家或政府机关侧大量的数据可能散布在不同的系统和部门，业务系统软件各不相同，系统的开发年代和委托开发公司不同，存储数据的数据库类型和版本也有差异。这导致尽管国家或政府机关侧财政管理部门有着海量的数据资源，却无法建立起统一的标准和接口，使得海量数据难以被有效整合和利用。

（2）数据链路不连通。政府财政决策通常需要大量的数据支持，包括财政收支情况、民生需求等各方面的信息，然而下游业务系统普遍存在“数据孤岛”现象。各部门之间的数据共享和流通能力不足，各业务系统之间的数据相对独立，跨业务系统的数据交换不够通畅且涉及相当复杂的权责审批。因此，在政府进行财政管理活动和应用分析时常发生数据链路不连通的情况。

（3）技术发展水平不一。区别于企业级别的财务管理，政府财政管理涉及的地区跨度更大、范围更广。不同地区的技术发展水平不一，信息化程度也有所不同，这些因素共同导致了信息化资源在不同地区的不均衡分布。政府在制定相关财政政策或采集财政数据时需要平衡好不同地区的信息化资源差异，否则将会影响对全国各地财政状况的准确把握。

（4）寻租问题。寻租指利用政府对其资源的垄断权力，以非生产性的方式获取利润的行为。寻租活动往往引发资源向非生产性领域转移，导致财政管理制度僵化、失效，甚至扭曲。寻租现象通常伴随着腐败问题，政府官员或相关利益集团通过非法手段获取不正当利益，继而使得市场资源错位，损害了财政管理的公平性。在传统财政管理中，财政决策的透明度不高，相关信息公开程度较低，缺乏有效的问责制度，这使得财政管理容易受到腐败和滥用职权等恶劣行为的影响。

8.2.2　大数据对财务管理的影响

大数据时代的到来为财务管理问题带来了新的解决思路，回顾第 1 章中有关大数据时代带来的思维模式转变的相关论述，“全量而非抽样”“繁杂而非精确”“相关而非因果”，现存的财务管理问题在大数据技术的加持下得到有效解决。

首先，大数据时代的到来大大拓展了传统财务数据的定义，大数据技术可以整合多种类型的数据，包括但不限于财务数据、市场数据、客户数据、竞品数据、社交媒体数据等，方便管理者从不同角度了解企业的经营情况。通过对多维数据的采集和分析，财务管理者可以更全面地了解企业的财务状况和运营表现，不再受限于传统的财务指标，避免了由单一化的财务数据所引发的局限性问题。

利用前沿的大数据采集和分析手段，财务分析师无须等待某个预先定义的会计期间正式结束才能获取有关企业经营状况的历史完整数据，而是随时都可以进行企业财务数据的提取，将传统的静态分析转变为动态分析，并且各个处理环节都可以实时地进行人工干预，以确保财务和会计信息的真实性和公允性。这样的数据分析形式大大缩短了财务信息的披露周期，为管理工作提供了更为全面、准确、可靠且有效的会计信息。

在大数据的背景下，财务和会计报告可以自动生成。在大数据处理平台上，只需要预先设定好数据处理机制和数据流转过程，财务数据便会被自动整理、分类和处理，处理结果实时存储于云端，大大减少了人为操作带来的失误，提高了财务工作的效率，确保了财务数据的可追溯性。

除此之外，创新的技术方法也将改变企业的内部管理方式，使得管理层人员的工作重心能够从管理移至决策。尤其在企业现代化的进程中，随着内部组织结构的不断优化，财务和会计人员需要从传统的财会管理模式转向财务分析模式。他们需要结合企业具体的运行情况，通过对财会数据的分析，预测企业可能出现的财务风险和机遇，帮助企业制定以数据为导向的科学决策，为企业稳定、安全的运营提供保障。

对政府而言，财政大数据平台建设是财政科学化、规范化和精细化管理的技术支撑和保障手段，也是财政改革与发展的“助推器”。运用大数据技术开展财政监督可以有效避免传统财政管理中的信息不对称问题，通过“全量而非抽样”的思想，财政监督可以囊括所有相关数据，从而避免抽样误差，提高监督检查程序的可靠性和公平性，遏制寻租现象的下渗，真正将财政储备资金用在刀刃上。大数据相关技术的研究也为政府信息系统提供了丰富的数据存储形式和高效的数据处理算法，集成式的政府大数据平台使得各个政府部门和业务环节上的数据均能形成自己的数据生态。各领域的业务数据将全面贯通，水平、垂直方向链路的数据交换渠道也将逐步完善。业务系统将由独立、分散向一体化发展转变，实现预算编制、执行、监督监控、统计分析全方位管理，帮助财政部门对宏观经济进行追踪与监测，对财政风险进行精确预测和控制，真正发挥“看得见的手”的作用。

8.2.3 财务大数据的分析方法

财务大数据可以广泛应用于多种方向的分析，最初的财务数据分析主要建立在财务报表的基础上。早在 1912 年，美国杜邦公司的一名年轻销售人员法兰克·布朗便提出了后来著名的杜邦分析法，核心思想是将公司的绩效归因于公司的利润率、资产周转率和资本结构，这是以企业业绩为主要评价方向的分析方法。杜邦分析法将企业净资产收益率逐级分解为多项财务比率的乘积，使投资者和分析师能够更好地了解公司的盈利能力、资产利用效率和财务风险等方面的情况，是一种较为经典的财务数据分析方法。

近年来，财务数据不仅局限于企业盈利能力的分析，有不少学者利用企业侧和国家或政府机关侧的财务数据，对一些具体问题进行了建模。由于财务数据在财、税、贸这三类数据中拥有最高的结构性，且基本依赖于年度、季度、月度这类采样频率，其分析方法也相对固定，因此无须设计较为复杂的建模方法，在解读财务大数据的具体应用前有必要简单介绍在财务大数据分析中常见的几类分析方法和思路。

1）对比分析

对比分析是在财务大数据分析中应用得最多且最为简单的分析方法，用以比较多个样本点或相同样本在不同时间表现的差异程度。在财务大数据分析中常见的对比分析方法有同比分析、环比分析、定基比分析等。

- 同比分析：主要是为了消除时间差异造成的影响，用以说明本期与去年同期水平的对比情况。

$$同比变化率=\frac{本期-同期}{同期}\times 100\%$$

- 环比分析：主要分析的是报告期水平与此前一个报告期水平的变化情况，能够反映指标随时间变化的情况。

$$环比变化率=\frac{本期-上期}{上期}\times 100\%$$

- 定基比分析：将某一期的数据作为基准，固定不变，将其他期数据与基准期数据进行对比，以揭示数据的相对变化。在定基比分析中，基准年份的数据被设置为 100 或其他特定数值，称为指数基数。其他年份的数据则以指数基数为基础进行计算，并表示为相对于基准年份的百分比。这样可以直观地展示数据的增长或下降趋势，并进行跨期比较。

$$定基比变化率=\frac{本期-基期}{基期}\times 100\%$$

2）结构分析

财务数据的结构分析可以从多个角度入手，如科目结构、区域结构等，饼图、圆锥图都是有效的结构分析结果可视化工具。从内容上看，结构分析通常关注的是占比情况，如基于绝对量的总量占比和基于相对量的增长占比。企业侧的财务结构分析重点关注资产、负债和所有者权益等方面的组成和结构，这种分析旨在帮助投资者、管理者和利益相关者更好地理解企业的财务状况和经营风险，从而做出相应的决策。国家或政府机关侧的财政结构分析关注国家或地区财政收入和支出的组成，旨在揭示财政活动的特征和趋势，帮助政府和相关机构更好地理解财政运作的现状，从而制定更加科学合理的财政政策和措施。

$$总量占比=\frac{分项总量}{总量}\times 100\%$$

$$增长占比=\frac{分项增量}{总增量}\times 100\%$$

3）因素分析

因素分析又被称为指数分析，当某指标同时受两个或两个以上的因素影响时，因素分析可以通过分析变量之间的关系，确定各因素对分析指标的影响效果继而量化其影响程度。由于因素分析既可以分析某个单一因素对指标的影响，又可以全面分析各个因素对指标的影响，在财务数据分析领域被广泛应用于收支分析中。

假设某指标由三个因素共同影响，报告期的某指标 $M_t = A_t \times B_t \times C_t$，基期的某指标 $M_0 = A_0 \times B_0 \times C_0$。对该指标进行因素分析的常见方法有以下两类。

- 连锁替代法：连锁替代法将指标分解为可以计量的因素，并根据各个因素之间的依存关系，顺次用各因素的比较值（通常是实际值）替代基准值（通常是标准值或计划值），据此测定各因素对指标的影响。因此需要联立方程，当分析因素 A 对指标 M 的影响时，使用式②－①；当分析因素 B 对指标 M 的影响时，使用式③－②；当分析因素 C 对指标 M 的影响时，使用式④－③；总影响 $\Delta M = M_t - M_0 =$ ④－③＋③－②＋②－①。

$$\begin{cases} M = A_0 \times B_0 \times C_0 \text{ ①} \\ M' = A_t \times B_0 \times C_0 \text{ ②} \\ M'' = A_t \times B_t \times C_0 \text{ ③} \\ M''' = A_t \times B_t \times C_t \text{ ④} \end{cases}$$

- 差额分析法：差额分析法直接利用各因素的计划值与实际值的差异按顺序进行计算，以确定其变动对指标的影响程度，用来分析财务数据的各项绝对值对指标的影响。若使用差额分析法进行因素分析，则由 A 因素变动造成的影响可以建模为 $(A_t - A_0) \times B_0 \times C_0$；由 B 因素变动造成的影响可以建模为 $A_0 \times (B_t - B_0) \times C_0$；由 C 因素变动造成的影响可以建模为 $A_0 \times B_0 \times (C_t - C_0)$；总影响为这些分量变动造成的影响的和，与连锁替代法求得的结果一致。

8.2.4 大数据在财务管理中的应用

财务综合评价是指对公司经营业绩和财务状况进行多方面、多层次的综合分析和评估，它对于提高管理效率、保证债权人的根本利益、加强监管部门的监管都有着十分重要的作用。然而，传统的财务评价体系仅参考了财务报表的各类财务指标，极易受到有心人士利润操控和报表粉饰的影响。早在 2001 年，美国安然（Enron）公司就因财务造假纠纷破产，在此事件之后，美国世界通信公司（WorldCom）、房利美公司（Fannie Mae）、泰科国际有限公司（Tyco International Ltd.）的财务丑闻也被陆续揭露，这些公司的神话离不开依据传统财务评价体系的高分表现，但事实却与评价结果截然相反，这为广大投资者敲响了警钟，极大地影响了投资者对传统评价体系的信心，也将财务数据真实性研究推上了历史的舞台。

随着大数据时代的到来，人们可接触的数据也变得越来越丰富和多源。不少学者致力于通过外部数据和内部数据交叉验证的方式，构建一个较为综合和全面的评价模型。如图 8-13 所示，为使用层次分析法（AHP）建立的财务综合评价指标框架。其中，显性财务指标即 8.1.1 节在财务大数据的组成中所介绍的财务会计三表的核心数据，而隐性财务指标和预警信号指标需要通过数据挖掘等方法从外部和第三方渠道获取，如每年由会计师事务所的财务审计团队出具的审计报告、法院诉讼情况、企业法人的关联信息等。

基于以上分析框架收集 1998—2007 年的上市公司样本进行财务真实性指数统计，结果如表 8-1 所示。

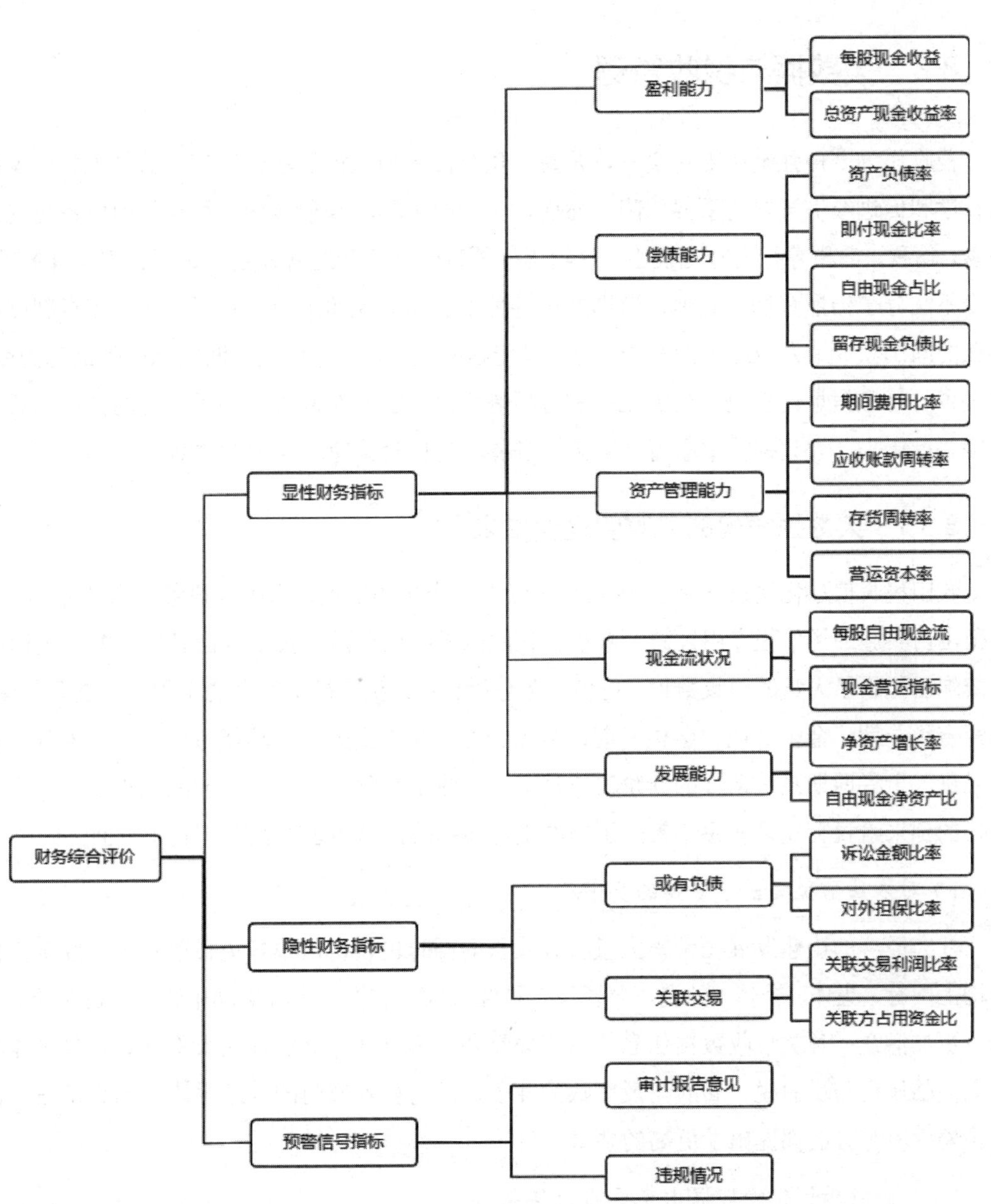

图 8-13　财务综合评价指标框架

表 8-1　1998—2007 年的上市公司样本财务真实性指数统计结果

统计量	F_{1998}	F_{1999}	F_{2000}	F_{2001}	F_{2002}	F_{2003}	F_{2004}	F_{2005}	F_{2006}	F_{2007}
样本数	442	489	576	611	663	693	756	765	817	909
均值	0.718	0.713	0.718	0.702	0.703	0.701	0.704	0.691	0.701	0.701
中位数	0.718	0.722	0.725	0.719	0.716	0.711	0.718	0.709	0.714	0.711
标准差	0.042	0.060	0.058	0.071	0.071	0.065	0.077	0.087	0.083	0.071
最小值	0.567	0.473	0.472	0.363	0.321	0.397	0.304	0.235	0.282	0.236
最大值	0.840	0.856	0.864	0.820	0.843	0.874	0.874	0.890	0.894	0.899

8.3 大数据与税收管理

税收作为一种强制性支付义务，是每一位公民应当承担的法定责任，也是维护国家税收秩序和促进经济发展的重要保障。然而，由于经济环境复杂多变，社会信用体系也尚未完善，偷税、漏税等行为时有发生，这给国家的税收秩序和经济发展带来了许多负面影响。不少不法分子仍抱有侥幸心理，试图通过各种不正当途径和手段，利用法律、规章制度中存在的漏洞获取个人或组织的利益。为了杜绝这些现象，税务机关不断加强税收征管力度，通过税收管理信息化建设、数据挖掘和分析等手段，加大对偷税、漏税行为的打击和惩罚力度。近年来，大数据技术取得了突破性进展，为税收管理注入了新的活力。

8.3.1 大数据时代的税收管理新要求

我国税收信息化建设开始于 1994 年，经过数十年的发展，由国家税务总局领导，在全国范围内实施的增值税专用发票计算机稽核联网系统已全面落实税务信息化、税收一体化，系统端已积累了大量的税收数据，可供业务分析使用。我国推出的金税工程在过去几年中，历经金税一期、金税二期、金税三期，从无到有、从小到大、从功能单一到全面覆盖，目前已进入金税四期系统运行的新阶段。然而，税收信息化的推进并不能就此止步，大数据时代的到来给税制建设和完善带来了新的机遇与挑战，具体表现在以下几个方面。

1）对依法治税提出了更高的要求

社会经济的快速发展在带来大量税收收入的同时也使得治税环境日趋复杂。经济主体结构上国有、集体、个体、外资、合资等多种经济成分并存，经济活动中物流、资金流、信息流更加活跃，各类税收数据信息化后纷繁复杂，可靠性与真实性大大降低。税收工作将长期面临偷税与反偷税、腐败与反腐败的斗争，这对税收部门的管理手段、稽查手段、监控预警手段等方面都提出了更高的要求。

2）对税收精细化管理提出了更高的要求

税收的精细化管理是实现税收管理科学化、专业化的必经之路。精细化管理强调精确、细致和深入，需要抓住税收征管的薄弱环节，优化业务环节，加强各部门的协调配合，舍弃传统大而化之的粗放式管理手段，实施有针对性和目的性的管理。为了实施精细化管理，税务机关需要更好地了解纳税人群体的需求和行为特征，从而制定更加有针对性的税收政策和管理措施，提高管理的精准度和适应性，形成针对性更强、管理更精准、效率更高的税收征管模式。

3）对税收隐私保护提出了更高的要求

在大数据时代，税务机关面临着海量的纳税人数据和涉税数据，这些数据均为纳税人的敏感信息，其数据安全性显得尤为重要。因此，税务机关需要加强涉税数据的安全管理，包括建立健全数据安全防护体系、加强数据加密和权限控制、规范数据使用和共享等。同时，税务机关人员也需要更加关注个人隐私信息在税收应用层面的合规使用，确保数据采集、处理和应用过程的合法、合规、安全，从而保护纳税人的隐私权益。

8.3.2　税收大数据的应用方向

税收大数据分析为税收管理人员提供了一种强有力的工具，税收管理人员能够从庞大的数据中提取有价值的信息，为税务决策提供科学依据。税收大数据分析的应用方向广泛而多样，涵盖了税收征管的各个环节和领域，以下列举了其中几个常规的应用方向。

1）税源分析

税源分析是一种分析企业纳税情况的方法，通过对企业的纳税数据进行分析，揭示其经营情况、财务状况、纳税合规性等方面的信息。税源分析的核心思想是从企业的纳税数据中获取有关企业经营和财务情况的信息，进而评估企业的税收贡献和税务风险。从宏观和微观两个角度来看，税源分析包含不同的内容。

（1）宏观角度。

① 税源集中度分析：通过对税务数据进行统计和分析，揭示不同区域、行业或纳税人群体的税收贡献情况，旨在评估和分析税收来源的分布情况和集中程度。

② 税收贡献分析：通过纳税申报数据分析纳税总额、税种构成、税务政策落实等情况，旨在评估不同税种或企业对国家税收的贡献程度，并在水平或垂直领域进行比较。

（2）微观角度。

① 纳税人基本情况分析：通过对纳税人的税务登记数据、各期税收贡献、税款缴纳情况等方面进行详细的分析与研究，了解纳税人的基本情况，建立分类模型，揭示企业或个人的经营状况。

② 纳税行为分析：通过对纳税人的税务申报行为进行分析，包括申报种类、申报时限、申报内容、在线申报行为等，发现纳税人在申报过程中存在的问题和瓶颈，优化申报流程和服务，提高纳税申报数据的质量。

2）税收风险识别

税收风险识别可以帮助政府及时发现并应对可能导致税收收入损失的情况。由于传统的税收风险识别主要依赖于人工经验，很容易受到个人主观认知、经验偏见和情感因素的影响，造成错判、漏判的现象，利用人工经验进行风险识别也不能建立科学合理的风险验证方法。大数据技术的发展在很大程度上扭转了这样的被动局势。利用大数据和数据挖掘技术可以对大量纳税人申报信息、企业经营状况等税务数据进行分析，采用科学的数学模型和指标体系寻找异常模式和风险信号，识别出潜在的逃税、漏税或误税情况，发现可能存在的税务风险，从而采取相应措施减少税收损失，帮助税务部门更好地制定税收政策、优化税收征管流程。

3）税收能力测算

税收能力测算是指通过各类数据处理方法和模型衡量一个国家或地区的税收收入规模。税源因素、税制因素和征管因素是税收能力测算的三种基本因素。通过控制这三种影响税收能力的因素，税收能力测算可以分为以下三种。

- 大口径的税收能力分析：仅仅从税源因素的角度入手，在特定经济环境下，测算某一国家或地区可课税的经济总量，可以用于宏观纳税收入分析。
- 中口径的税收能力分析：控制经济环境与税收制度影响，测算某一国家或地区可课税的经济总量，可以用于政府征税偏好与政策分析。
- 小口径的税收能力分析：同时衡量三种因素，在经济环境、税收制度与征管方法一定的情况下测算某一国家或地区可课税的经济总量，可以细致地计算某一时期小范围征税规模的量级。

由于税制是可变的，征管因素也是不确定的，税收能力测算正在逐渐向着更为复杂的细分领域发展，如长期税收能力测算与潜在税收能力测算。在实际操作中，可以动态衡量税收能力与其他社会、经济数据的相关关系，采用定性和定量的方法进行相关建模与测算。

4）税收收入预测

税收收入预测是指根据历史数据、经济指标和其他相关因素，对未来一定时期内的税收收入进行估计和预测的过程。税收收入预测相比于税收能力测算所需要考虑的因素更多，规模更大，预测结果的准确性也更容易受到外部环境变化、政策调整等因素的影响，需要综合考虑多种因素进行分析和判断。在进行税收收入预测时需要灵活运用数理统计学和计量经济学中的各类定量预测方法，综合使用过去和现在的数据资料，针对国家或地区在未来某一时期的经济变化、税收政策变化、微观经济运行机制变化等对税收收入总量与结构的发展趋势进行合理的预测和判断。作为税收数据分析中一个较为热门的应用领域，税收收入预测在税收管理和财政决策中具有重要的作用，能够帮助政府规划预算、制定税收政策、评估财政可持续性等。

8.3.3 税收大数据的分析方法

针对上一节提到的几类税收大数据的应用方向，已有不少学者在相关领域研究了对应的分析范式与模型，现对其进行简要的总结。

1）税源分析

税源分析是几类税收大数据分析中较为简单的一类，使用数据对比分析和数据结构分析等常见方法，就可以求得税源的绝对集中度和贡献率。然而，在实际应用中，仅使用绝对指标往往是不够的，以下再介绍两种反映税源规模分布集中度的指标，以便更加全面地进行税源分析。

洛伦兹曲线（Lorenz Curve）和基尼系数（Gini Coefficient）最初是为了分析和衡量一个国家或地区内部的收入或财富分配不均问题而开发的统计工具，如今也被广泛应用于衡量税源的相对集中度。当采用洛伦兹曲线进行税源分析时，纵坐标为税收相对累计百分比，横坐标为按规模从小到大排列的纳税对象所占总体的累计比重，由此形成一条经过坐标(0,0)与(1,1)的二维曲线。在完全平等的分配情况下，洛伦兹曲线是一条从原点到点(1,1)且斜率为 45 度的直线，这条直线也被称为等分布线。洛伦兹曲线与等分布线所围成的弓形面积与等分布线和坐标轴围成的三角形面积之比即基尼系数，用 G 表示。如图 8-14 所示，基尼系数可以被直观地表示为 $\frac{S_b}{S_a + S_b}$。

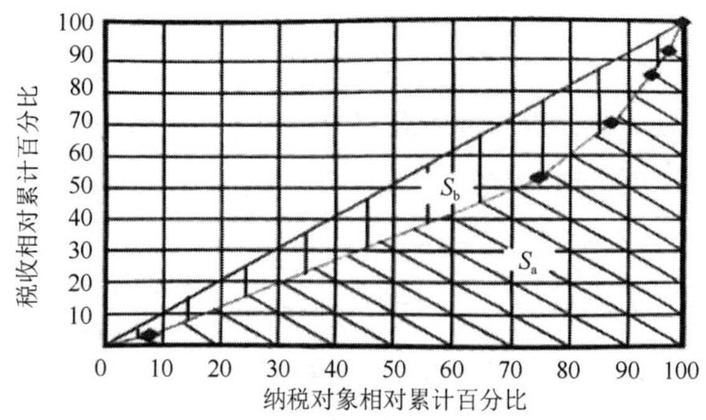

图 8-14　洛伦兹曲线在税源分析中的应用

G 值一般在 0 与 1 之间，G 值越大说明税源集中度越高。若以 x_i 表示第 i 个纳税对象所占总体的累计比重，y_i 表示第 i 个纳税对象所贡献税源占有率的累计比重，则基尼系数的计算公式为

$$G = \left| \sum_{i=1}^{n-1} \left(x_i y_{i+1} - x_{i+1} y_i \right) \right| = \left| \sum_{i=1}^{n-1} x_i y_{i+1} - \sum_{i=1}^{n-1} x_{i+1} y_i \right|$$

赫芬达尔-赫希曼指数（Herfindahl-Hirschman Index，HHI）也是用来衡量集中度的经济学指标，定义为税源占有率的平方和。若使用该指标分析税源集中度，则可以灵活地分析税源占有率的变化，其计算公式为

$$\text{HHI} = \sum_{i=1}^{n} \left(\frac{x_i}{X} \right)^2$$

当税源独家垄断，即 n=1 时，HHI=1 取得最大值；当同时存在大量规模相等的税源时，n 趋近于无穷，HHI 趋近于 0 取得最小值。因此，HHI 的取值总在(0,1]之间变化，其值越小说明税源集中度越低。

2）税收风险识别

税收风险识别是税务风险管理的关键业务环节，也是大数据在税收领域应用效果最为显著的研究方向之一。目前行业内基于大数据的税收风险识别主要包括以下三种方式。

（1）关键指标判别法。关键指标判别法是指应用与税收密切相关的数据和信息（税负、收入、抵免及发票的勾稽、领购和使用等）的异常变动发现税收风险的方法。在判别时常用的指标有以下三类，为了避免单一指标受到特定因素的影响，通常应用以下多种指标进行综合分析。

- 能力类指标：如销售利润率、成本利润率、负税率、百元产值利润率等，这类指标的高低和变化幅度直接反映了纳税人的纳税状况。
- 结构类指标：如销售收入结构、成本费用结构、资产负债结构等，这些指标可以反映企业的经营特点和行业特性，对于判断企业是否存在税收风险具有较高的参考价值。
- 行为类指标：如发票领购与使用情况、税款申报与缴纳情况、会计处理与税务处理的一致性等，通过这些指标可以观察到纳税人的经营行为是否存在异常。

（2）离群值分析。离群值分析是一种统计学方法，用于识别数据集中那些与大部分数据显著不同的异常值。在税收风险管理中，离群值可能代表着偷税、漏税等异常的纳税行为，基于纳税人信息聚类的离群值分析可以帮助税收管理人员识别并关注那些潜在的高风险纳税人。聚类是一种非监督式的机器学习方法，能够在大数据中自动发现潜在的模式和关系，并且不包含分析人员的个人主观经验判断，更具客观性与科学性。在实际应用中可以收集纳税人的基本信息、纳税登记信息、纳税申报信息等涉税数据，使用 k 均值聚类等方法进行聚类分析，在此基础上进一步识别出不符合簇间群体典型特征的个体并予以重点关注。例如，如果一个纳税人所在的簇具有较高的平均销售额和税收额，但该纳税人的数据在这些指标上显著低于簇内其他成员，那么该离群值的显著差异表明该纳税人可能存在偷税、漏税等行为。

（3）基于预警值的风险预警。基于预警值的风险预警是税收管理部门常见的风险管控措施。由于不同地域、不同行业、不同规模的纳税人的经营特征各不相同，风险预警的核心难点在于如何利用现有资源科学合理地计算出被分析对象的涉税经济指标变化可能属于正常范围的最大值与最小值（上限与下限预警阈值）。较为简单的处理方式是在获取所需数据后，分别计算差异控制后同行业、同规模的各指标的均值 $\bar{X}$ 与标准差 σ，并将其作为预警值的判别标准。若用 $\{X_1, X_2, \cdots, X_n\}$ 表示各样本的指标数值，$\{f_1, f_2, \cdots, f_n\}$ 表示各样本对应的指标权数，则预警值计算公式为

$$\bar{X} = \frac{\sum Xf}{\sum f}$$

$$\sigma=\sqrt{\frac{\sum\left(X-\bar{X}\right)^2 f}{\sum f}}$$

$$预警值=\bar{X}\pm\sigma$$

3）税收能力测算

当谈到税收能力测算的相关研究时，便不得不提及税柄法。税柄法是 20 世纪 60 年代国际货币基金组织（IMF）为比较各国的税收能力而创建的一种税收能力估测方法。IMF 的经济学家认为，一国的税收能力与其经济运行情况之间具有一定的联系，因此，他们选择了一些可量化且与税收能力密切相关的经济指标建立线性回归模型，并对一些国家的相关数据进行采样，获取数据样本以确定回归系数。这些指标被称为税柄（Tax Handle），基于此建立的回归模型为税柄模型，使用税柄模型可以估测对象的税收能力。

除此之外，还可以通过代表性税制法（Representative Tax System，RTS）测算目标的税收能力。RTS 的建模主要包含以下四个基本要素，分别为收入覆盖范围、税源分类、标准税基、标准税率。首先，需要选取测算目标的收入覆盖范围，并依据此范围框定所涉及的税种与纳税比例；其次，定义标准税基与标准税率作为参考指标，各国或地区的标准税基与标准税率均有差异，一般首选法定税基和法定税率；最后，对标准税基实施标准税率所得的收入进行汇总计算，即可得到该目标的税收收入：

$$\mathrm{TC}=\sum_{i=1}^{n}\mathrm{SR}_i\times\mathrm{SB}_i$$

式中，TC 为所测算目标通过 RTS 计算的标准税收收入；SR_i 为第 i 个税种的标准税率；SB_i 为第 i 个税种的标准税基。

4）税收收入预测

税收收入预测可以采用多种方法，例如，4.2.5 节中提到的几类时间序列模型都可以用于税收收入预测。以下将介绍使用时间序列模型进行税收收入预测的基本步骤。

首先，确定税收收入预测模型的数据输入项。这里简单假设当期的税收收入与滞后 n 期的税收收入及 GDP 有关，在实际应用中也可以引入更多的因子使模型更加符合真实情况。在输入项确立后便可以通过各种途径获取所需数据，本次预测采用我国国家统计局公布的 1998—2022 年的各项税收收入和 GDP，如表 8-2 所示。其中，将 1998—2016 年的数据作为训练集，将 2017—2022 年的数据作为验证集。为了缩小数据的绝对数值差异，对其进行对数处理。

表 8-2　1998—2022 年的各项税收收入和 GDP

年度	Tax	GDP	LTAX	LGDP
1998	9262.8	85195.5	9.13	11.35
1999	10682.58	90564.4	9.28	11.41

续表

年度	Tax	GDP	LTAX	LGDP
2000	12581.51	100280.1	9.44	11.52
2001	15301.38	110863.1	9.64	11.62
2002	17636.45	121717.4	9.78	11.71
2003	20017.31	137422	9.90	11.83
2004	24165.68	161840.2	10.09	11.99
2005	28778.54	187318.9	10.27	12.14
2006	34804.35	219438.5	10.46	12.30
2007	45621.97	270092.3	10.73	12.51
2008	54223.79	319244.6	10.90	12.67
2009	59521.59	348517.7	10.99	12.76
2010	73210.79	412119.3	11.20	12.93
2011	89738.39	487940.2	11.40	13.10
2012	100614.3	538580	11.52	13.20
2013	110530.7	592963.2	11.61	13.29
2014	119175.3	643563.1	11.69	13.37
2015	124922.2	688858.2	11.74	13.44
2016	130360.7	746395.1	11.78	13.52
2017	144369.9	832035.9	11.88	13.63
2018	156402.9	919281.1	11.96	13.73
2019	158000.5	986515.2	11.97	13.80
2020	154312.3	1013567	11.95	13.83
2021	172735.7	1149237	12.06	13.95
2022	166620.1	1210207	12.02	14.01

在正式建立模型前还需要对经过对数化处理后的指标进行平稳性检验。如图 8-15 所示，LGDP 与 LTAX 这两项指标并不平稳，需要分别进行差分处理。

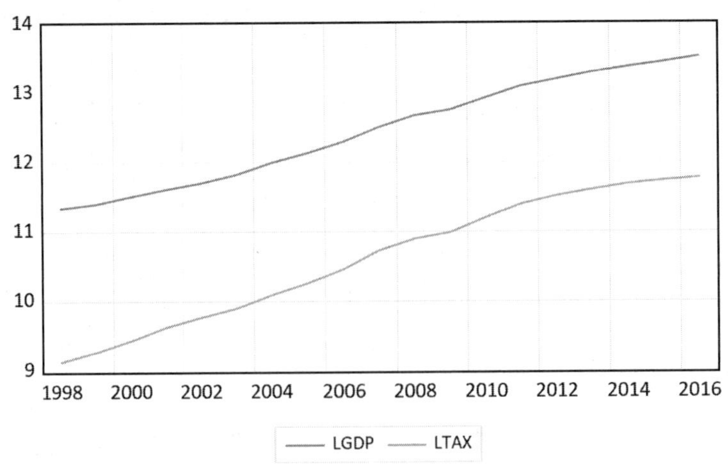

图 8-15　LGDP 与 LTAX 指标趋势

实验发现，对上述指标进行二阶差分处理后指标趋于平稳，并使用 ADF 检验证明了平稳性。二阶差分命令：$genr\ d2lgdp = d\left(lgdp, 2\right); genr\ d2ltax = d\left(ltax, 2\right)$。LGDP 与 LTAX 单位根检验如图 8-16 所示。

Null Hypothesis: D(LGDP,2) has a unit root
Exogenous: Constant
Lag Length: 1 (Automatic - based on SIC, maxlag=3)

		t-Statistic	Prob.*
Augmented Dickey-Fuller test statistic		-5.159433	0.0011
Test critical values:	1% level	-3.959148	
	5% level	-3.081002	
	10% level	-2.681330	

*MacKinnon (1996) one-sided p-values.
Warning: Probabilities and critical values calculated for 20 observations and may not be accurate for a sample size of 15

Augmented Dickey-Fuller Test Equation
Dependent Variable: D(LGDP,3)
Method: Least Squares
Date: 12/10/23 Time: 19:52
Sample (adjusted): 2002 2016
Included observations: 15 after adjustments

Variable	Coefficient	Std. Error	t-Statistic	Prob.
D(LGDP(-1),2)	-1.824775	0.353677	-5.159433	0.0002
D(LGDP(-1),3)	0.563162	0.229004	2.459183	0.0301
C	-0.001152	0.009542	-0.120705	0.9059

R-squared	0.722833	Mean dependent var	0.000919
Adjusted R-squared	0.676638	S.D. dependent var	0.064868
S.E. of regression	0.036887	Akaike info criterion	-3.585055
Sum squared resid	0.016328	Schwarz criterion	-3.443445
Log likelihood	29.88791	Hannan-Quinn criter.	-3.586563
F-statistic	15.64759	Durbin-Watson stat	1.482192
Prob(F-statistic)	0.000453		

Null Hypothesis: D(LTAX,2) has a unit root
Exogenous: Constant
Lag Length: 1 (Automatic - based on SIC, maxlag=3)

		t-Statistic	Prob.*
Augmented Dickey-Fuller test statistic		-6.038476	0.0002
Test critical values:	1% level	-3.959148	
	5% level	-3.081002	
	10% level	-2.681330	

*MacKinnon (1996) one-sided p-values.
Warning: Probabilities and critical values calculated for 20 observations and may not be accurate for a sample size of 15

Augmented Dickey-Fuller Test Equation
Dependent Variable: D(LTAX,3)
Method: Least Squares
Date: 12/10/23 Time: 19:53
Sample (adjusted): 2002 2016
Included observations: 15 after adjustments

Variable	Coefficient	Std. Error	t-Statistic	Prob.
D(LTAX(-1),2)	-1.928271	0.319331	-6.038476	0.0001
D(LTAX(-1),3)	0.652203	0.210066	3.104759	0.0091
C	-0.015278	0.012455	-1.226578	0.2435

R-squared	0.776077	Mean dependent var	-0.002439
Adjusted R-squared	0.738756	S.D. dependent var	0.093145
S.E. of regression	0.047609	Akaike info criterion	-3.074754
Sum squared resid	0.027199	Schwarz criterion	-2.933144
Log likelihood	26.06065	Hannan-Quinn criter.	-3.076262
F-statistic	20.79490	Durbin-Watson stat	1.469604
Prob(F-statistic)	0.000126		

图 8-16　LGDP 与 LTAX 单位根检验

对平稳后的指标进行建模，设定模型形式为

$$\mathrm{LTAX} = \alpha_0 + \alpha_1 \mathrm{LTAX}\left(-1\right) + \alpha_2 \mathrm{LTAX}\left(-2\right) + \beta_1 \mathrm{LGDP} + \beta_2 \mathrm{LGDP}\left(-1\right) + \beta_3 \mathrm{LGDP}\left(-2\right)$$

经过回归确定系数后，预测模型为

$$\mathrm{LTAX} = -1.167 + 0.97\mathrm{LTAX}\left(-1\right) - 0.29\mathrm{LTAX}\left(-2\right) + 1.32\mathrm{LGDP} - 1.16\mathrm{LGDP}\left(-1\right) + 0.22\mathrm{LGDP}\left(-2\right)$$

模型的预测误差在 6.68%～12.31%范围内浮动，还有较大的提升空间。本次演示仅展示了基于两项指标的税收收入预测，在实际应用中可以收集并获取更多维度的数据纳入模型，以提升预测效果。

8.3.4　大数据在税收征管中的应用

金税系统是我国国家税务总局开发的一套电子税务管理系统，旨在实现企业和个人纳税申报、缴费、发票管理等税务管理业务的中心化、一体化、无纸化，目前已实现了全国范围内的应用全覆盖。金税系统涵盖税收业务管理、税务行政管理、决策支持管理，集成银行、税库等外部信息平台，实现了完全数字化的税务管理，极大地提高了税务管理的效率和透明度。金税系统的主要功能模块如图 8-17 所示，可以发现前文所介绍的一些税收大数据应用已被金税系统囊括在内。这些功能将持续改善传统税收征管流程中存在的不足，维护国家税收秩序，为我国的税收征管体系注入新的活力。

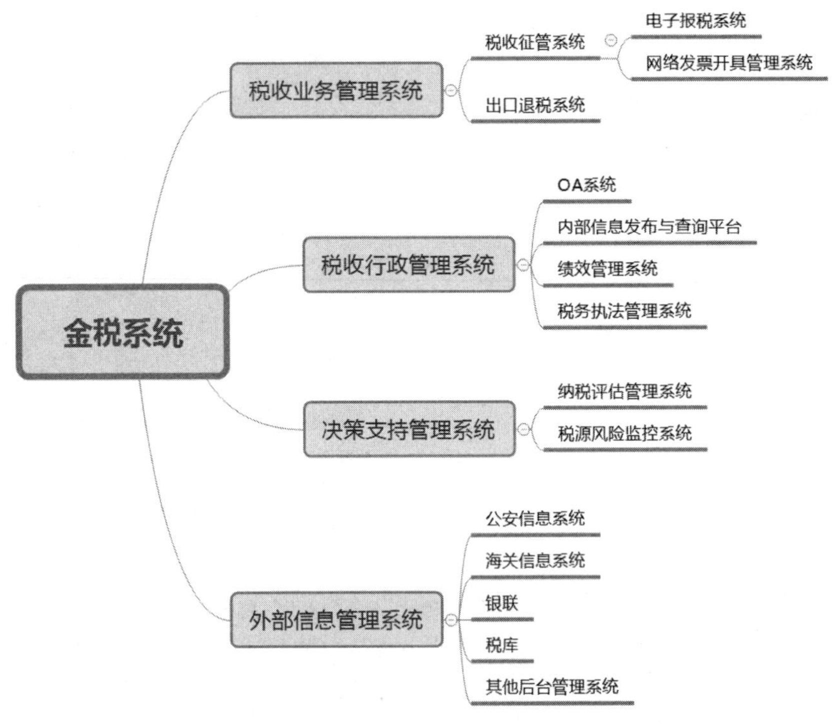

图 8-17 金税系统的主要功能模块

已有不少地方的税务机关依托金税系统开展了一系列业务探索，从发现税务问题、思考税务问题、解决税务问题，到探索推动税务工作方式和税收管理手段的变革，各地均充分利用了大数据平台与技术所带来的优势，并取得了明显的成效。

国家税务总局河北省税务局（原河北省国家税务局）利用金税系统所提供的业务数据，结合数据挖掘算法和数据图形学理论对企业或个人的税务登记、申报、征收、发票领购、发票开具等信息进行行为解读，利用各个信息点的互斥性和互证性来排除干扰、强化特征，最终研究形成了一套包含聚类分析、关联分析、专业剪枝、特征学习、优选滤杂的税收风险识别新方法。针对互联网时代具有虚开、虚抵风险的企业所呈现的专业分工、跨区合作、网络化运作、灵活协作、团队组建快、再生性强等特点，国家税务总局河北省税务局首先整合了金税系统内纳税申报、电子底账、进销项数据等信息，以纳税人为节点，购销关系为边，建立了涵盖河北省全部企业的商品交易网络，应用大数据分析和数据挖掘技术，确定了共计 8 大类、40 余种风险商品，再将单户企业的购销商品按产品结构进行智能组合，并整体比对进项与销项税额，识别出了大量购销不一致的风险企业。仅从石家庄涉税信息云平台抽取的疑点数据便有 2801 条，涉及企业 879 户，通过疑点数据发现异常问题的有效率达 75%，初步估算税款影响达 109732.64 万元。该方法既可以挖掘出已经注销的风险企业或已经出逃的纳税人，又可以锁定当前正在实施违法行为的作案团伙，各属地税务机关同时出击，让流窜的虚开发票团伙无所遁形。

除此之外，也有税务机关充分利用第三方所提供的信息结合金税系统进行税收监管。例如，国家税务总局江苏省税务局（原江苏省国家税务局）利用百度地图对纳税人的商业用地进行定位标注，建立电子档案，使每一位纳税人的商业用地具有唯一性，避免不法分子利用同一块土地重复进行虚假注册引发发票虚开的问题；国家税务总局山东省税务局（原山东省国家税务局）积极与当地电厂、水厂及有关部门展开联合调查，侦破因生产电费、水费低于预期但贸易流出额巨大的发票虚开案件千余起，并利用涉税关联信息以风险企业为锚点，向上、向下排查虚开发票的商业轨迹，以企业的运作规律为线索层层推进，逐个挖掘虚开、虚抵制造企业的关联交易网络；贵州省税务机关建立了大数据智能分析与精准服务平台，通过引入自主设计的自然语言语义智能分析处理算法，实现了涵盖 42 个第三方的涉税外部数据与金税系统内部数据的准确关联，利用复合组合预测模型实现了多源、多维应用场景下高精度的税收预测，准确率达到 97%以上。

这些行业内的真实应用案例充分展示了大数据技术在税收管理中的应用创新和成果。通过充分利用大数据技术，税务部门能够实现对纳税人行为的精准监测和分析，提高税收征管的效率和质量，有效避免不法分子利用制度漏洞偷逃税款造成社会资源的流失。这些案例的成功对于其他地方税务部门的经验借鉴和模式推广具有重要的意义，同时也为税收大数据应用的相关创新提供了宝贵的实践案例和参考资料。

8.4　大数据与贸易

贸易是指商品或服务的交换过程，对国家或地区的经济发展起着至关重要的作用。随着贸易全球化水平的不断提高，各国之间的经济贸易也不仅仅局限于周边地区，越来越多的国家加入了世界贸易组织，有效促进了各地区之间的经济发展和文化交流，并且为各国提供了更多的选择和机会。近年来，随着大数据技术的蓬勃发展，不少人希望通过海量的数据处理传统方法所不能解决的贸易问题。我国作为进出口贸易大国，有着丰厚的贸易数据积累。据统计，2022 年我国货物贸易进出口总值为 42.07 万亿元，其中出口总额 23.97 万亿元，增长 10.5%；进口总额 18.1 万亿元，增长 4.3%，为大数据应用提供了坚实的数据基础。国家也大力支持大数据技术与产业的融合发展，出台了一系列利好政策，鼓励大数据在相关领域的研究。在种种优势条件的加持下，大数据应用逐渐渗透至经济贸易的各个环节，大大减少了贸易成本。本节将具体介绍大数据在经济贸易领域的相关应用，深入剖析大数据时代为经济贸易带来的潜在机遇。

8.4.1 大数据在跨境贸易监管中的应用

跨境贸易监管是国家或地区针对跨境贸易活动进行监督和管理的一系列措施和方法，其目的是确保跨境贸易的合法性、安全性和公平性，防止违法违规的跨境贸易行为和不当竞争，维护自由贸易的市场环境。随着国际贸易的不断深入，各国之间的商业往来日益频繁，涉外市场主体数量也在快速增长，新兴业务和业态不断涌现，这使得跨境资金的大量进出容易伴随着重大的金融风险。不法分子可能通过操纵商品进出口价格，或在预收、预付货款时提供虚假的贸易材料，实现资金的跨境汇出，也可能设立空壳外商投资企业，通过现金走私和银行卡套现的方式利用跨境贸易洗钱。对于这些跨境贸易隐患，我国主要从货物贸易、服务贸易、直接投资、跨境双向资金流动、虚拟货币等方面进行监管，但普遍面临着跨境收支数据采集效率低下、跨境风险监测预警体系不完备、跨部门资金流动信息共享平台缺失、跨境收支管理政策稳定性不强等方面的挑战。

近年来，随着大数据技术的发展，跨境贸易监管层面也涌现了一些通过大数据技术促成的应用创新。

海口海关通过构建大数据平台，建立了以企业为单位的进出口领域信用信息档案，利用海关历史登记的进出口数据和外源信息构建了包括行业属性、企业法人、经营行为、业务规范、外部信用共计 5 个维度 103 个指标的分级信用管理指标体系，综合应用主成分分析法、因子分析法、灰色关联度计算、指标信号模型等方法对企业信用状况进行实时评估，为企业构建“精准画像”并依据信用等级对企业实施通关差别化管理，将传统跨境贸易风险的事后评估转为事前预警。除此之外，海口海关基于贸易大数据和金融大数据引入了跨境贸易资金流动风险管理的预警模型，该模型的指标选取自以下两个方面。

- 反映跨境资金流动变化趋势的综合性同步指标，如 GDP、CPI（消费价格指数）、PMI（采购经理指数）、上证市场指数、道琼斯股价指数、人民币有效汇率等，用于同步差异。
- 与跨境贸易密切相关的监测指标，用于合成风险预警指数。其中的关键监测指标包括但不限于：

$$\text{海南进（出）口增长率}=\frac{\text{海南进（出）口总额}-\text{基准进（出）口总额}}{\text{基准进（出）口总额}}$$

$$\text{海南贸易顺收顺差偏离度}=\frac{\text{海南贸易结汇差额}-\text{海南贸易差额}}{\text{海南进出口总额}}$$

$$\text{海南外汇存贷比}=\frac{\text{海南外汇贷款}}{\text{海南外汇存款}}$$

$$\text{外汇支付购汇率}=\frac{\text{售汇}}{\text{收汇}}$$

$$\text{外汇收入结汇率}=\frac{\text{结汇}}{\text{收汇}}$$

$$外商资本金结汇意愿 = \frac{外商资本金结汇 - 外商资本金流入}{外商资本金流入}$$

将监测指标结合同步指标经过线性变换并加权后转换为[0,100]范围内的预警指数，指数高说明跨境贸易资金净流入规模高于预期，反之则说明跨境贸易资金净流出规模高于预期。按此方法建模计算得出的近两年来海南自由贸易港跨境流动风险监测预警指数的波动情况如图 8-18 所示（图来源于国家外汇管理局海南省分局）。

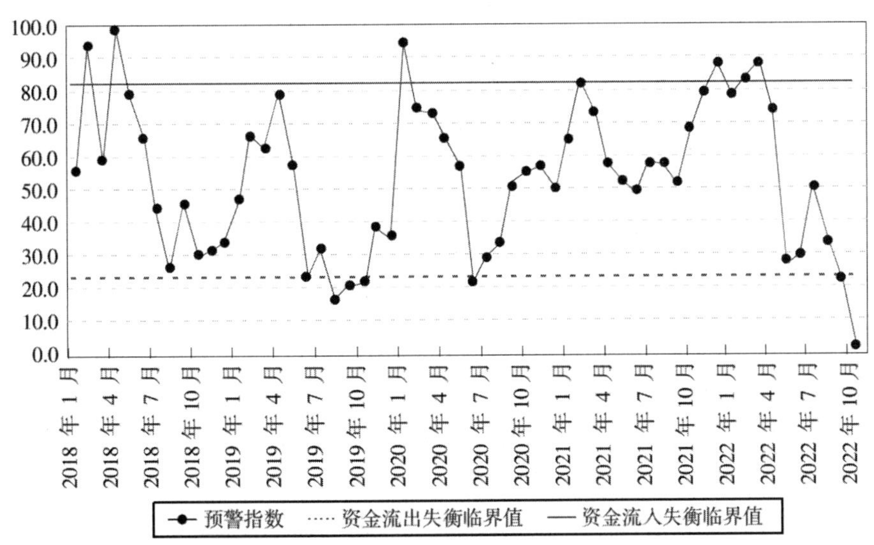

图 8-18　海南自由贸易港跨境流动风险监测预警指数的波动情况

同样，深圳海关提出了“互联网+稽查”作业模式，实现了海关监管系统自动完成审批报关的数据抓取、传输和物料清单转换等工作，将传统业务流程下的盘库核查周期由几个工作日缩短为短短几分钟，大幅提高了海关关员的贸易监管效率。通过直接与对外贸易企业 ERP 的系统对接，深圳海关大数据池汇入了辖区登记企业生产经营物流、资金流、管理流、信息流等全链数据资源，对每笔对外贸易都能做到可追溯、可控制，有效识别贸易链条各个环节中的货物数量、重量和价值信息，快速检测商品进口出关时可能存在的安全隐患。利用光学字符识别（OCR）对申报过程中提交的贸易合同、装箱单等单据信息进行自动化提取，并将其与大数据平台记录的贸易历史数据进行比对，海关监管人员可以快速识别企业的新晋对外贸易合作伙伴，评估此次申报的贸易风险，有针对性地进行更加详细的审核和调查。如果发现合同内容与报关信息不符或其他异常情况，海关监管人员可以及时采取相应的风险防范措施，要求企业提供进一步的证明文件或对企业进行现场检查等，大大降低了违法犯罪人员可能借由进出口贸易进行洗钱、骗取出口退税的风险。截至 2023 年，深圳海关已对接企业 143 家，2022 年已对接企业的进出口总值达 1.7 万亿元人民币，占深圳关区当年进出口总值的 42.5%。在未来，深圳海关将进一步扩大数字化监管的范围，更好地利用大数据赋能跨境贸易监管。

8.4.2 大数据在贸易检验检疫中的应用

贸易过程中的检验检疫是指在货物进出口过程中，对货物进行的检验、检测和隔离等操作，以确保贸易商品的流入与流出符合国家和地区的质量、安全和卫生标准。作为出入境卫生检疫、动植物检疫和商品检验的法定行政执法机构，出入境检验检疫部门面临着保障出入境商品质量、杜绝假冒伪劣商品的挑战，同时需要应对非法商品入境、外来物种入侵、疾病传播等非传统安全威胁。传统的检验检疫监管模式主要依靠批次检验，然而这种模式存在人力、物力和财力成本高，易导致货物滞留港口等问题，制约了货物的快速流通，无法满足现代跨境贸易的发展需求。

在大数据技术的加持下，检验检疫逐渐发生了由传统批次检验向基于风险评估和智能化监管的转变。自 2000 年以来，我国检验检疫机关已经完成了电子检验检疫业务平台和网络建设，实现了企业与检验检疫机构之间、检验检疫机构与海关等部门之间的数据交换，奠定了如今以电子申报、电子监管、电子放行为主要内容的中国电子化贸易检验检疫新格局，以下简要介绍大数据在各方面的应用案例。

2015—2018 年，浙江省重点研发计划资助了进境动物及其产品的重要疫病预警系统及进口食用农产品质量安全识别与溯源技术的研究。该系统的大数据支持包括三个层面：一是检验检疫工作流程中涉及的报检数据、签证数据、审单数据，包括货物种类、产地、国别、编号、收计费标准等信息；二是报检审批及监管过程中的监督管理类数据，包括各类检验检疫单证格式、填写规范、填制内容、标识封识及签证印章等相关信息；三是企业档案、注册备案管理、征信、各国家及地区对应的货品进出口政策条例等辅助数据。

利用这些数据，进境贸易检疫检验系统对浙江省各口岸进境动物及其产品进行了溯源编码的制定。该产品溯源码共 74 位，由 26 位产地编码、19 位种类编码、29 位动物及其产品流通编码组成，如图 8-19 所示。用户只需使用设备扫描系统产出的货物二维码或在检验检疫系统中输入该批次货物的溯源编码，即可查询在某段时间内进境动物或动物产品的信息和运输检疫详情。

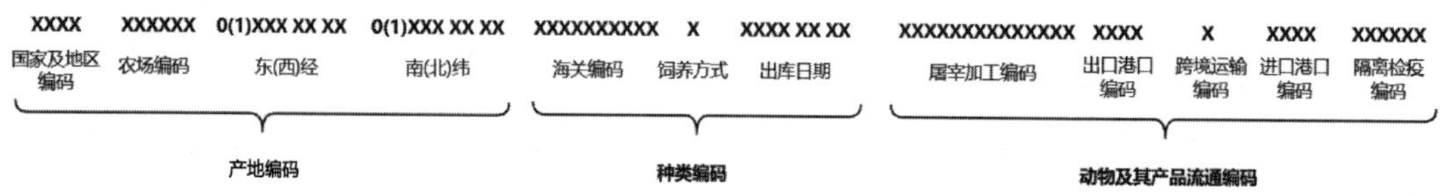

图 8-19 动物及其产品溯源码组成示例

溯源编码完成后，利用 GIS（Geographic Information System，地理信息系统）即可绘制产品溯源地图。系统会根据溯源码拆解编码信息，标识出对应的原产地、屠宰场、进出口港口，并连接形成该批货物进出口的交易链。当某地暴发疫情或动物产品在运检过程中检疫出疫病时，系统会对该批次的货物进行疫病溯源，找出疫病发生的环节，通过与同时段的其他货品进行比对确定疫点，及时根据疫病分类确立疫区，向相关人员发出警示。海关检疫人员收到系统的警告信息后便可立即进行相关产品的退回和进一步处理，及时建立起疫区贸易的应急预案，以防止疫情的进一步扩散。

在贸易质检方面，上海自由贸易试验区采用机器学习方法将货物质量风险分类归纳为基于大数据的二分类问题。由于自贸区的贸易流动量高、申报实时性强、更新速度快，仅一个口岸每天就有大约一万条的申报数据产生，非常适合采用大数据技术进行货物质量的风险识别。后台系统会根据货物的申报要素和以往的查验结果，将不合格商品的主要特征归为高风险特征，其他特征归为低风险特征，综合利用多种机器学习模型进行质检风险建模，并以此对新入关的货品进行风险分类，让质检员能够更有针对性地查验货品，提升商品的入关效率。货物质量分类模型如图 8-20 所示，该模型应用召回率、精确率和 F1 指数作为评价指标，在代表检验不合格的正类样本中，货物不合格的原因有短重、反倾销、货证不符、质检不合格、中文标识不符合要求、自检报告错误等，覆盖浦东贸易分局所辖货物涉及的所有不合格原因，货物质量分类模型的分类效果如表 8-3 所示。

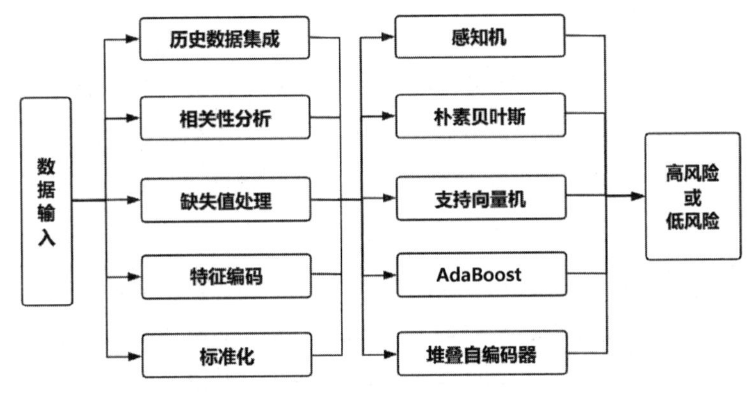

图 8-20　货物质量分类模型

表 8-3　货物质量分类模型的分类效果

	F1 指数	召回率	精确率
感知机	0.7987	0.8187	0.7796
朴素贝叶斯	0.5615	0.5993	0.5282
支持向量机	0.9619	0.9603	0.9636
AdaBoost	0.7741	0.7219	0.8343
堆叠自编码器	0.9686	0.9603	0.9772

基于贸易大数据的自动化分类和货物溯源不仅优化了资源配置，也能尽量减少基层管理人员的工作量级。广东出入境检验检疫部门已推出我国首批“国检”智能辅助执法机器人，该机器人可通过低温探测技术拦截旅客违禁携带的低温保存生物制品，如动物繁殖材料、人体组织、血液制品等，并通过人脸识别设置重点布控人员目标，标记曾有违规行为的出入境旅客。相信在未来，大数据技术可以在该垂类领域开辟更多、更有价值的应用。

案例：山东省——国内智慧港口建设试点省份

港口是交通运输的重要枢纽，在国际贸易和物流中发挥着重要作用。近年来，随着信息技术的发展和应用，智能化逐渐成为大势所趋。各大港口也在极力通过物联网、大数据、云计算、人工智能等技术手段实现转型。“智慧港口”不仅代表着未来港口的发展方向，也是高质量应用创新的新沃土。我国山东省地处东部沿海地区，拥有众多港口资源，如青岛港、烟台港、日照港、威海港等均是举世闻名的超大型港口。据统计，山东省2022年的港口货物吞吐量突破16亿吨，集装箱量突破3700万标箱，两项数据继续分别稳居全球第一、第三位。正是由于得天独厚的地理环境和深厚的贸易技术积累，山东省成为我国智慧港口的首个试点省份。为响应政策号召，山东港口积极建设研发中心与创新实验室，目前已拥有交通运输部“自动化码头技术交通运输行业研发中心”、山东省“智慧港口技术创新中心”等5个省级重点实验室，加大人才培养，加速技术突破。

通过物联网技术，山东省的大型港口均已实现各类设备、货物和运输工具的互联互通，管理人员可以通过控制中心的看板实时监控和管理各个环节的数据。利用大数据分析和云计算技术，港口能够快速处理海量数据，实现自动化通关、最优化停泊排期、货船自动化停靠、表单数据内容全面对比和错误识别等。同时，人工智能技术也广泛应用于港口的自动化和智能化系统中，如自动化堆场管理、智能巡检机器人、无人驾驶车辆等均逐渐渗透进了山东省各大型港口的日常业务。在5G网络基建基本完成的背景下，港口可利用5G技术实现远程控制，集装箱操作员可以在中控室对多路视频进行实时监控，系统也会自动对异常装卸行为进行预警，使操作员在同一时间内可以对多项装卸任务负责，大幅提升了港口的工作效率。

山东省的青岛港也是我国真正意义上的首个全自动化贸易港口。由中国航天科技集团有限公司一院12所计算机视觉创新团队所构建的港区一体化智能视频监控系统，全方面覆盖了码头的重点管控区域，集装箱从到港、等待到放箱、离开，全流程均通过机械自动完成。所有轨道、吊具、车道均配有智能识别装备，虽然其看上去很像普通的监控摄像头，但实际上应用了计算机视觉图像特征提取技术和目标检测算法，以及目标跟踪算法、模板匹配算法和稳定控制技术。以“航天智港”的自动精准放箱系统为例，安装在吊具上的8个摄像头会精准探测集装箱卡车上锁销的位置，并对其进行识别和侦测，通过算法进行判断，核实吊具下放的角度，自动控制吊具放箱的动作，确保集装箱与卡车上的锁销完美锁定，保障集装箱的经济安全和卡车驾驶员的人身安全。全套智能布控系统经过试验验证，可以在雨天、雾天、雪天和有光源的夜晚中正常作业。

山东省的试点型智慧港口除了上述科技赋能，还注重可持续发展和环境保护。通过数字化转型，定时定点监测能耗和排放数据，港口可以找出能源消耗的瓶颈和优化空间；通过数字技术实现船舶和货物的精准匹配和路径优化也可以显著减少航行距离和排放量。总的来说，山东省在智能化港口建设与探索方面取得了显著的成绩。

1. 请尝试使用本书第 1 章中介绍的大数据体系剖析案例所介绍的智能港口。

2. 在山东省智慧港口建设中，大数据分析和云计算技术被用于快速处理海量数据，实现自动化通关、最优化停泊排期等工作。请结合本书第 6 章大数据安全治理中的内容，讨论在此过程中如何确保数据的安全性和隐私保护？适用哪些隐私保护框架？

3. 智慧港口建设对环境保护和可持续发展非常重要。在案例中提到的通过数字化转型监测能耗和排放数据，寻找能源消耗的瓶颈和优化空间的绿色方式，对你有什么启发？可以适当阅读国内外的相关文献谈谈你对绿色贸易的理解。

参考文献

[1] 蒋波. 财务真实性指数构建及中国上市公司综合评价研究[D]. 长沙：中南大学，2010.

[2] 张红军. 如何利用纳税评估指标分析财务报表真实性[J]. 财会月刊，2010（28）：59-60.

[3] 邹天舒. 在大数据背景下的纳税申报与纳税风险预测系统的设计与实现[D]. 北京：北京交通大学，2021.

[4] 岳瑞. 税收收入预测模型的研究与实现[D]. 郑州：郑州大学，2005.

[5] 李阳月. 税收收入预测模型的应用研究[D]. 成都：西南财经大学，2014.

[6] 王鸥，覃彦琳. 金税四期背景下企业税务风险分析与应对[J]. 大陆桥视野，2023（07）：37-39.

[7] 徐胜林，魏颖昊，仵冀颖. 基于流形学习方法的大数据分析技术在检验检疫行业中应用探讨[J]. 计算机时代，2015（07）：9-12.

[8] 解丹丹. 基于 WebGIS 的进境动物及其产品疫病预警信息系统研究[D]. 杭州：浙江大学，2019.

[9] 国家外汇管理局海南省分局课题组，谢端纯. 海南自由贸易港跨境资金流动风险精准防控体系构建研究[J]. 海南金融，2023（07）：19-37+76.

[10] 赵彬. 基于机器学习的入境货物检验检疫风险分类研究[D]. 上海：上海交通大学，2019.

[11] 闫晨晨，张永庆.盒马鲜生商业模式研究——基于商业画布视角[J]. 经营与管理，2023（11）：21-27.

[12] 石成玉，陈怪亨，王妍，等. 大数据视角下生鲜电商供应链物流服务策略研究[J]. 农业技术经济，2023（10）：129-144.

[13] 王波. 京东智慧供应链创新与应用研究[D]. 西安：西北大学，2021.

[14] 杨竹. 京东物流公司一体化供应链运作模式案例研究[D]. 北京：中国财政科学研究院，2023.

[15] 从行健. 浅析自动化技术在智能物流系统中的应用——以京东无人仓库为例[J]. 中国战略新兴产业，2018（04）：53+55.

[16] 曾锐，朱梦婷. 新时代下智能物流发展现状及对策——以京东智能物流为例[J]. 海峡科技与产业，2022，35（03）：46-49.

反侵权盗版声明